9090

4-€

W0061709

Robert Ornstein
und
Richard F. Thompson

Unser Gehirn: das lebendige Labyrinth

Illustriert von David Macaulay

Deutsch von Hainer Kober

Rowohlt

Die Originalausgabe erschien 1984
unter dem Titel «The Amazing Brain»
im Verlag Houghton Mifflin
Company, Boston

Umschlag- und Einbandentwurf
Werner Rebhuhn unter Verwendung einer Illustration von
David Macaulay/Kolorierung
Georg Meyer

Der Verlag dankt Dr. Bernhard Ronacher
und Dipl. Biol. Andreas Stumpner
von der Universität Erlangen
für die Überprüfung der Fachterminologie
in der Übersetzung

Die Zeichnung auf S. 158 (aus: Michael S. Gazzaniga,
«The Bisected Brain», New York: Appleton-Century-Crofts,
1970) drucken wir mit freundlicher Genehmigung der Plenum Publishing Corp., die Zeichnung
auf S. 165 (aus: Joseph E. Bogen, «The Other Side of
the Brain, I», Bulletin of the Los Angeles
Neurological Societies 34, Nr. 3, Juli 1969) mit
freundlicher Genehmigung des Bulletin.

1. Auflage September 1986
Copyright © 1986 by Rowohlt Verlag GmbH,
Reinbek bei Hamburg
«The Amazing Brain»
Text copyright © 1984 by Robert Ornstein
and Richard F. Thompson
Illustrations copyright © 1984 by David A. Macaulay
Alle deutschen Rechte vorbehalten
Satz aus der Bembo Linotron 202
Gesamtherstellung Clausen & Bosse, Leck
Printed in Germany
ISBN 3 498 05009 5

Inhalt

Vorwort 7

Der Garten der Wunder oder Atemberaubende Ansichten vom Werden und Wachsen des Gehirnes, gar trefflich abgeschildert in Studienbildern zur Anatomie 9

I Das baufällige Gehirn: Die Zimmer, Säulen, Mauersteine und Chemikalien 25
1 Die Architektur des Gehirns 27
2 Das sensorische Gehirn: Die Säulen der Erfahrung 47
3 Neuronen: Die Bausteine des Gehirns 68
4 Das chemische Gehirn: Das Molekül ist der Bote 89

Ein junger Mann erkennt seine Mutter oder Kurzbesichtigung des visuellen Systems für den eiligen Leser 109

II Das Gehirn und der Geist und die Welt, die sie erschaffen und erinnern 137
5 Erinnerung: Das wandelbare Gehirn 139
6 Das geteilte Gehirn 158
7 Das individuelle Gehirn 172
8 Das Gehirn – unser Gesundheitsamt 180

Ein höchst bescheidener Vorschlag oder Planung, Errichtung und Benutzung eines Riesengehirns zu unserer Erbauung und Unterhaltung 191

Register 222

Vorwort

Seit Jahrtausenden mühen sich die Menschen ab, das Gehirn zu verstehen. Die alten Griechen hielten es für eine Art Kühlaggregat zur Regelung der Bluttemperatur. In unserem Jahrhundert hat man es mit einer Schalttafel, einem Computer, einem Hologramm verglichen – und man wird es zweifellos noch mit vielen anderen Maschinen vergleichen, die nach und nach erfunden werden. Doch alle Vergleiche hinken, da das Gehirn einzigartig im Universum ist und keinen von Menschenhand geschaffenen Ding gleich.

In den letzten Jahrzehnten hat es in den verschiedenen Disziplinen, die Beiträge zur Erforschung des Gehirns leisten, große Fortschritte gegeben. Von der evolutionären Biologie haben wir erfahren, wann und wie die verschiedenen Teile des Gehirns «gebaut» wurden. Von der Neuroanatomie wissen wir, wie sich die verschiedenen Elemente des Gehirns zusammenfügen, und die Neurophysiologie unterrichtet uns nach und nach darüber, wie diese Elemente und die chemischen Substanzen, aus denen sie bestehen, zusammenwirken. Wir beginnen allmählich zu verstehen, was oder «wer» das Gehirn ist, doch bleibt für die Neurowissenschaften noch viel zu entdecken.

Das Gehirn gleicht einem alten, baufälligen Haus, das man im Laufe der Jahre recht planlos mit einer Vielzahl von Anbauten versehen hat. In unserem Buch beschäftigen wir uns mit der Architektur dieses Hauses. Wir werden zunächst einen Rundgang durch die verschiedenen «Zimmer» unternehmen und dann immer eingehender das Material betrachten, aus dem diese Zimmer hergestellt sind. Danach wenden wir uns einigen Geheimnissen des Gehirns und der menschlichen Erfahrung zu. Die vielen Zeichnungen und Abbildungen sollen dem Leser helfen, sich einige der komplexeren Aspekte unseres Gehirns, des erstaunlichsten aller Organe, bildlich vorzustellen.

Der Garten der Wunder

oder

Atemberaubende Ansichten vom Werden
und Wachsen des Gehirnes, gar trefflich
abgeschildert in Studienbildern
zur Anatomie

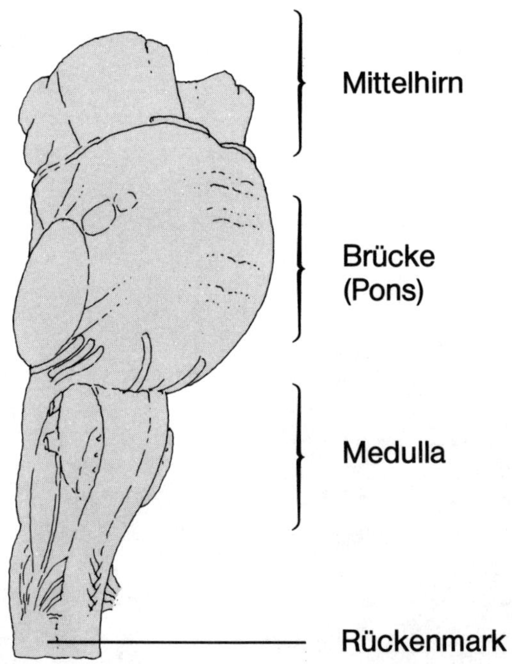

Der Hirnstamm

Der Hirnstamm ist der älteste Teil des Gehirns. Er entwickelte sich vor mehr als fünfhundert Millionen Jahren. Da er dem vollständigen Gehirn eines Reptils ähnelt, bezeichnet man ihn häufig als Reptilienhirn. Er ist zuständig für die allgemeine Wachsamkeit und weist den Organismus auf wichtige eintreffende Informationen hin, steuert aber auch lebenswichtige Körperfunktionen wie zum Beispiel die Atmung und die Pulsfrequenz.

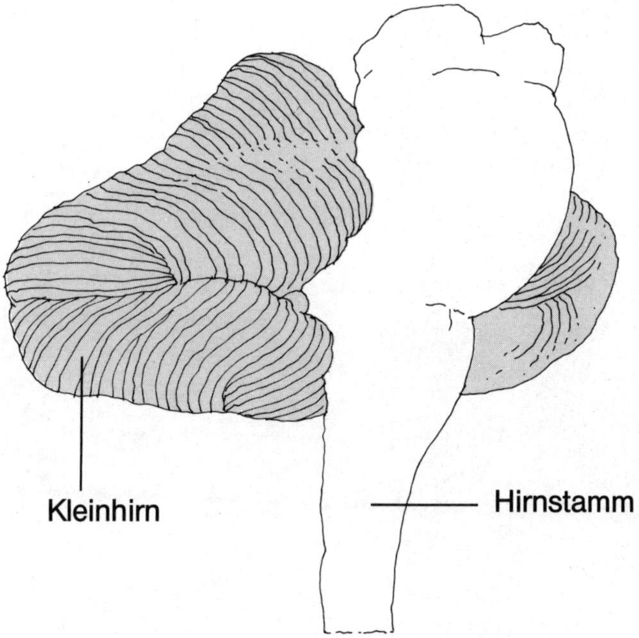

Das Kleinhirn

Das Kleinhirn (Cerebellum) liegt an der Rückseite des Hirnstamms. Es hat viele Funktionen. Unter anderem ist es dafür zuständig, welche Körperhaltung wir einnehmen, ob wir sie beibehalten oder ändern. Auch sorgt es für die Koordination der Muskelbewegungen. Wie wichtig diese Funktionen sind, wird deutlich, wenn wir bedenken, daß das menschliche Kleinhirn seine Größe im Laufe der letzten Million Jahre verdreifacht hat. Es hat heute den Anschein, als würde dort die Erinnerung an einfache erlernte Reaktionen gespeichert.

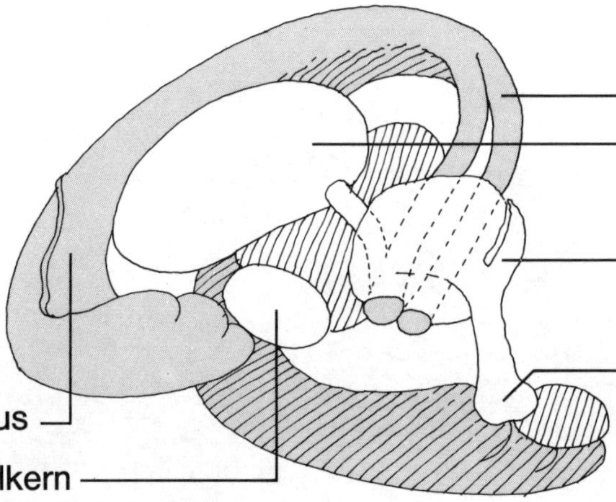

Das limbische System

Das limbische System besteht aus einer Gruppe von Zellstrukturen zwischen Hirnstamm und Hirnrinde (Cortex). Es entstand vor etwa zwei- bis dreihundert Millionen Jahren. Da das limbische System bei Säugetieren am höchsten entwickelt ist, wird es auch als Säugerhirn bezeichnet. Es ist an der Steuerung von Körpertemperatur, Blutdruck, Pulsfrequenz und Blutzuckerspiegel beteiligt und hat darüber hinaus entscheidenden Anteil an lebenswichtigen Gefühlsreaktionen.

Zwei Schlüsselelemente des Systems sind der Hypothalamus (unterhalb des Thalamus) und die Hypophyse. Obwohl nur erbsengroß, reguliert der Hypothalamus Essen, Trinken, Schlafen, Wachen, Körpertemperatur und viele andere Funktionen. Durch kombinierte elektrische und chemische Botschaften steuert er die Hypophyse – die dominante Drüse unseres Körpers.

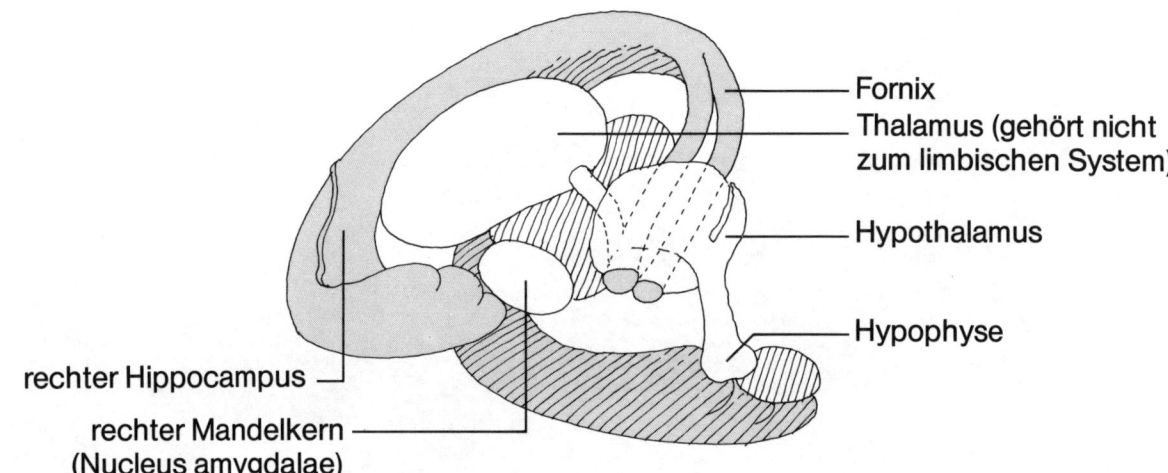

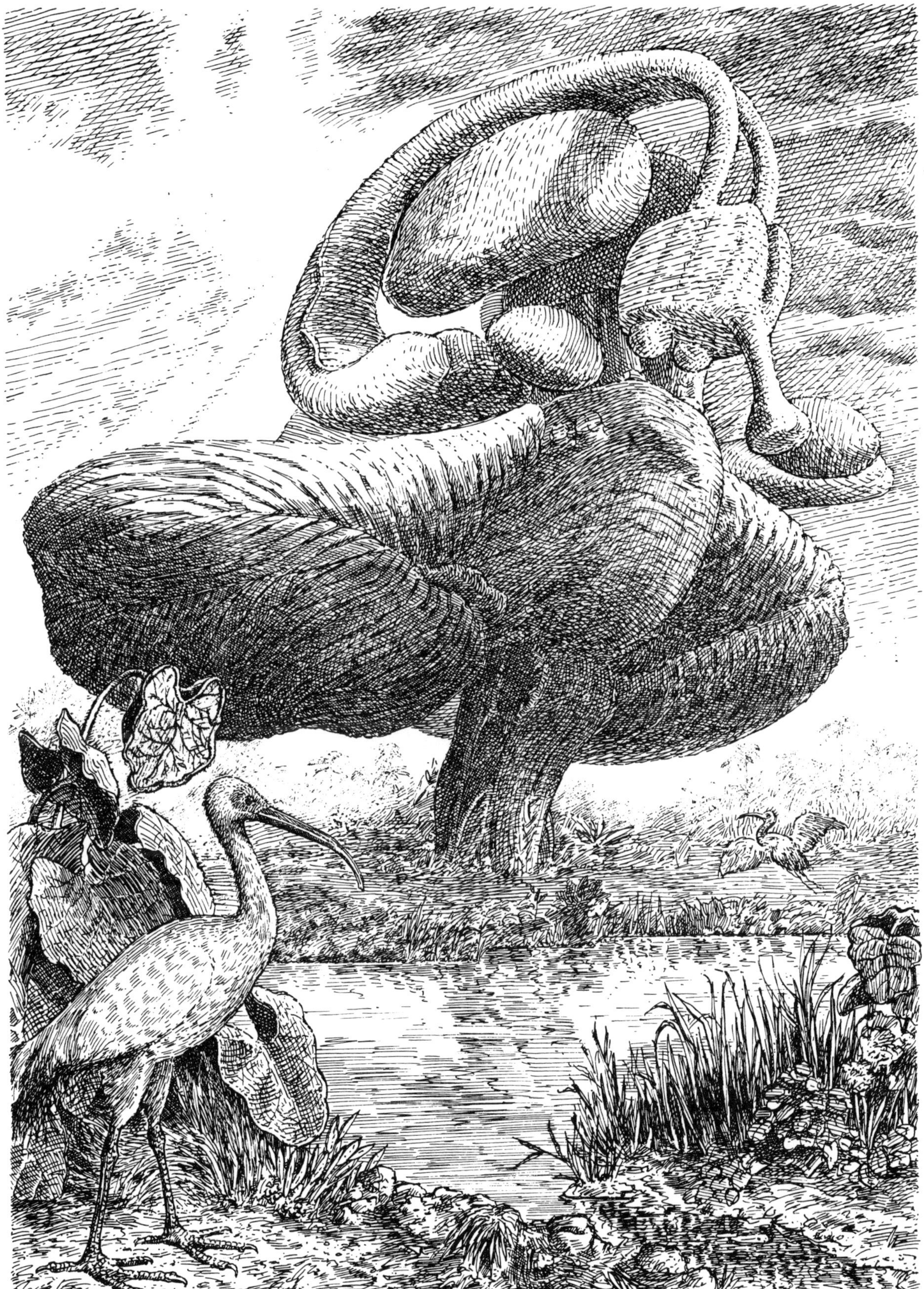

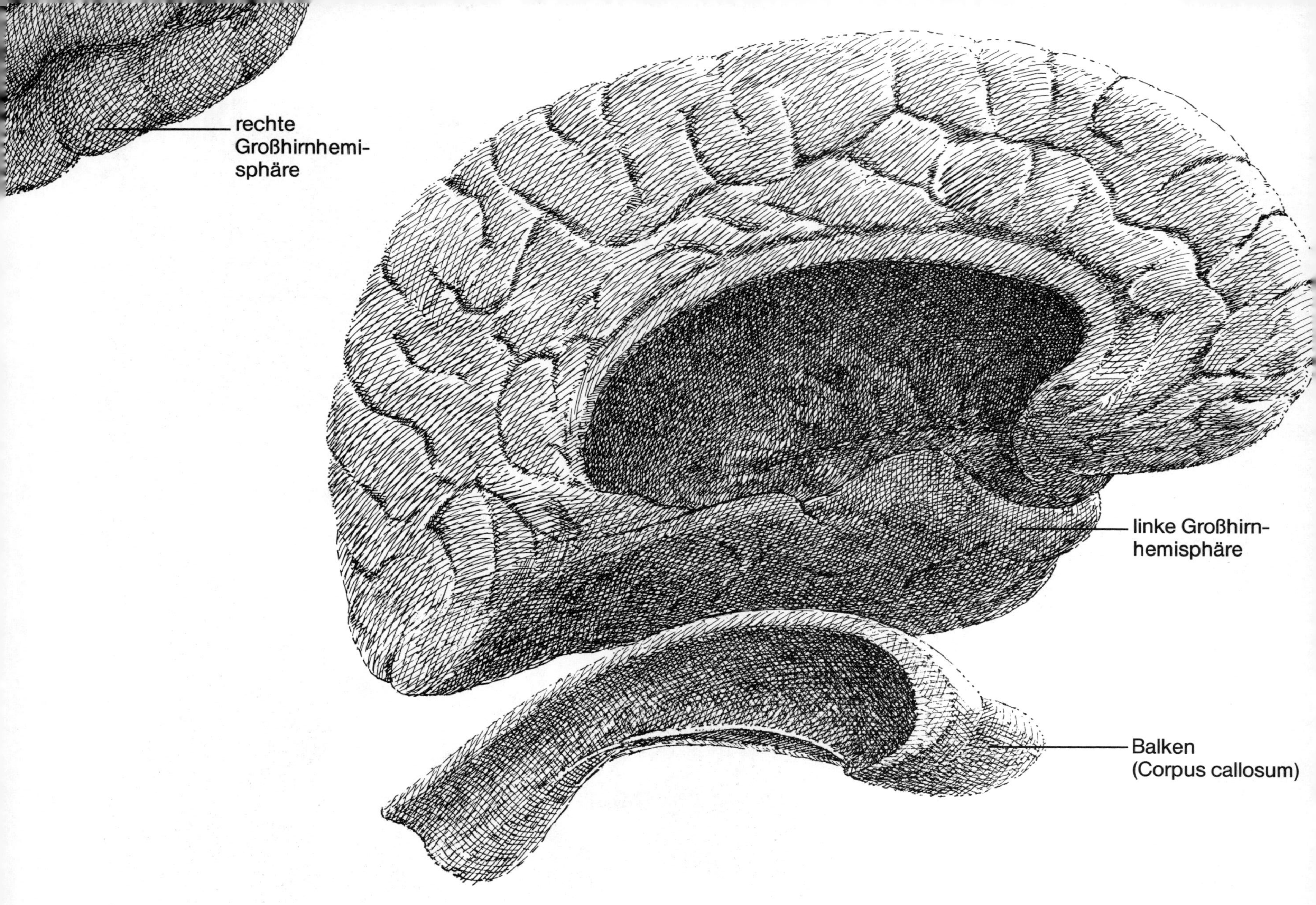
rechte Großhirnhemisphäre
linke Großhirnhemisphäre
Balken (Corpus callosum)

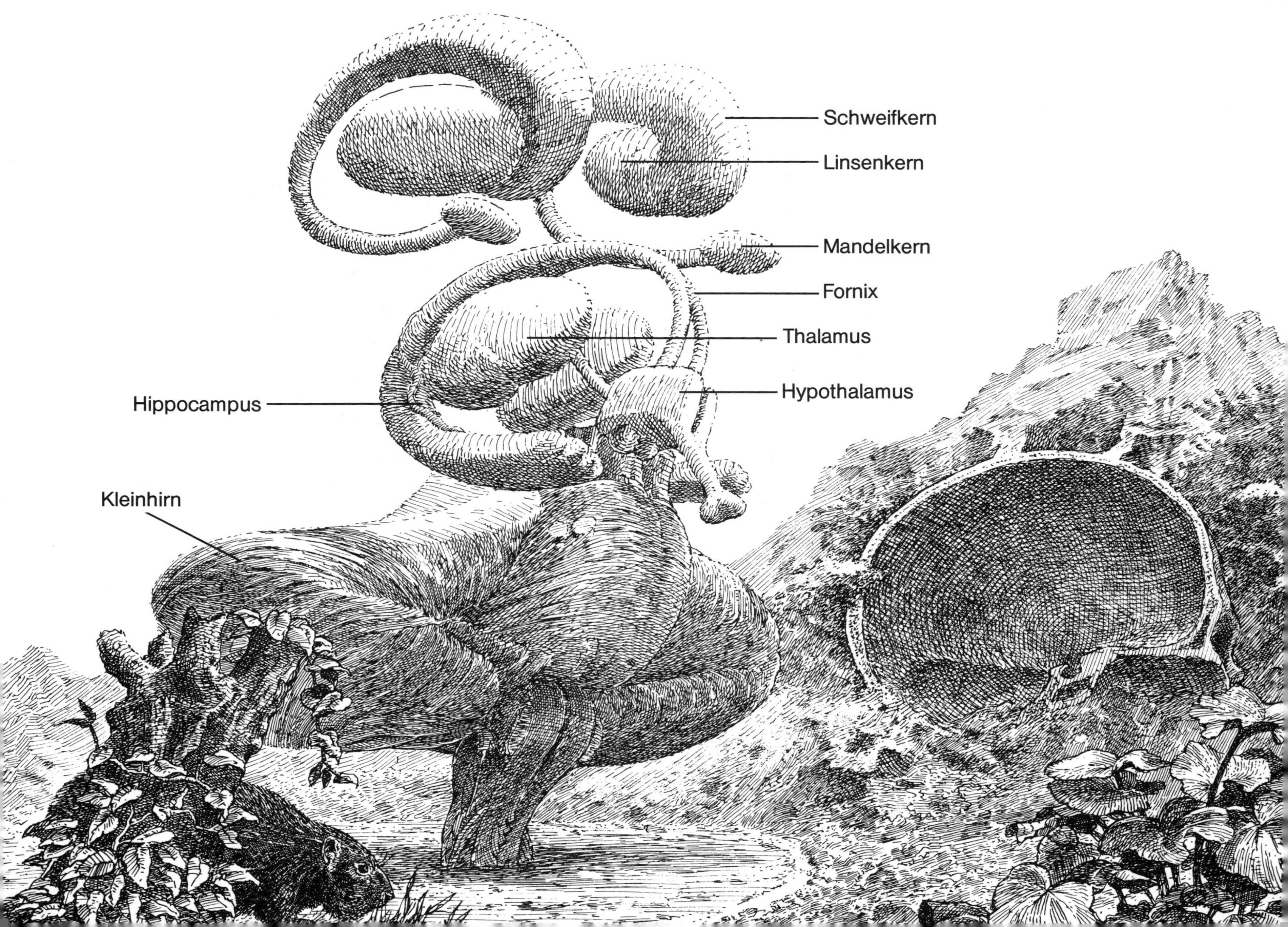
Schweifkern
Linsenkern
Mandelkern
Fornix
Thalamus
Hypothalamus
Hippocampus
Kleinhirn

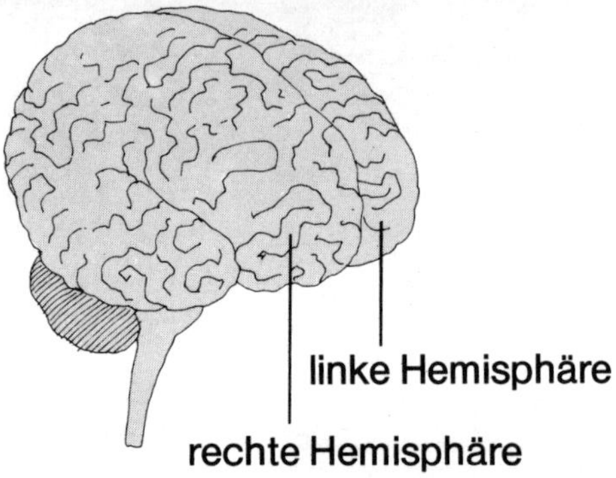

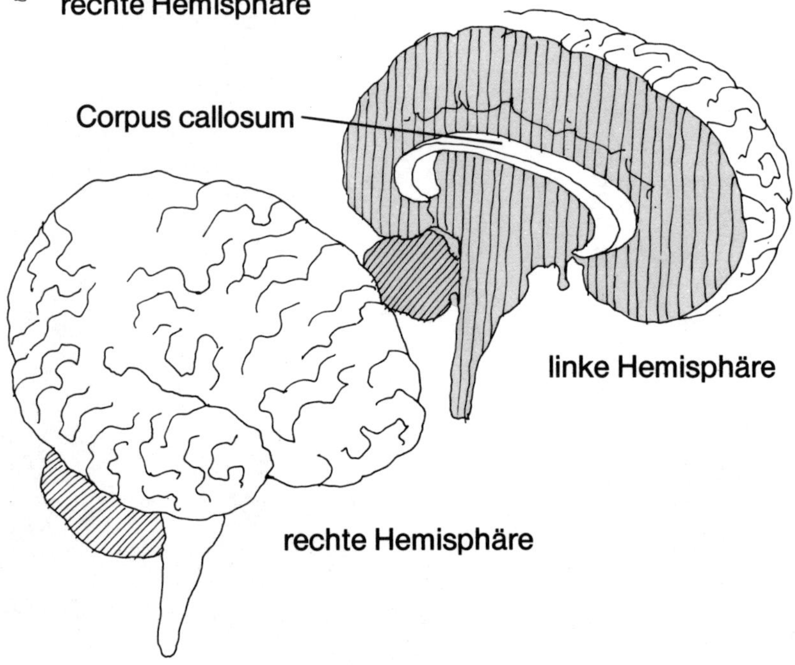

Das Großhirn

Den meisten Raum im menschlichen Gehirn nimmt das Großhirn ein. Es ist in zwei Hälften oder Hemisphären unterteilt, die jeweils für die gegenüberliegende Körperhälfte zuständig sind. Verbunden sind die Hemisphären durch einen Strang aus ungefähr 300 Millionen Nervenfasern, den Balken (Corpus callosum). Jede Hemisphäre ist von einer etwa drei Millimeter starken, vielfach gefalteten Schicht aus Nervenzellen bedeckt, Cortex cerebri oder Großhirnrinde genannt. Der Cortex entwickelte sich bei unseren Vorfahren vor ungefähr 200 Millionen Jahren. Ihm verdanken wir unsere spezifisch menschlichen Wesenszüge. Er versetzt uns in die Lage, zu organisieren, uns zu erinnern und zu verstehen, zu kommunizieren und kreativ zu sein, Dinge zu erschaffen und wertzuschätzen.

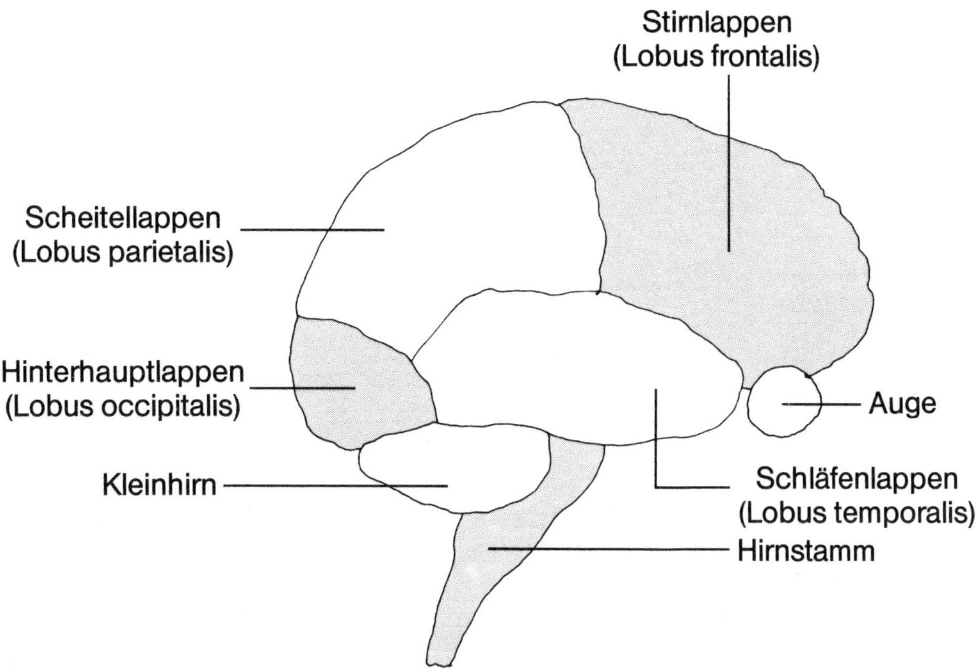

Die Cortex-Lappen

Der Cortex jeder Hemisphäre ist in vier Bereiche unterteilt, die sogenannten Lappen (Loben). Der Stirnlappen ist in erster Linie zuständig für Planen, Entscheiden und zielgerichtetes Verhalten. Der Scheitellappen repräsentiert den Körper im Gehirn. Er empfängt Sinnesinformationen aus dem Körper. Ein Teil des Hinterhauptlappens ist für den Gesichtssinn verantwortlich und wird deshalb häufig als Sehrinde bezeichnet. Dem Schläfenlappen scheinen mehrere wichtige Funktionen zuzufallen, unter anderem Hören, das Bewußtwerden von Empfindungen und Gedächtnis.

WANDELAAR
ET NETTER

I

Das baufällige Gehirn: Die Zimmer, Säulen, Mauersteine und Chemikalien

1

Die Architektur des Gehirns

Es ist ungefähr so groß wie eine Grapefruit.

Es wiegt ungefähr soviel wie ein Kohlkopf.

Es ist das einzige Organ, das wir nicht transplantieren können, ohne jemand anders zu werden.

Das Gehirn steuert alle Körperfunktionen. Es überwacht unsere allerprimitivsten Verhaltensweisen – Essen, Schlafen, Wärmeregulierung –, und es ist zuständig für unsere höchstentwickelten Aktivitäten – unsere Kultur, Musik, Kunst, Wissenschaft, Sprache. Unsere Hoffnungen, unsere Gedanken, unsere Gefühle, unsere Persönlichkeit – sie alle haben dort drinnen irgendwo ihren Sitz. Auch nachdem Tausende von Wissenschaftlern das Gehirn jahrhundertelang untersucht haben, wird ihm nur ein einziges Wort gerecht: Es ist ein Wunder.

Es dürfte etwa 100 Milliarden Neuronen – Nervenzellen – im Gehirn geben, und in jedem einzelnen menschlichen Gehirn ist die Zahl möglicher Verbindungen zwischen diesen Zellen *größer als die Zahl aller Atome im Universum.*

Obwohl wir vielleicht nie alle Geheimnisse des Gehirns enthüllen werden, wissen wir doch eine Menge darüber. Wir wissen etwas darüber, was das Gehirn ist, was es macht und wie es zu dem wurde, was es ist.

So können Sie es sich besser vorstellen: Legen Sie die Finger zu beiden Seiten des Kopfes unter die Ohrläppchen. In der Mitte des Zwischenraums, der von ihren Händen gebildet wird, liegt der älteste Teil des Gehirns, der Hirnstamm. Ballen Sie jetzt Ihre Hände zu Fäusten. Jede Faust hat etwa die Größe einer Hirnhemisphäre, und wenn Sie beide Fäuste an den Handballen zusammenlegen, dann haben Sie nicht nur die ungefähre Größe und Form des ganzen Gehirns vor Augen, sondern auch seinen symmetrischen Aufbau. Ziehen Sie dann ein Paar dicker Handschuhe an, am besten hellgraue. Sie stellen den Cortex, die Großhirnrinde, dar, den jüngsten Teil des Gehirns, dessen Funktionen den spezifisch menschlichen Leistungen wie Sprache und Kunst zugrunde liegen.

Es gibt eine Art Architektur des Gehirns, da es in besonderer Weise, durch den Evolutionsprozeß, in Jahrmillionen aufgebaut wurde. Stellen wir es uns deshalb vor als ein baufälliges Haus, das vor langer Zeit für eine kleine Familie errichtet und dem dann im Laufe mehrerer Generationen Anbau auf Anbau hinzugefügt wurde. Das ursprüngliche Bauwerk bleibt im wesentlichen unverändert, doch einige der ursprünglichen Funktionen sind innerhalb des Hauses

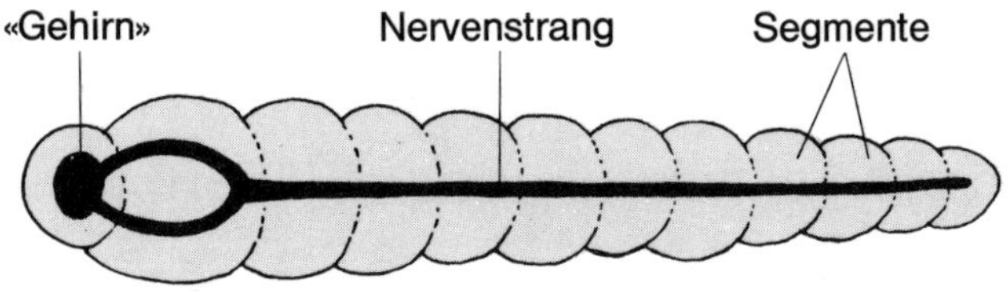

Das Nervensystem des Wurms

Das Grundmuster des menschlichen Nervensystems ist bereits bei den allereinfachsten Tieren angelegt, die spiegelsymmetrisch sind, also etwa bei den Würmern. Alle diese Tiere haben ein Kopf- und ein Schwanzende und eine linke und eine rechte Seite.

Die Körper aller dieser Tiere sind segmentiert. Jedes Segment enthält Bündel von Nervenfasern, die Informationen aus Rezeptorzellen in der Haut an eine Gruppe von Nervenzellen schicken, die ihrerseits Informationen zur Steuerung der Muskeln zurücksenden. Die verschiedenen Nervenzellgruppen, Nuklei oder Ganglien genannt, stehen miteinander über größere Nervenfaserbündel in Verbindung, die den Körper der Länge nach durchlaufen und den Nervenstrang bilden. Als sich die ersten Wirbeltiere aus ihren wirbellosen Vorfahren entwickelten, wurde der Nervenstrang in eine Knochenhülle eingeschlossen, die Rückenwirbel, und wurde damit zum Rückenmark.

Wenn auch unser Körper nicht in Segmente unterteilt zu sein scheint – beim menschlichen Rückenmark ist eine Segmentierung deutlich zu erkennen. Es weist viele Segmente auf, die alle, jedes für sich, Informationen von einer bestimmten Hautregion empfangen und die darunterliegende Muskulatur steuern. Das Nervensystem der einfachsten Wirbeltiere war kaum mehr als ein Rückenmark mit einer kleinen Verdickung am Kopfende. Was mit ein paar zusätzlichen Zellen im Kopf des Regenwurms beginnt, Zellen, die einfachste Informationen über Geschmack und Licht auswerten, hat sich bei uns Menschen zur unglaublich komplexen und differenzierten Struktur des menschlichen Gehirns entwickelt.

verlagert worden – als habe man eine neue, moderne Küche gebaut und die alte zur Vorratskammer gemacht. Genauso verhält es sich mit den unteren – das heißt ursprünglichen – Teilen des menschlichen Gehirns, den älteren Zimmern. Auch die oberen Schichten des Gehirns, die später hinzugekommenen, sind sehr unterschiedlich. Das Gehirn ist alles andere als eines jener modernen, bis in den letzten Winkel durchgeplanten, blitzblanken Häuser. Es ist chaotisch, besteht aus lauter «Zimmern», die in verschiedenen Bauabschnitten entstanden sind und durch spezielle Gänge miteinander in Verbindung stehen.

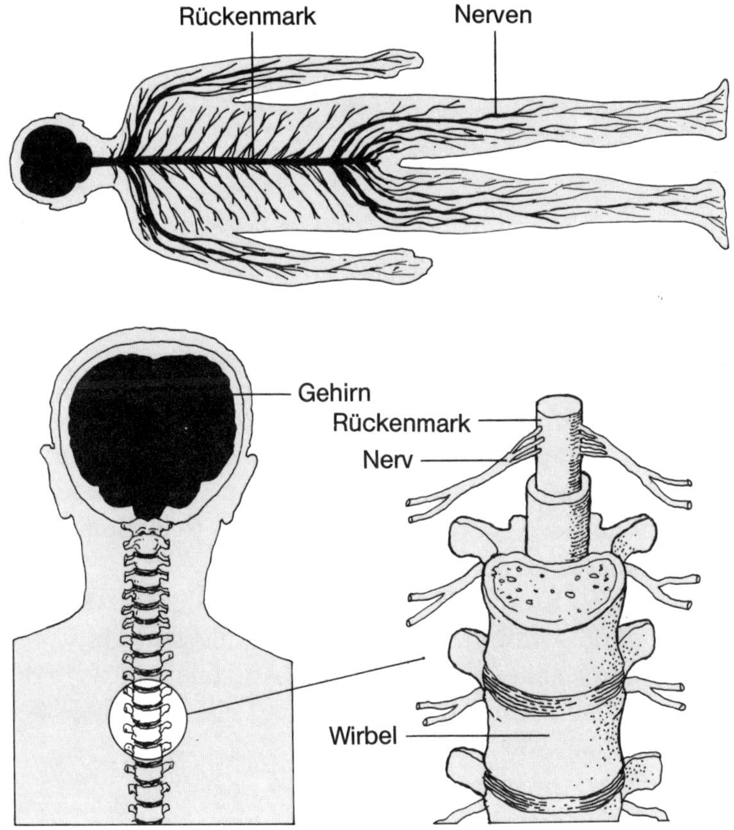

Das menschliche Nervensystem

Wir bilden uns gern ein, daß wir in den modernen, vernünftig gebauten Zimmern des Hauses wohnen, doch das ist eine Täuschung. Etliche Systeme des Gehirns beobachten verschiedene Teile unserer Welt, gelangen zu unterschiedlichen Schlüssen und neigen zu Handlungsweisen, die von Erinnerungen an unsere Vergangenheit geprägt sind. Wenn wir auf jemanden so wütend sind, daß uns die Haare zu Berge stehen, so ist das ein Relikt aus unser Evolution, das an den Kater denken läßt, der sein Fell sträubt, um auf den Widersacher größer zu wirken.

Wir tragen unsere Stammesgeschichte in uns, in den in weit auseinanderliegenden Epochen unserer Entwicklung entstandenen Strukturen, aus denen sich unser Gehirn zusammensetzt.

Gefühle gab es, bevor es uns gab.

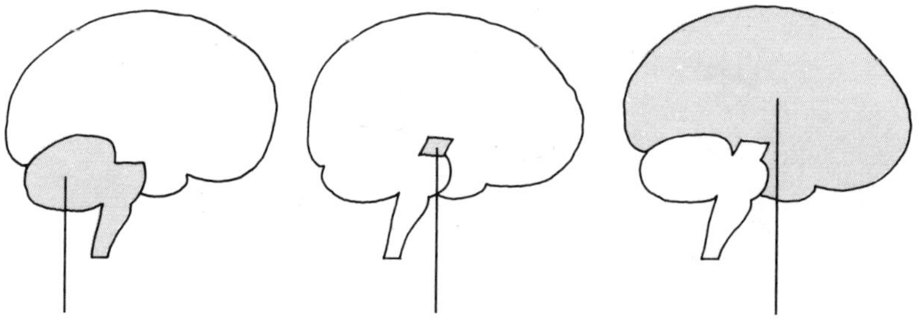

Etwas verallgemeinert läßt sich sagen, daß das Gehirn in drei Abschnitten «erbaut» wurde. Der erste ist das Hinterhirn, der älteste Teil des Gehirns, der große Bereiche des Hirnstamms umfaßt. Der zweite ist das Mittelhirn, das nur das oberste Stück des Hirnstamms ist. Das dritte ist das Vorderhirn, das neben einigen älteren Strukturen vor allem aus den jüngsten Regionen des Gehirns besteht, unter anderem dem Cortex.

Machen wir jetzt einen Rundgang durch unser baufälliges Haus, wobei wir zuerst einen Blick auf die «Zimmer» werfen wollen, die gemacht wurden, um uns und unsere Vorfahren am Leben zu erhalten. Anschließend werden wir die Teile besichtigen, die damit beschäftigt sind, neues Leben und neue Welten zu erschaffen.

Wir beginnen mit dem Hirnstamm, einem Teil, der der kleinen Vergrößerung am Vorderende des Rückenmarks primitiver Wirbeltiere ähnelt. Es ist der älteste und tiefstgelegene Bereich des Gehirns, der sich vor mehr als 500 Millionen Jahren, also noch vor den Säugetieren, entwickelt hat. Viele Wissenschaftler bezeichnen den menschlichen Hirnstamm als Reptilienhirn, weil er eine gewisse Ähnlichkeit mit dem vollständigen Gehirn eines Reptils hat. Der Hirnstamm ist in erster Linie zuständig für die grundlegenden Lebensfunktionen – die Steuerung von Atmung und Pulsfrequenz.

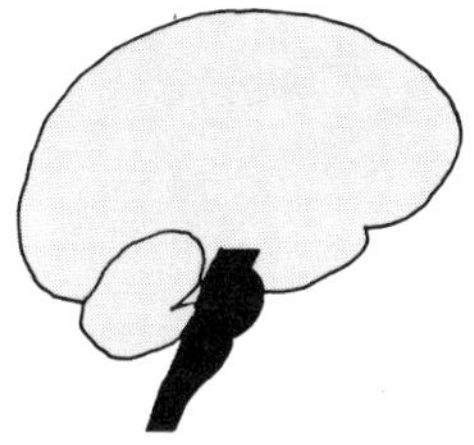

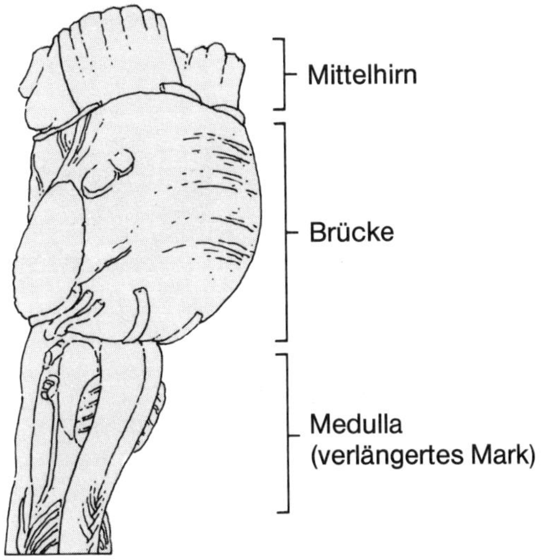

Der Hirnstamm

In der Mitte des Hirnstamms gelegen und ihn der Länge nach durchquerend befindet sich das Zentrum eines Nervengewebes, das Formatio reticularis genannt wird. Es enthält eine Anzahl von Kernen, die zum aktivierenden retikulären System (ARS) gehören. Wie eine Telefonklingel weist das ARS den Cortex (die Denkregion) allgemein auf eintreffende Informationen hin (etwa: «visueller Reiz unterwegs»).

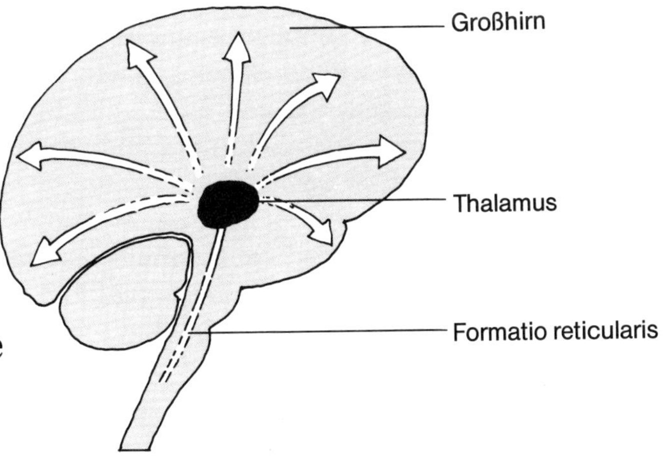

Das aktivierende retikuläre System (ARS)

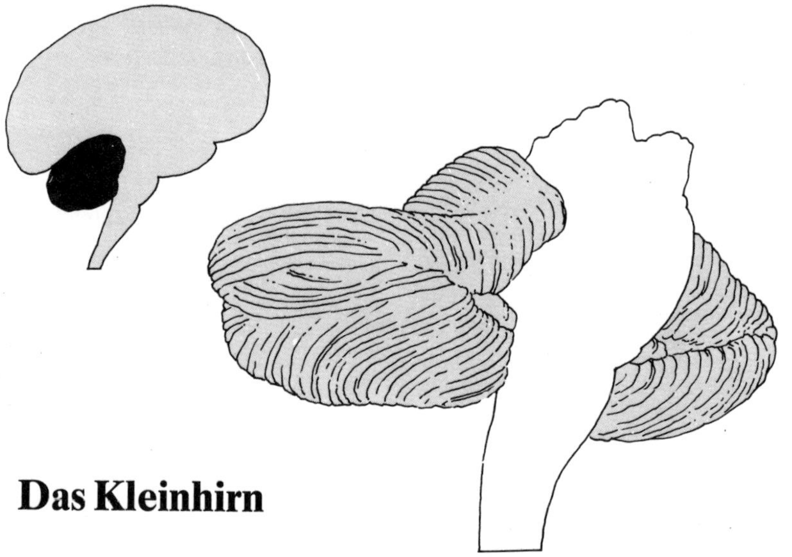

Das Kleinhirn

An den Hirnstamm angrenzend liegt ein weiterer Teil des Hinterhirns, das Kleinhirn. Ursprünglich wurde es als «motorische» Struktur entwickelt, zuständig für Gleichgewicht, Körperhaltung und Bewegung im Raum. Es hat jetzt allerdings den Anschein, daß auch die Erinnerung an eine bestimmte Art einfacher erlernter Reaktionen dort gespeichert werden kann, vor allem in den zuletzt entwickelten Teilen des Kleinhirns. Die Zuweisung neuer Aufgaben an das Kleinhirn ist typisch für die Art und Weise, wie sich das Gehirn entwickelt hat. Alte Strukturen wurden nicht einfach aufgegeben, sondern so erweitert, daß sie neue Funktionen übernehmen konnten. Als dem Kleinhirn mehr Nervengewebe hinzugefügt wurde, entwickelte sich ein Teil des Hirnstamms direkt unter dem Mittelhirn zur Brücke (Pons), über die Information mit dem Kleinhirn ausgetauscht werden kann.

Das limbische System besteht aus einer Gruppe von Zellstrukturen im Mittelpunkt des Gehirns, unmittelbar oberhalb des Hirnstamms. Es hat sich vor zwei- bis dreihundert Millionen Jahren entwickelt. Ein Großteil des ehemaligen Reptilienvorderhirns gehört beim Menschen zum limbischen System und wird vom olfaktorischen Input (Geruchssinn) beherrscht. Beim Reptil ist dieses System die «höchste» Region des Gehirns. Im menschlichen Gehirn wird das limbische System von jüngeren Strukturen überlagert und scheint dort ganz andere Funktionen zu übernehmen. Der olfaktorische Input hat für uns keine so große Bedeutung, und so ist dem limbischen System eine Schlüsselrolle bei der Speicherung von Erinnerungen an unsere Lebenserfahrungen zugefallen – auch dies ein Beispiel für evolutionäre Prinzip, «alte Zimmer umzurüsten, so daß sie neue Aufgaben übernehmen können».

Das limbische System wird häufig als Säugerhirn bezeichnet, weil es bei den Säugetieren am höchsten entwickelt ist. Diese Hirnregion trägt zur Aufrechterhaltung der Homöostase bei, der Konstanz wichtiger physiologischer Größen. Homöostatische Mechanismen im limbischen System steuern unter anderem Körpertemperatur, Blutdruck, Pulsfrequenz und Blutzuckerspiegel. Ohne limbisches System wären wir wie «kaltblütige» Reptilien: Wir wären nicht in der Lage, bei starken Temperaturschwankungen in der Außenwelt ein konstantes inneres «Klima» zu bewahren. Obwohl der Mensch im Koma zeitweilig der Herrschaft über jene Anteile des Vorderhirns einbüßt, die zur Auseinandersetzung mit der Außenwelt erforderlich sind, bleibt er am Leben, weil Hirnstamm und limbisches System auch weiterhin die unverzichtbaren Körperfunk-

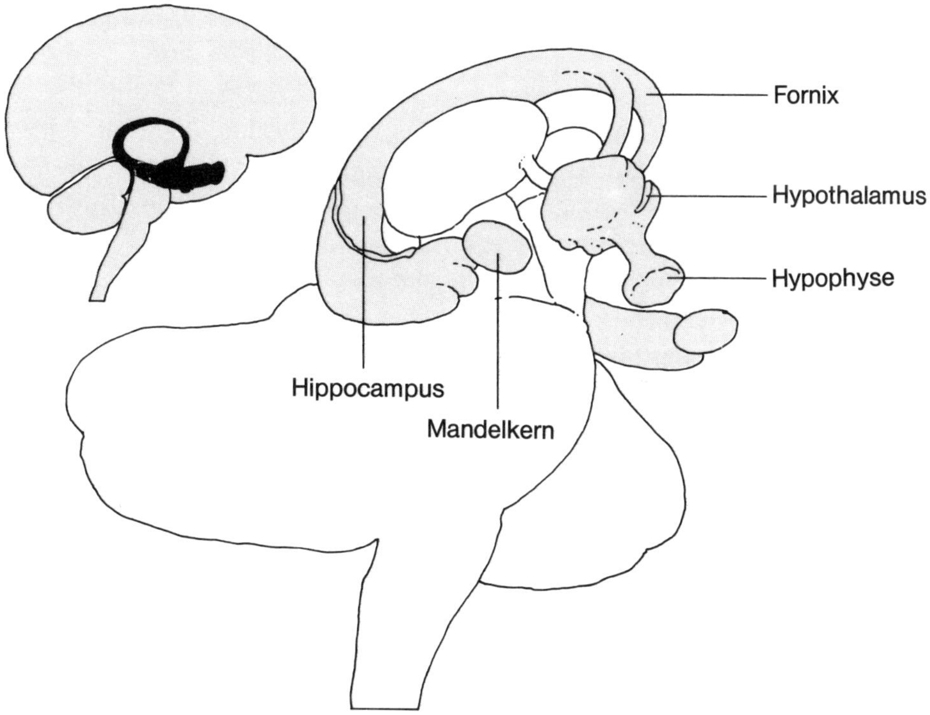

Das limbische System und seine Lage im Gehirn

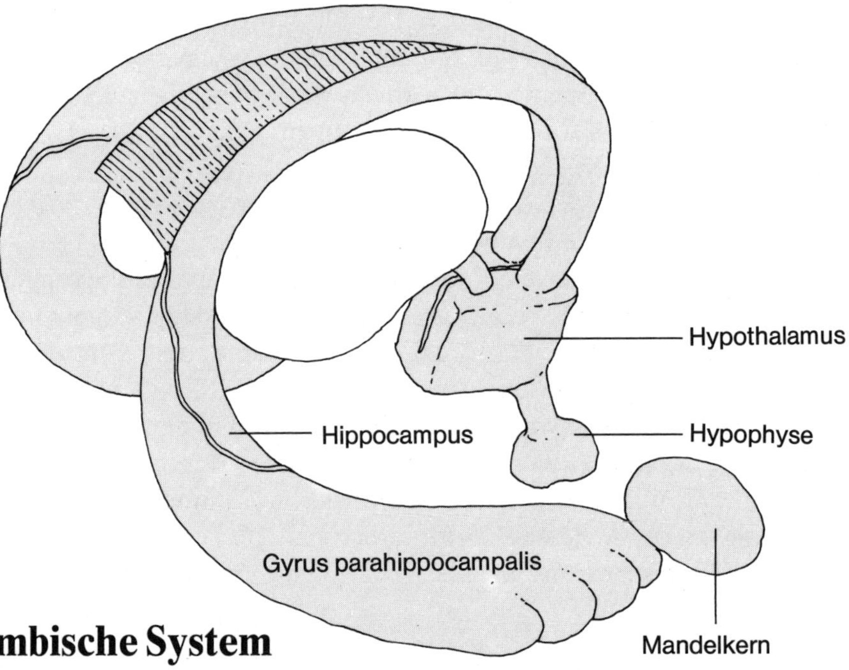

Das limbische System

tionen aufrechterhalten und steuern. Das limbische System ist auch in starkem Maße an den emotionalen Reaktionen beteiligt, die wichtig fürs Überleben sind, etwa am Sexualtrieb oder an Selbstschutz durch Kampf oder Flucht. Die limbischen Funktionen liefern die vier Grundvoraussetzungen des Überlebens: Ernährung, Kampf, Flucht und Fortpflanzung.

Der vielleicht wichtigste Teil des limbischen Systems ist der Hypothalamus. Er ist das «Gehirn» des Gehirns. Ohne Zweifel ist er der komplizierteste und erstaunlichste Teil des Gehirns. Er ist winzig, etwa so groß wie eine Erbse, und wiegt ungefähr vier Gramm. Er steuert Essen, Trinken, Schlafen, Wachen, Körpertemperatur, das Gleichgewicht vieler physiologischer Größen, Pulsfrequenz, Hormone, Sexualität und Gefühle. Seinen Einfluß auf diese homöostatischen Mechanismen des Körpers übt der Hypothalamus durch negative Rückkopplung (Feedback) aus. Beispielsweise wird die Körpertemperatur vom Hypothalamus mittels der Bluttemperatur kontrolliert. Wenn das Blut zu kalt wird, regt der Hypothalamus die Prozesse im Körper an, die für die Wärmeerzeugung und -erhaltung sorgen.

Durch eine Kombination aus elektrischen und chemischen Botschaften steuert der Hypothalamus auch die wichtigste Drüse des Gehirns, die Hypophyse.

Diese Drüse reguliert den Körper mittels Hormonen. Hormone sind chemische Substanzen, die – unter anderem – von bestimmten Neuronen im Gehirn produziert und ausgeschüttet werden. Sie werden dann vom Blut zu bestimmten «Zielzellen» im Körper transportiert. Beim Mann wird zum Beispiel das gonadotrope (wörtlich «zu den Keimdrüsen hin gerichtete») Hormon von der Hypophyse ausgeschüttet und vom Blut zu den Hoden befördert, wo es die Produktion von Testosteron anregt, dem wichtigsten männlichen Geschlechtshormon, das sowohl für die Sexualität wie für aggressives Verhalten zuständig ist. Die Hypophyse synthetisiert die meisten Hormone, durch die das Gehirn die wichtigsten Körperdrüsen kontrolliert.

Zwei andere wichtige Strukturen des limbischen Systems sind der Hippocampus («Seepferdchen», nach seinem Aussehen benannt) und der Mandelkern (Nucleus amygdalae), der seinen Namen ebenfalls seinem Aussehen verdankt.

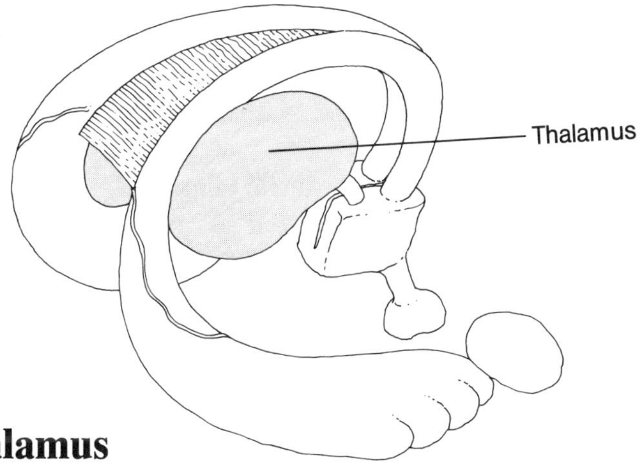

Der Thalamus

Der Thalamus, mehr oder weniger im Zentrum des Vorderhirns gelegen, ist an der Entstehung von Bewußtseinsprozessen beteiligt und unterzieht die Informationen aus der Außenwelt ersten Klassifizierungen. Einige Bereiche des Thalamus haben sich auf den Empfang bestimmter Informationsarten spezialisiert, die sie dann an verschiedene Cortexregionen übermitteln.

Zu beiden Seiten des limbischen Systems, in jeder Hemisphäre, befinden sich die Basalganglien. Wie das Kleinhirn sind sie für die Bewegung zuständig, vor allem für den Beginn oder die Auslösung von Bewegungen. Im menschlichen Gehirn sind diese besonderen Neuronennetzwerke weitgespannt und hochent-

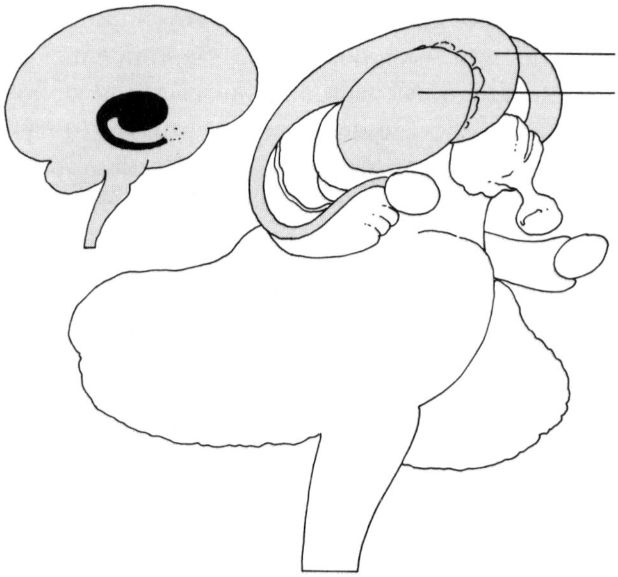

Die Basalganglien

wickelt. Obwohl sie unterschiedliche Funktionen haben, liegen die Basalganglien und die wichtigsten Strukturen des limbischen Systems nebeneinander, weil sie in enger Verbindung mit der höchsten Ebene des Gehirns, der Großhirnrinde, stehen.

Die Oberfläche des Großhirns, die aus mehr Neuronen besteht als irgendeine andere Gehirnstruktur, heißt Cortex (oder Großhirnrinde). Der Cortex übt jene Funktionen aus, die unsere Anpassungsfähigkeit erheblich gesteigert haben. In ihm werden Entscheidungen getroffen, wird die Welt organisiert, werden unsere individuellen Erfahrungen im Gedächtnis gespeichert, durch ihn sind wir in der Lage, Sprache zu erzeugen und zu verstehen, Kunstwerke zu betrachten und Musik zu hören.

Der Cortex ist nur etwa drei Millimeter dick, aber vielfach gefaltet. Von allen Säugetieren besitzt der Mensch das Gehirn mit den meisten Falten und Windungen, was vielleicht darauf zurückzuführen ist, daß auf diese Weise ein großer Cortex in einem Kopf Platz fand, der klein bleiben mußte, damit die Geburt weiterhin ohne lebensgefährliche Komplikationen vonstatten gehen konnte.

Auf den folgenden Seiten mag der Eindruck entstehen, daß schon sehr viel über den Cortex bekannt ist, doch tatsächlich wissen wir kaum etwas über seine Arbeitsweise. Wir wissen, daß bestimmte Aktivitäten ihren Ursprung im

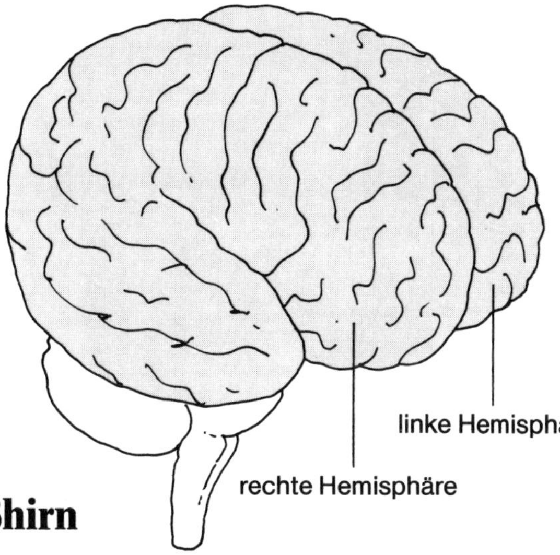

Das Großhirn

Cortex haben, wir wissen auch, daß bestimmte Erinnerungen dort gespeichert sind, wir wissen jedoch nicht genau, wo und wie sie gespeichert werden (obwohl es einige Hinweise gibt), und wir wissen nicht, wie wir bestimmte Erinnerungen «abrufen». Wir wissen, daß das Denken und bestimmte Aspekte des Lernens Cortexfunktionen sind, aber wir wissen nicht genau, wie wir «auf neue Ideen kommen» und was im Gehirn geschieht, wenn wir etwas Neues lernen. Die

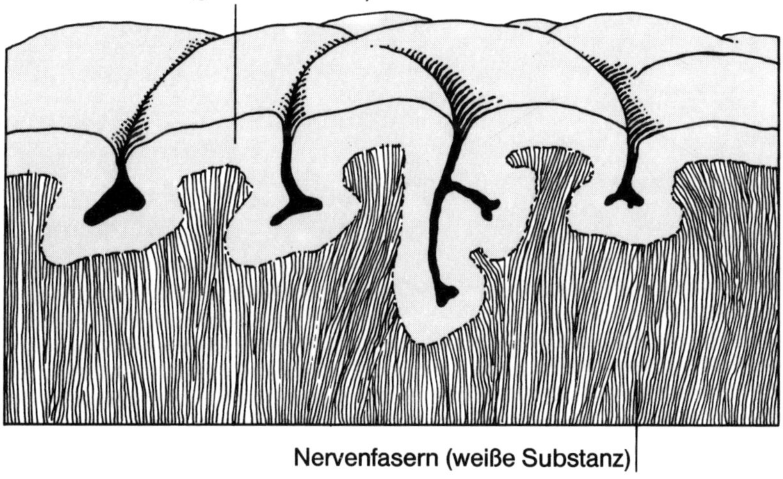

Ein Schnitt durch das Großhirn

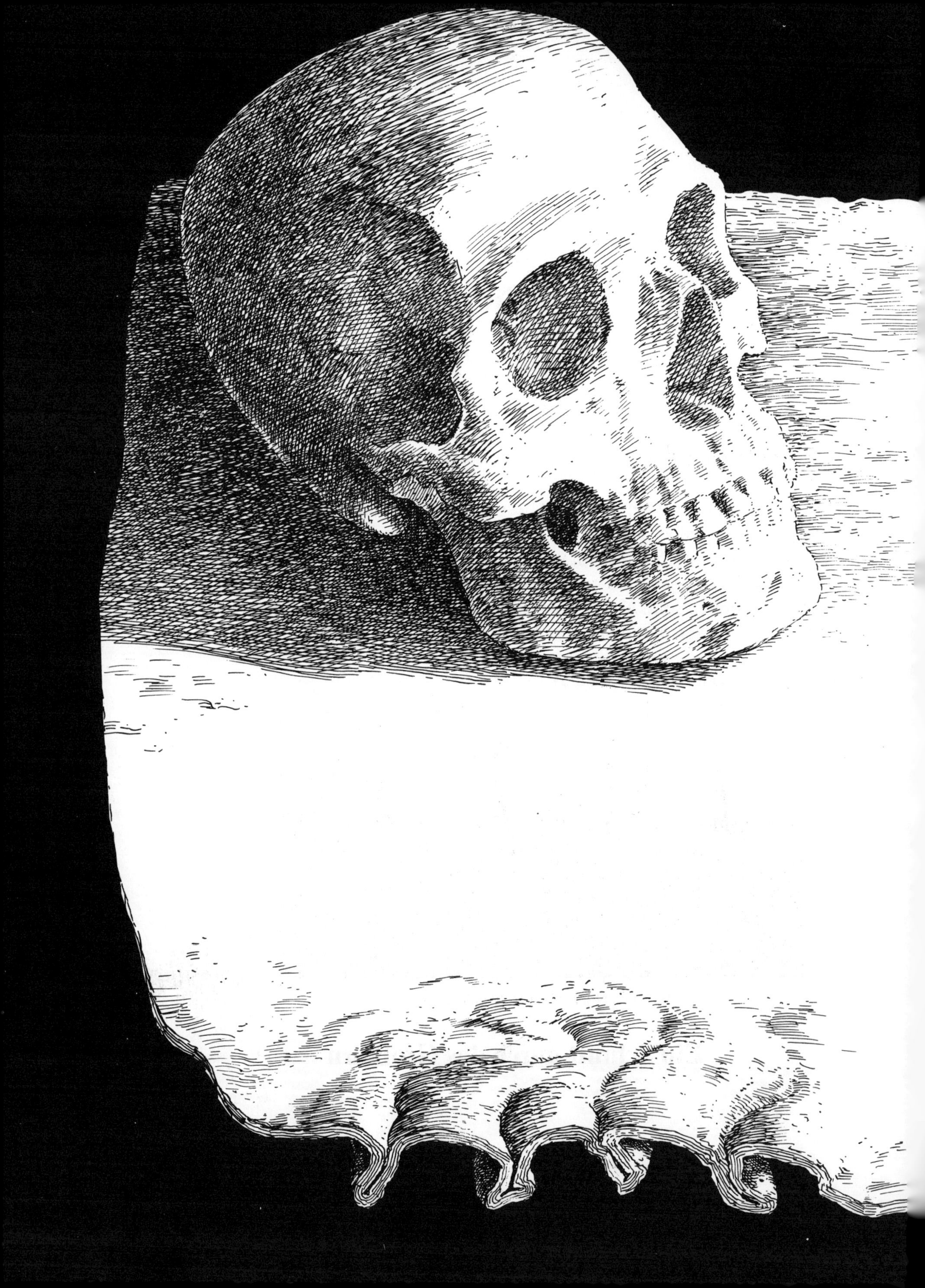

Diese Zeichnung zeigt das ungefähre Größenverhältnis zwischen der entfalteten Großhirnrinde (Cortex) und dem Schädel, in den sie hineinpassen muß.

Untersuchung der höheren Gehirnfunktionen des Cortex stellt die vorderste Linie der neurowissenschaftlichen Forschung dar – und wird es wahrscheinlich stets tun: Die Anwendung unserer wunderbaren Cortexfähigkeiten auf die Enthüllung der Geheimnisse, die eben diese Fähigkeiten umgeben, ist eine faszinierende, aber möglicherweise nicht zu bewältigende Herausforderung.

Der Cortex ist die «Exekutive» des Gehirns, zuständig für Entscheidungen und für die Beurteilung all der Informationen, die aus dem Körper und der Außenwelt eintreffen. Zuerst nimmt er die Information entgegen. Er analysiert diese neue Information und vergleicht sie mit der gespeicherten Information aus früheren Erfahrungen und Erkenntnissen. Dann trifft er eine Entscheidung und schickt seine eigenen Botschaften und Anweisungen an die entsprechenden Muskeln und Drüsen.

Das Großhirn ist, wie gezeigt, in zwei Hemisphären unterteilt. Jede ist für die jeweils gegenüberliegende Körperhälfte zuständig. Die linke Hirnseite steuert die Bewegungen und empfängt die Informationen der rechten Körperseite, die rechte Gehirnhälfte die der linken Körperseite.

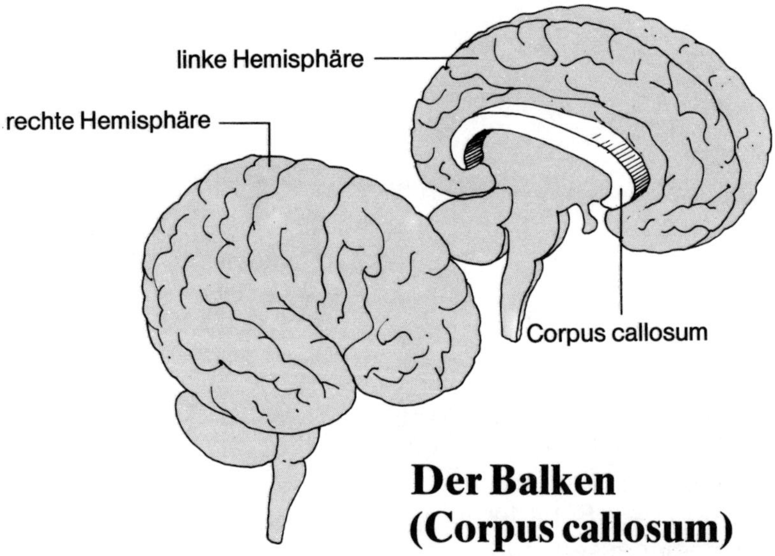

Der Balken (Corpus callosum)

Die beiden Hemisphären sind durch den Balken verbunden, die größte Nervenfaserbahn des Gehirns – eine «Brücke» aus etwa 300 Millionen Nervenfasern. Vor ein bis vier Millionen Jahren wurde die vierte (und bislang letzte) Stufe der menschlichen Gehirnentwicklung erreicht: die unterschiedliche Spezialisierung der beiden Hemisphären. Zu dieser Aufgabenteilung kam es, als die Menschen anfingen, Symbole (sprachlicher wie künstlerischer Art) zu erfinden und zu verwenden. In der Forschungsliteratur ist dieses Stadium der Gehirnentwicklung auch als asymmetrisch-symbolische Stufe bezeichnet worden.

Beide Hemisphären sind auf gleiche Weise in vier Bereiche unterteilt: Hinterhauptlappen (Lobus occipatalis), Schläfenlappen (Lobus temporalis), Stirnlappen (Lobus frontalis) und Scheitellappen (Lobus parietalis).

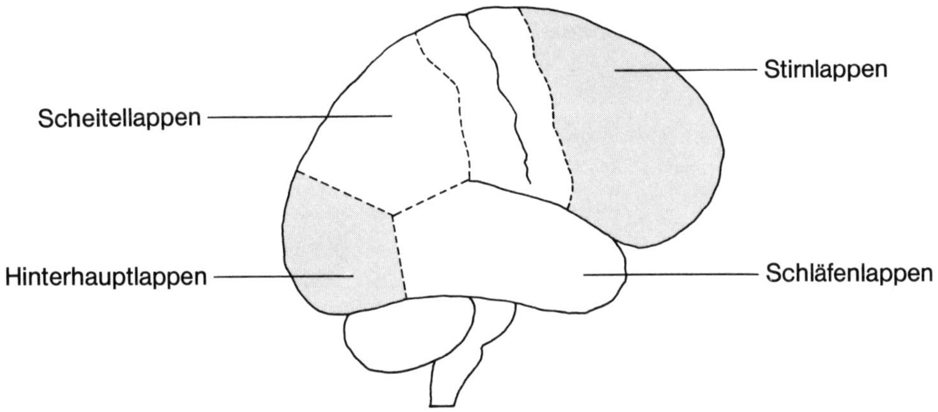

Cortex-Lappen

An der Rückseite jeder Hemisphäre liegt der Hinterhauptlappen. Da sein gesamter Bereich für den Gesichtssinn zuständig ist, wird er oft auch als Sehrinde bezeichnet. Die visuelle Information geht von den Augen zur Sehrinde und wird dort auf Richtung, Position und Bewegung hin analysiert. Schädigungen der Hinterhauptlappen können zu Blindheit führen, auch wenn das übrige visuelle System intakt bleibt.

Die Schläfenlappen (in der Nähe der Schläfen) haben mehrere wichtige Aufgaben. In beiden Hemisphären ist ein Teil der Schläfenrinde, etwa von der Größe eines Markstücks, für das Hören verantwortlich; er wird deshalb auch Hörrinde genannt. Andere Funktionen des Schläfenlappens scheinen die Wahrnehmung und das Gedächtnis zu betreffen.

Unsere Erkenntnisse über die Arbeitsweise der Schläfenlappen stammen größtenteils von Menschen, die unter irgendeiner Schädigung dieser Region gelitten haben. In einigen Fällen kommt es zu lebhaften Halluzinationen; in anderen Fällen können Ereignisse, die nach der Schädigung eintreten, nicht mehr erinnert werden. Bei schwereren Verletzungen in bestimmten Bereichen des linken Schläfenlappens – etwa nach einem Schlaganfall – kann es zu Aphasie, zum Verlust der Sprache, kommen. Der Patient reagiert etwa auf Fragen mit Antworten, bei denen die Laute und die Ausdrucksweise seiner Muttersprache ähneln, ohne jedoch einen Sinn zu ergeben. Das Geplapper ist nicht vollkommen zufällig: Es hört sich an, als würde jemand im Zimmer nebenan sprechen, ohne daß man ihn verstehen kann. Es fehlt die Fähigkeit, die Grundlaute der Sprache zu bedeutungsvollen Einheiten zu verknüpfen.

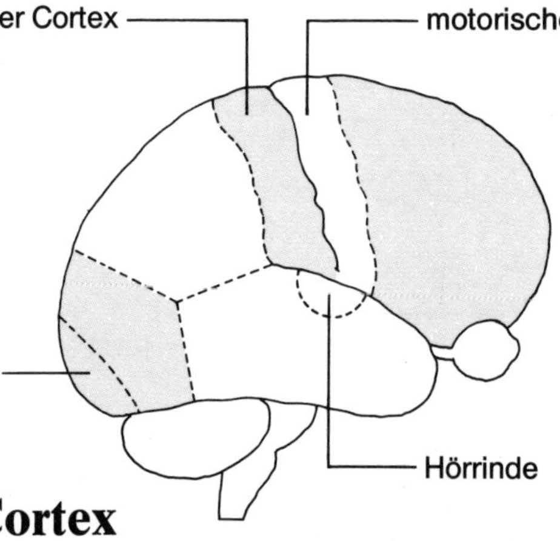

Felder des Cortex

Ist hingegen der rechte Schläfenlappen geschädigt, so ist die Ausführung räumlicher Aufgaben, etwa die Fähigkeit zu zeichnen, beeinträchtigt.

Wird der Schläfenlappen elektrisch gereizt, berichten einige Personen von dem Gefühl, an zwei Orten gleichzeitig zu sein: Die Erinnerung an ein Ereignis und die Gegenwart existieren im Bewußtsein *nebeneinander*. Obwohl sich der Patient des Eingriffs völlig bewußt ist, der an ihm vorgenommen wird, kann er sich doch plötzlich um dreißig Jahre zurück in eine Küche versetzt fühlen: Die Geräusche und Gerüche erscheinen ihm völlig real.

Der Stirnlappen, direkt hinter der Stirn gelegen, ist der größte der vier Rindenlappen. Er kontrolliert einen Großteil der übrigen Hirnaktivität. Seine Verknüpfungen mit dem limbischen System sind besonders zahlreich. Es gibt Anhaltspunkte dafür, daß die erste Einschätzung, ob ein Ereignis als bedrohlich oder gefährlich empfunden wird, im Stirnlappen vorgenommen wird. Seine vordringlichsten Aufgaben sind Planung, Entscheidung und zielgerichtetes Verhalten. Werden die Stirnlappen zerstört oder entfernt, so ist der Betreffende nicht mehr in der Lage, eine komplexe Handlung zu planen, auszuführen oder zu verstehen. Er kann sich auf neue Situationen nicht mehr einstellen.

Solche Menschen leiden unter Konzentrationsschwäche und sind extrem anfällig für Ablenkungen. Obwohl viele der komplexesten Funktionen wie Sprache und Bewußtsein unbeeinträchtigt scheinen, nimmt der Verlust der Fähigkeit zur Vorausplanung und Anpassung allen anderen Fähigkeiten viel von ihrem Nutzen.

Die Scheitellappen, in den rückwärtigen Teilen beider Hemisphären gelegen, scheinen der Ort zu sein, an dem wir unsere Welt zusammensetzen. Wahrscheinlich werden hier die Buchstaben zu Wörtern und die Wörter zu Gedanken zusammengefügt.

Die Schädigung eines der beiden Scheitellappen kann zu einer Form der Agnosie (Wahrnehmungsstörung) führen. Vernon Mountcastle untersuchte einen Patienten mit Scheitellappenschädigung, der sich einer ganzen Körperseite nicht bewußt war, ein Zustand, der als Amorphosynthese bezeichnet wird. Da sein rechter Schläfenlappen geschädigt war, nahm er seine linke Seite nicht wahr. Zeichnungen von Mountcastles Patient zeigen etwa alle Ziffern der Uhr in der rechten Seite zusammengedrängt. Manche Patienten verlieren die Fähigkeit, auditiven oder visuellen Reizen zu folgen oder vertraute Gegenstände durch Berührung zu erkennen.

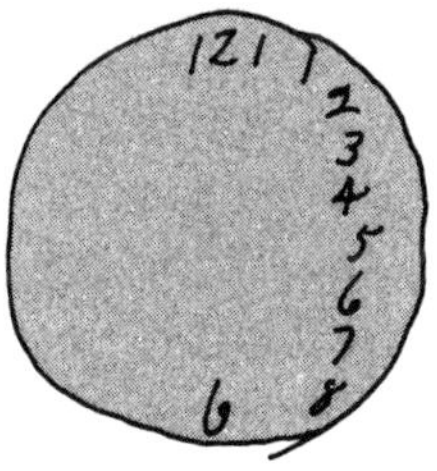

Die für die Körperempfindung zuständigen somato-sensorischen Felder liegen in der Nähe der Schläfenlappen. Sie sind, relativ gesehen, beim Menschen kleiner als beim Tier, was aber nur darauf zurückzuführen ist, daß die übrigen Teile des Cortex beim Menschen so groß sind. In den sensorischen Feldern treffen die Informationen über Haltung, Muskelaktivität, Berührung und Druck aus dem ganzen Körper ein, während die motorischen Felder die Bewegungen der verschiedenen Körperteile steuern.

Informationen über Zustand und Befinden der verschiedenen Teile des Körpers sind in entsprechenden Teilen des Gehirns repräsentiert, obwohl die Rindenfelder in keinem direkten Größenverhältnis zu den von ihnen repräsentierten Körperbereichen stehen. Je wichtiger die Funktion nämlich ist, desto mehr Raum nimmt sie im Gehirn ein. Obgleich zum Beispiel der Rücken größer als die Zunge ist, führt er weniger komplizierte Bewegungen aus und verfügt über eine weitaus geringere Empfindungsfähigkeit. Unsere Hände haben eine außerordentlich große Bedeutung für uns, liefern sie uns doch Informationen über Berührung und Druck, und sie sind zu äußerst komplexen Bewegungen fähig. Im Katzengehirn dagegen sind die Pfoten nur sehr spärlich repräsentiert, da sie nur wenig sensorische Information liefern, aber ein sehr großer Bereich ist den Schnurrhaaren vorbehalten, die weitaus empfindungsfähiger sind. Bei der Ratte reagieren ganz bestimmte Zellen auf ganz bestimmte Tasthaare. Wir werden darauf im nächsten Kapitel ausführlicher zu sprechen kommen.

Die beiden Großhirnhemisphären sehen, äußerlich betrachtet, fast gleich aus, doch in Wirklichkeit weisen sie wichtige anatomische Unterschiede auf. Eine Untersuchung an Föten und Totgeburten zeigte, daß in 95 Prozent der Fälle ein Teil der linken Hemisphäre größer war als der entsprechende Teil der rechten. Dieser vergrößerte Bereich des Schläfenlappens, Planum temporale genannt, ist an der gesprochenen und geschriebenen Sprache beteiligt.

Obwohl jede Hemisphäre auf unterschiedliche Aufgaben spezialisiert ist, ist die Arbeitsteilung zwischen ihnen nicht absolut – sie stehen in ständiger Verbindung miteinander. Kaum jemals ist die eine Hemisphäre völlig untätig, während die andere hektische Aktivität entwickelt. Die linke Hemisphäre ist in höherem Maße für Sprache und Logik verantwortlich und zu ihnen befähigt. Die rechte ist eher zuständig für räumliche Fähigkeiten und gestalthaftes Denken. Doch die Vorstellung, daß die beiden Hemisphären zwei *getrennte* Systeme, «zwei Gehirne» sind, ist eine unzulässige Vereinfachung und irreführend. Eine so komplexe Aktivität wie die Sprache setzt eine Wechselwirkung zwischen beiden Hemisphären voraus. Wenn eine der beiden Hemisphären beschädigt ist, kann die «intakte» Hemisphäre einspringen. Allerdings wird diese Möglichkeit mit zunehmendem Alter immer geringer. Wenn die linke Hemisphäre von Geburt an geschädigt ist, so übernimmt die rechte die Sprache, wenn auch der betreffenden Person der Umgang mit ihr vielleicht nie ganz so geläufig sein wird, wie es sonst der Fall gewesen wäre.

Die (nach evolutionären Maßstäben) in jüngerer Zeit erfolgte Aufgabenteilung zwischen beiden Hemisphären ist beim Menschen am stärksten ausgeprägt. Sprache, Kunstverständnis, Eingebung – all das ist durch die tiefe Spaltung der beiden Gehirnstrukturen getrennt gehalten, während gleichzeitig durch eine leistungsfähige Brücke, den Balken, für Kontakt gesorgt ist. Der Leser mag sich fragen, wie es dazu gekommen ist.

Die (von uns Menschen!) meistbewunderte Leistung des menschlichen Gehirns ist das Denken. Die Dinge, von denen wir meinen, sie machten in erster

Linie unser Wesen als Menschen aus – Sprache, Denken, Wahrnehmung, Intelligenz, Bewußtsein –, sind nur ein kleiner Bruchteil der Hirnfunktionen. Wissenschaftler begehen einen schwerwiegenden Fehler, wenn sie das, was am Menschen *einzigartig* ist, mit dem verwechseln, was für ihn *typisch* ist. Hauptaufgabe des Gehirns ist die Steuerung der Körperfunktionen. Es kontrolliert die Körpertemperatur, den Kreislauf und die Verdauung; es überwacht jede Empfindung, jeden Atemzug und Herzschlag, jedes Blinzeln und Schlucken. Ein Großteil seiner Arbeit besteht darin, Bewegungen zu steuern: Geh hier entlang, nimm die Hand vom Ofen, heb den Arm, um den Ball zu fangen, lächle. Jede sprachliche Äußerung ist Bewegung. Zunge, Lungen und Rachen – sie alle müssen dazu gebracht werden, sich in bestimmter Weise zu bewegen, so daß Sprache entsteht.

Wollen wir die Entwicklung des menschlichen Gehirns verstehen, müssen wir daran denken, daß seine Aufgabe in erster Linie darin besteht, den menschlichen Körper zu steuern.

Es gibt einen Fußabdruck in Afrika, der sich vor mehr als dreieinhalb Millionen Jahren in den Sand einprägte. Er bezeichnet einen Ort, an dem die Menschen sich von dem Rest der Schöpfung lösten. Es ist der Fußabdruck eines Geschöpfs, das beginnt, auf zwei Beinen statt auf vieren zu stehen. Dieser erste zögernde Schritt löste eine Reihe von evolutionären «Schritten» aus, die den modernen Menschen zu dem machten, was er heute ist. Der Übergang von vier Beinen zu zweien veranlaßte unsere Vorfahren nicht nur dazu, mehr dem Gesichts- als dem Geruchssinn zu vertrauen, er schuf auch die Voraussetzung dafür, daß die vorderen Gliedmaßen für andere Tätigkeiten wie etwa Werkzeugmachen und Tragen genutzt werden konnten. Und das wiederum trug zur Entwicklung der Sprache und letztlich der modernen Gesellschaft bei.

Einige Anmerkungen aus der Sicht des Statikers: Mit der Freisetzung der vorderen Gliedmaßen mußten die hinteren das gesamte Körpergewicht tragen. Der menschliche Rücken ist ursprünglich für die aufrechte Haltung nicht «konstruiert» (was zum Teil erklärt, warum Rückenschmerzen ein so weit verbreitetes Leiden sind). Um das zusätzliche Gewicht aufzufangen, wurde das menschliche Becken dicker als das der großen Affen. Durch die Beckenverdickung verengte sich der Geburtskanal, die Öffnung, durch die sich das Kind bei der Geburt seinen Weg bahnen muß.

Und zur gleichen Zeit, als der Geburtskanal enger wurde, vergrößerten sich Gehirn und Kopf. Wenn sich dieses neue Entwicklungsproblem nicht hätte beseitigen lassen, wäre die Menschheit wohl an Geburtskomplikationen ausgestorben. Die «Lösung» scheint gewesen zu sein, daß das Menschenkind zu einem *sehr frühen* Zeitpunkt seiner Reifung geboren wird. Ein Schimpansengehirn hat bei der Geburt 45 bis 50 Prozent des späteren Gewichts, das Gehirn eines menschlichen Babys nur 25 Prozent. Bei keiner anderen Art ist die Phase, in der das Kind auf Hilfe angewiesen ist, so lang wie bei den Menschen. Der größte Teil der Gehirnentwicklung erfolgt also außerhalb des Mutterleibs. Sie ist daher dem Einfluß vieler verschiedener Umgebungen, Erfahrungen und Menschen unterworfen.

Das Gehirn entwickelte sich rascher als irgendein anderes Organ in der Geschichte. Hunderte von Jahrmillionen dauerte es, bis das 400 Kubikzentimeter große Gehirn des *Australopithecus* entstanden war, der vor vier Millionen Jahren in Afrika lebte, doch schon nach ein paar Millionen Jahren mehr war das Gehirnvolumen auf 1250 bis 1500 Kubikzentimeter angewachsen und hatte die Fähigkeit entwickelt, abstrakt zu denken. Es hat uns geholfen, uns allen Spielarten geographischer und klimatischer Verhältnisse anzupassen.

Gemessen an der Körpergröße haben wir von allen auf dem Land lebenden Säugetieren das größte Gehirn, doch ist der entscheidende Gesichtspunkt nicht allein die Größe. Von besonderer Wichtigkeit ist, *wo* das Größenwachstum des Gehirns stattfand. Unsere Großhirnrinde, der höchstgelegene Teil des Gehirns, ist größer und komplexer als bei jedem anderen Tier. Sie ist der charakteristischste Teil des Menschen. Die Großhirnrinde ermöglicht es uns, über unsere Erbanlage hinauszugelangen und uns – wieder und wieder – eine eigene Umwelt zu schaffen.

So hat unser Gehirn über Jahrmillionen seinen Weg gemacht, ein baufälliges Gebilde mit Elementen aus unserer Reptilien- und Säugervergangenheit und (wie wir hoffen!) der Fähigkeit, unsere eigene Zukunft zu erschaffen. In diesem Kapitel haben wir den *allgemeinen* Aufbau des Gehirns betrachtet. In den nächsten drei Kapiteln wollen wir uns mit einzelnen *spezifischen* Gehirnstrukturen beschäftigen. Zunächst einmal schauen wir uns an, wie die oberen «Zimmer» des Gehirns gebaut sind.

2

Das sensorische Gehirn: Die Säulen der Erfahrung

Das Gehirn gleicht, so haben wir gesagt, einem baufälligen Haus mit vielen verschiedenen «Zimmern». Eines der wichtigsten Zimmer ist zuständig für unsere Erfahrung der Außenwelt. Sie öffnen Ihre Augen, und schon haben Sie ein schönes dreidimensionales Bild aus Formen und Farben vor sich. Doch es ist noch weit mehr als das: Es ist in hohem Maße organisiert und strukturiert. Diese Form und Struktur der Welt, die Sie sehen, wird vom visuellen Teil des Gehirns geschaffen, vor allem vom visuellen Feld der Großhirnrinde, jenem Teil des Cortexgewebes in der rückwärtigen Region des Gehirns, der die visuelle Welt kodiert.

Wir erfahren die Welt auch durch das Hören und Fühlen. Es gibt ein Hörfeld auf der Großhirnrinde und eines, das für den Tastsinn zuständig ist. Soweit wir wissen, arbeiten alle sensorischen Felder auf dem Cortex in grundsätzlich gleicher Weise, um die umfangreiche und verschiedenartige Reizmenge zur hochstrukturierten und überschaubaren Erfahrung der Welt zu verarbeiten. Obwohl Geschmack und Geruch unsere ältesten und grundlegenden Sinneswahrnehmungen sind, sind sie sehr viel schwieriger zu erforschen, so daß wir nur vermuten können, daß sie ähnlich wie der Tast- und der Gesichtssinn arbeiten.

Da wir mehr über die Gehirnsysteme wissen, die das Sehen kodieren, als über andere sensorische Systeme, wollen wir uns hier auf das visuelle System beschränken, vor allem auf das Sehfeld der Großhirnrinde, den Teil des sensorischen Gehirns, der am eingehendsten erforscht worden ist. David Hubel und Torsten Wiesel von der Harvard University gelang vor einigen Jahren in dieser Region des Cortexgewebes eine höchst bemerkenswerte Entdeckung, für die sie 1981 den Nobelpreis erhielten: Die Sehrinde ist aus vielen Tausenden von Säulen aufgebaut, die aus Nervenzellen bestehen und die Rinde von oben bis unten durchqueren.

Diese kleinen Neuronensäulen scheinen die Grundaspekte der visuellen Erfahrung zu verarbeiten, zu kodieren. Das gleiche gilt für das für den Tastsinn

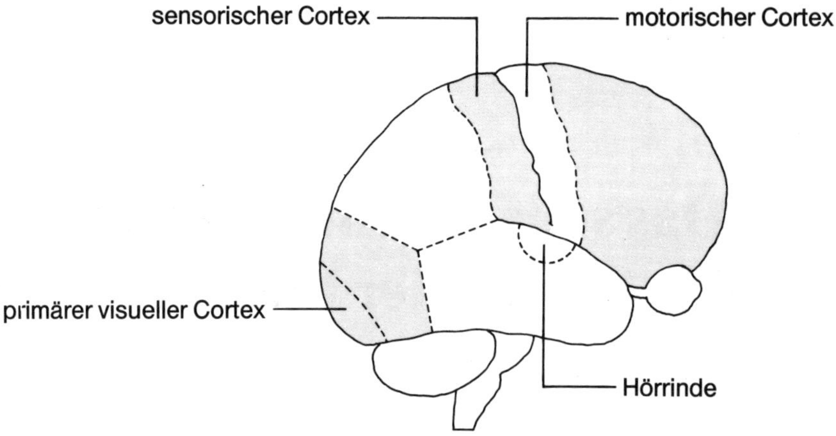

verantwortliche Feld der Großhirnrinde – es besteht aus Tausenden von kleinen Säulen, die die Grundaspekte der Hautempfindung, etwa Berührung und Druck, kodieren. Wir vermuten einen analogen Aufbau des Rindenfeldes, welches das Hören kodiert, obwohl darüber weniger bekannt ist.

Wenn wir also in das visuelle «Zimmer» eintreten – das Sehfeld der Großhirnrinde –, erkennen wir, daß es mit Tausenden von Säulen aus Nervenzellen gefüllt ist. Tatsächlich gibt es mehrere visuelle Zimmer. Wenn wir uns das große visuelle Zimmer genauer ansehen, so stellen wir fest, daß es aus vielen kleinen besteht, alle angefüllt mit kleinen Säulen aus Nervenzellen – den Säulen der Erfahrung.

Einige interessante Schlüsse ergeben sich aus folgender Geschichte eines kleinen Jungen: Mit zwei Jahren bekam Bobby ein kleines Gewächs am linken Augenlid. Keine schlimme Sache – das Gewächs war nicht bösartig –, aber

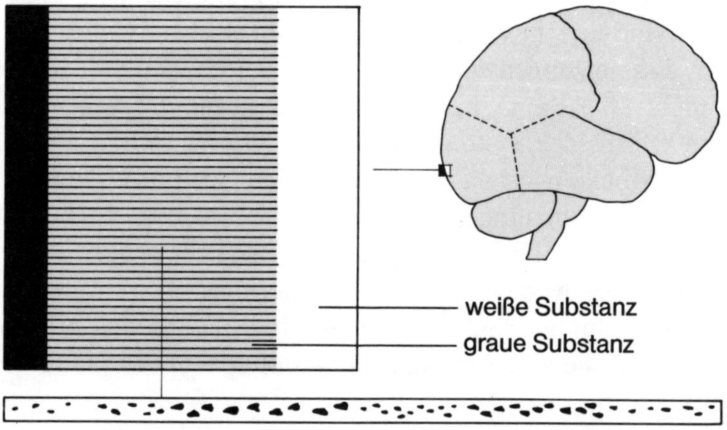

Säulenstruktur der Sehrinde

Bobby fühlte sich gestört und kratzte daran, bis es sich entzündete. Der Arzt behandelte es und bedeckte Bobbys Auge mit einer Binde, so daß Bobby sich nicht mehr kratzen konnte. Nach einer Woche wurde der Verband entfernt, und das Augenlid war verheilt. Bobbys Eltern vergaßen diesen Vorfall vollkommen.

Als Bobby in die 1. Klasse kam, wurden seine Augen bei der schulärztlichen Untersuchung überprüft. Rechts sah er normal, doch links war seine Sehfähigkeit stark beeinträchtigt. Bobby wurde zum Augenarzt geschickt.

Es hatte den Anschein, als wäre er auf dem linken Auge kurzsichtig – so das Ergebnis des Tests beim Augenarzt. Das hätte eine Brille erforderlich gemacht, ein kleiner Preis für einwandfreie Sehfähigkeit. Zum allseitigen Erstaunen aber war mit Bobbys linkem Auge alles in Ordnung. Die Linse war einwandfrei – sie warf die Welt in scharfen Bildern auf Bobbys Netzhaut. Auch die Netzhaut war völlig normal und arbeitete perfekt. Trotzdem war die Sehfähigkeit von Bobbys linkem Auge beeinträchtigt. Der Augenarzt fand keine Erklärung und konnte die Sehschwäche nicht behandeln. Bobbys Sehfähigkeit auf dem linken Auge blieb sein ganzes Leben lang eingeschränkt. Niemand kam auf den Gedanken, sie könne mit der Entzündung des Augenlids zusammenhängen, die er mit zwei Jahren gehabt hatte – und tatsächlich war sie nicht direkt darauf zurückzuführen. Die Entzündung war auf das Lid beschränkt geblieben und hatte das Auge nicht in Mitleidenschaft gezogen.

Wir wissen heute, warum Bobby eine Sehschwäche auf dem linken Auge hatte. So unglaublich es klingen mag, es lag daran, daß sein Auge im frühen Kindesalter eine Woche lang verschlossen gewesen war. Im Fortgang des Kapitels werden wir diesen Zusammenhang genauer erklären. Die neuen Erkenntnisse, die es uns heute ermöglichen, ihn zu verstehen, sind das Ergebnis einer faszinierenden wissenschaftlichen Detektivgeschichte – einer Geschichte, die davon handelt, wie wir sehen, wie das Auge und der visuelle Teil des Gehirns arbeiten und wie sie gemeinsam die Architektur der wahrgenommenen Bilder schaffen. (Zwar ist Bobbys Geschichte frei erfunden, doch sie fußt auf unserem Wissen über das visuelle System der Säugetiere und auf einer Reihe von klinischen Daten.)

Das Auge hat in seiner Arbeitsweise große Ähnlichkeit mit einer modernen 35-mm-Kamera. Es besitzt eine Linse von hervorragender Qualität aus lichtdurchlässigen Zellen. Tatsächlich ist die Linse unseres Auges allen Glaslinsen überlegen, die bisher für Kameras entwickelt wurden, weil sie ihre Form verändern und ihre Brennweite auf nahe und ferne Gegenstände einstellen kann. In einer Kamera muß die Linse zum gleichen Zweck nach vorn oder nach hinten

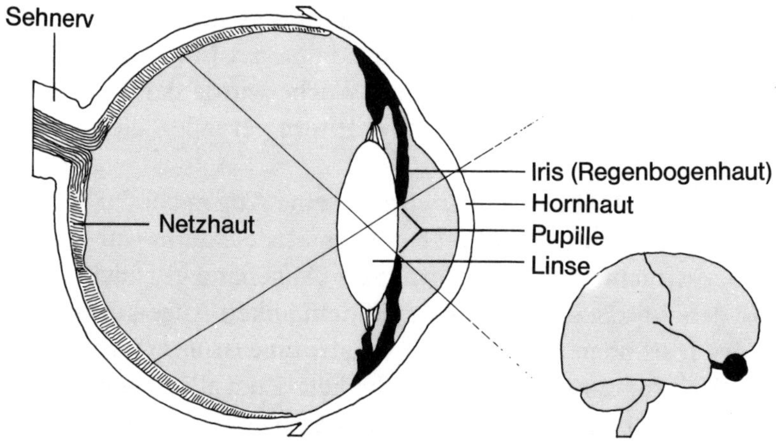

Augenquerschnitt

bewegt werden. Im normalen Auge wirft die Linse, wie in einer guten Kamera, ein scharfes Bild der Welt auf die Netzhaut im Augenhintergrund.

Die Linse bringt ein lebendiges, klares Bild der Welt auf die Netzhaut. Dadurch wird der «Film» in der Netzhaut belichtet. Von hier an jedoch zeigen sich große Unterschiede zwischen Auge und Kamera. Der «Film» im Auge ist eine Schicht lichtempfindlicher Zellen, der Stäbchen und Zapfen. Sie enthalten Sehpigmente – chemische Farbsubstanzen, die auf Licht reagieren wie die Silberkörner eines Fotofilms. Allerdings verändern sich die Pigmente im Auge nicht auf Dauer, sondern nur zeitweise und graduell je nach der Lichtmenge, der sie ausgesetzt sind. Bei Unterbrechung der Lichtzufuhr nehmen sie wieder ihren

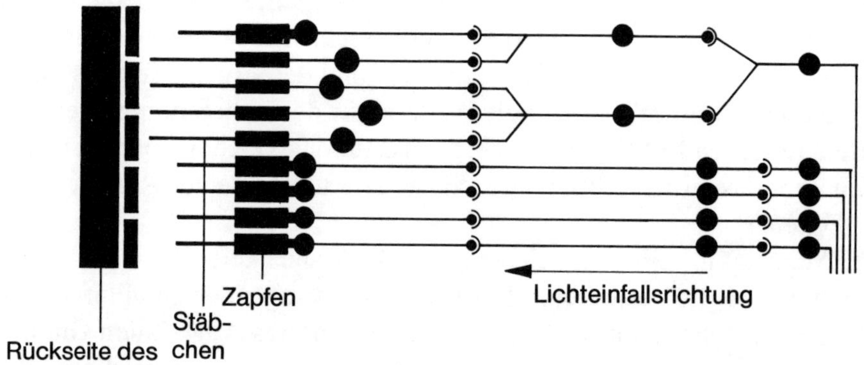

Schematische Darstellung der Netzhaut

Ausgangszustand an. Die Pigmente im Auge bestehen aus chemischen Substanzen, die aus Vitamin A und Eiweiß aufgebaut werden, was erklärt, warum Karotten, die viel Vitamin A enthalten, gut für die Augen sind.

Das Bild der Welt, das die Netzhaut Ihres Auges wahrnimmt, unterscheidet sich erheblich von dem Bild der Welt, das Sie tatsächlich «sehen». Die Netzhaut erblickt die Welt in Form von hellen, dunklen und farbigen Punkten oder Flekken. Wenn Sie die Welt betrachten, übermittelt Ihr Auge diese Fleckenmuster ans Gehirn, welches das Punktbild in das geschlossene, zusammenhängende «Sehen» Ihrer Erfahrung umwandelt. Um die Architektur des Sehens zu begreifen, müssen wir zuerst die Architektur der Sehrinde verstehen.

Die Großhirnrinde enthält Milliarden von Nervenzellen, mehr als das ganze übrige Gehirn. Und doch ist ihr Aufbau von eleganter Einfachheit. Es gibt sechs Schichten von Nervenzellen, wobei jede Schicht aus Zellen einer bestimmten Form besteht, die sowohl innerhalb einer Schicht als auch zwischen den Schichten miteinander verknüpft sind. (Aus Gründen der Übersichtlichkeit werden die Schichten mit den Ziffern I bis VI bezeichnet.) Stellen wir uns den Cortex also als ein aus sechs Schichten bestehendes Tuch vor, mit dem das Gehirn bedeckt ist.

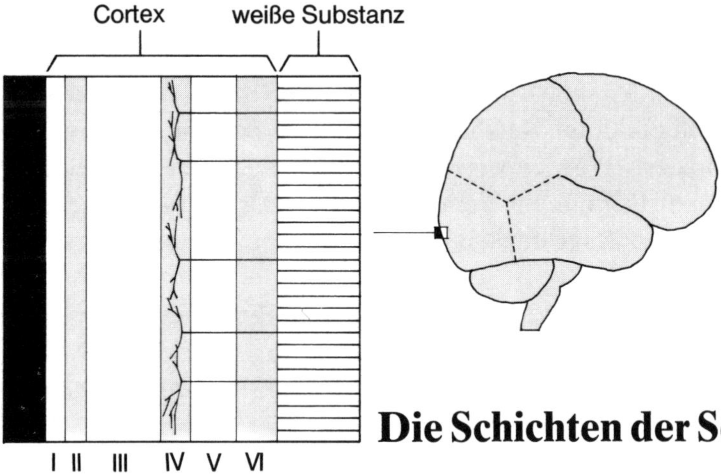

Die Schichten der Sehrinde

Der Aufbau des Cortex weist noch einen zweiten Aspekt auf: die Gliederung in Zellsäulen, die sich durch alle sechs Schichten von der Oberfläche bis zur Unterseite erstrecken. Die vielen Zellen sind von oben nach unten so miteinander verknüpft, daß sie diese Säulen bilden. Sie sind nicht groß, nur den Bruchteil eines Millimeters im Durchmesser, und scheinen überall im Cortex vorzu-

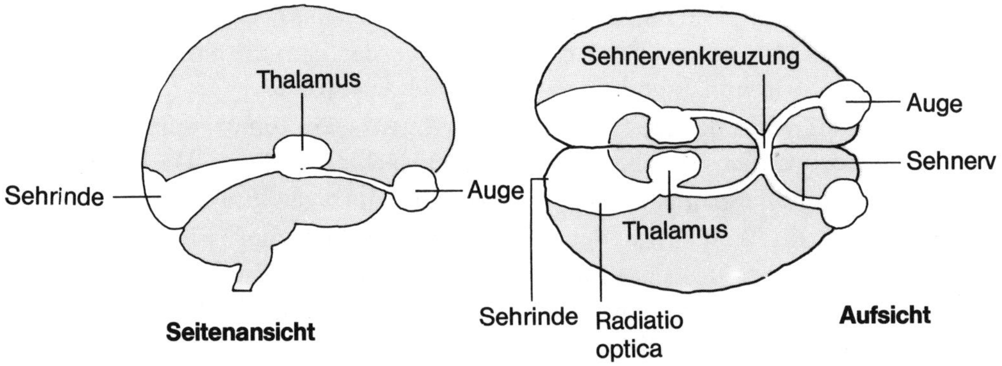

Die primäre Sehbahn

kommen. Viele Neurowissenschaftler sind heute der Meinung, daß die Säule die fundamentale Funktionseinheit der Großhirnrinde ist.

Nervenzellen, die Information vom Auge bringen, enden an Zellen in einer bestimmten Schicht der Sehrinde, der Schicht IV. (Tatsächlich sind die vom Auge kommenden Nervenfasern mit Nervenzellen einer tieferen Region des Gehirns verbunden – einer Schaltstation im Thalamus –, und diese Zellen wiederum stehen in Verbindung mit den Zellen in Schicht IV der Sehrinde. Da aber das Punktmuster des Auges unverändert an die Zellen in Schicht IV der Sehrinde übertragen wird, können wir in diesem Fall die Schaltstation vernachlässigen.) Das Pünktchenbild der Netzhaut wird auf die Sehrinde in ihrer ganzen Ausdehnung projiziert. Würden wir die Sehrinde zu einer ebenen Fläche entfalten, wäre sie natürlich um ein Vielfaches größer als die Netzhaut, und obwohl die Sehrinde vom Auge ein sehr genaues Bild empfängt, ist es doch verzerrt.

Wenn Sie einen Gegenstand betrachten, wird der Mittelpunkt Ihres Blickfeldes auf eine winzige Region der Netzhaut von ungefähr einem Millimeter Größe projiziert, wo Sie die Einzelheiten am deutlichsten wahrnehmen. Diese Region projiziert wiederum auf die Hälfte der gesamten Sehrinde.

Sehr viel größere seitliche Bereiche der Netzhaut projizieren auf kleinere Felder der Sehrinde. Man erkennt also die Einzelheiten im Mittelpunkt des Blickfeldes am besten, weil eine große Zahl von Zellen in der Sehrinde von dieser kleinen Zentralregion der Netzhaut aktiviert wird, und noch weit mehr Neuronen des Cortex haben die Aufgabe, die von diesem kleinen Teil der Netzhaut stammende Information zu verarbeiten.

Stellen Sie sich vor, Sie wären eine Nervenzelle in Schicht IV der Sehrinde.

Was würden Sie sehen? Was für Informationen würden auf Sie einwirken? Im wesentlichen würden Sie einen Lichtpunkt erblicken, einen Elementarpunkt – doch nur, wenn der kleine Lichtfleck den kleinen Teil der Netzhaut treffen würde, mit dem Sie verbunden sind. Wenn das Licht nicht auf diesen Netzhautfleck fallen würde, würden Sie, die Nervenzelle, gar nichts sehen. Nur eine winzige Region der Netzhaut dient als rezeptives Feld für eine bestimmte Nervenzelle in Schicht IV der Sehrinde. Die Nervenfasern von diesem – und nur von diesem – kleinen Netzhautfleck stehen mit einer bestimmten Nervenzelle in Schicht IV in Verbindung. Nur wenn das Licht auf dieses rezeptive Feld der Netzhaut trifft, wird die Zelle in Schicht IV des Cortex erregt. Das rezeptive Feld kann nur in einem Auge liegen, entweder im rechten oder im linken.

Wenn wir in Schicht IV der Sehrinde einen Schritt zur Seite machen und uns die Nachbarzelle ansehen, so stellen wir fest, daß sie ihr rezeptives Feld im anderen Auge, aber an der entsprechenden Stelle der Netzhaut hat. Die Zellsäulen in Schicht IV sind so angeordnet, daß die erste Säule beispielsweise ein rezeptives Feld im linken Auge hat und die zweite, angrenzende eines an gleicher Stelle im rechten Auge. Diese Zellgruppen wechseln sich über die gesamte Ausdehnung von Schicht IV der Sehrinde ab. Nehmen wir an, wir würden die oberen drei Cortexschichten abtragen und Schicht IV ausbreiten. Nehmen wir weiter an, wir würden den Input des rechten Auges als dunkel und den des linken als hell klassifizieren. Dann würden wir ein regelmäßiges Streifenmuster vor uns haben. Diese Streifen sind die Informationseingaben der beiden Augen an die Zellen der Schicht IV der Sehrinde.

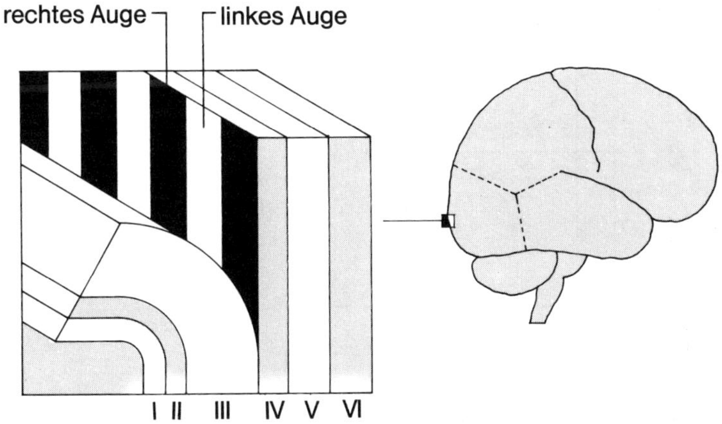

Dominanzfelder der Augen in Schicht IV

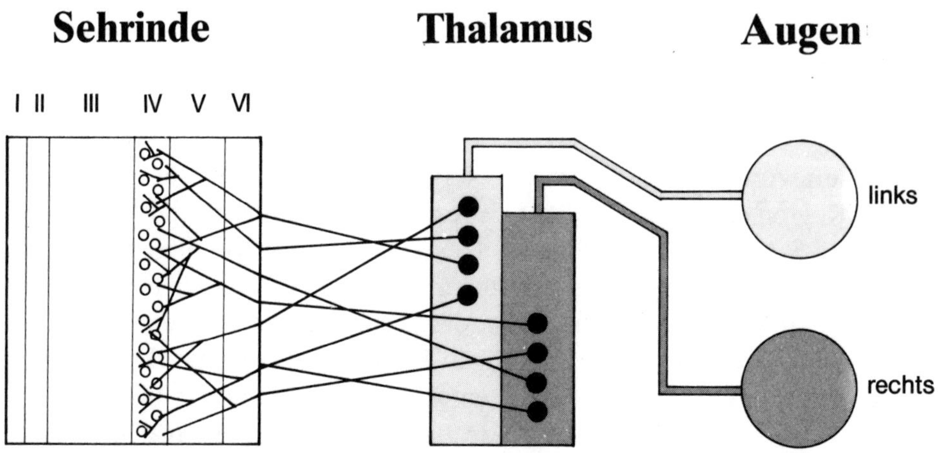

Das visuelle System zwei Wochen nach der Geburt
(keine Augendominanz in der Sehrinde)

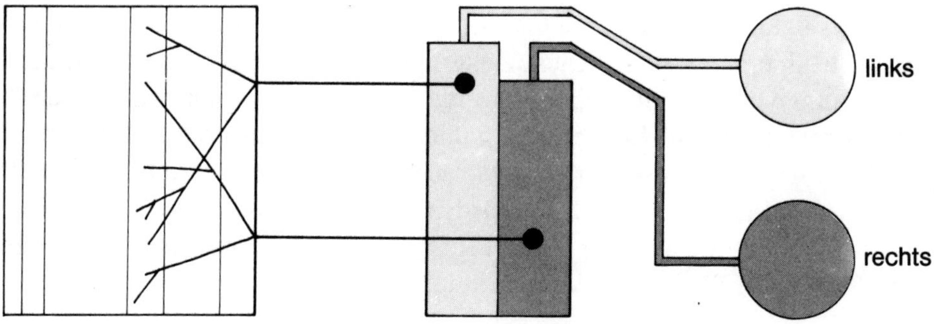

Entwicklung des späteren Musters durch Konkurrenz

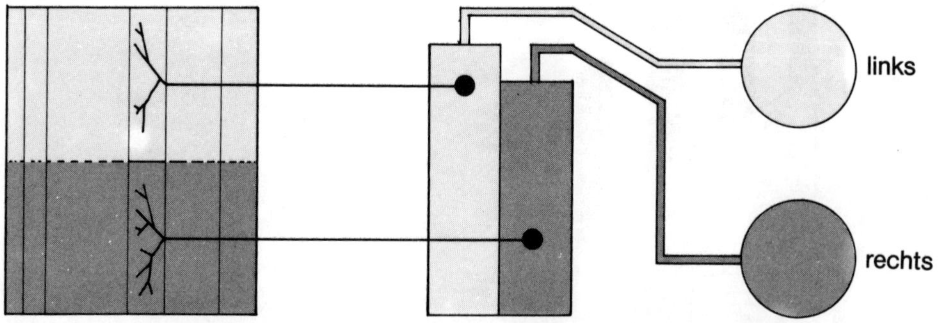

Der stärkste Synapseninput setzt sich durch und nimmt die Zellsäulen in Beschlag, wodurch alternierende Dominanzfelder der Augen in Schicht IV der ausgewachsenen Sehrinde entstehen.

Zurück zu Bobby. Sein linkes Auge arbeitete normal, war aber in seiner Sehfähigkeit eingeschränkt, weil irgend etwas mit der Sehrinde nicht stimmte. Wie war es dazu gekommen? Aus Untersuchungen an Tieren wissen wir die Antwort. Die Sehrinden höherer Säugetiere wie der Katze und des Affen sind im wesentlichen genauso aufgebaut wie die Sehrinde des Menschen. Die Streifenmuster in Schicht IV sehen genauso aus wie beim erwachsenen Menschen. Doch beim neugeborenen Tier sieht das Muster ganz anders aus. Jedes Auge projiziert auf praktisch alle Zellen der Schicht IV. Erst allmählich entsteht im Laufe des Säuglings- und Kleinkindalters das Muster alternierender Streifen.

Kurz nach der Geburt wirken die Nervenfasern beider Augen gemeinsam auf alle Neuronen in Schicht IV der Sehrinde ein. Ein Lichtpunkt in beiden Augen kann zur Erregung einer bestimmten Nervenzelle in Schicht IV führen. Doch schon bald treten die Nervenfasern beider Augen in Konkurrenz. In einer kleinen Region der Sehrinde wird das rechte Auge einen kleinen Vorteil haben und schließlich die Oberhand behalten. In einer anderen Region wird das linke Auge dominieren. Im Laufe des Kleinkindalters vollzieht sich für die vom Auge kommenden Nervenfasern der Übergang von vollkommener Überschneidung zu vollkommener Trennung in die säuberlich geschiedenen Streifenmuster des Erwachsenen. Wir wissen noch nicht, wie das geschieht, aber wir wissen, daß es geschieht.

Wenn das Auge eines Tieres im Säuglings- oder frühen Kindesalter geschlossen und der Verband erst nach einer gewissen Zeit wieder entfernt wird, so wird das Tier auf diesem Auge vollständig und dauerhaft blind sein. Die gleiche Prozedur bei einem ausgewachsenen Tier dagegen läßt die Sehfähigkeit des Auges unbeeinträchtigt. Deshalb kann ein Erwachsener, der an grauem Star erkrankt, wieder völlig normal sehen, wenn er operiert worden ist und eine geeignete Brille trägt. Ein Säugling dagegen, der mit grauem Star geboren wird, bleibt blind, wenn man den Eingriff zu lange hinausschiebt.

Bei einem Tier, das mit einem geschlossenen Auge aufwächst, verlieren die Nervenfasern dieses Auges den Konkurrenzkampf um die Zellschicht IV der Sehrinde fast vollständig gegen die Nervenfasern des normalen Auges. Am Ende wird das normale Auge fast alle Zellen in Schicht IV aktivieren und das geschlossene Auge so gut wie keine. Diese Veränderung scheint von Dauer zu sein. Das hat einen sehr einfachen Grund. Die Sehfähigkeit kann sich nur bei normaler visueller Stimulation entwickeln. Dank der visuellen Aktivität können sich die Nervenfasern eines Auges im Konkurrenzkampf behaupten und die Dominanzstreifen in der Sehrinde einrichten. Ohne diese normale visuelle Stimulation verlieren sie gegen das andere Auge.

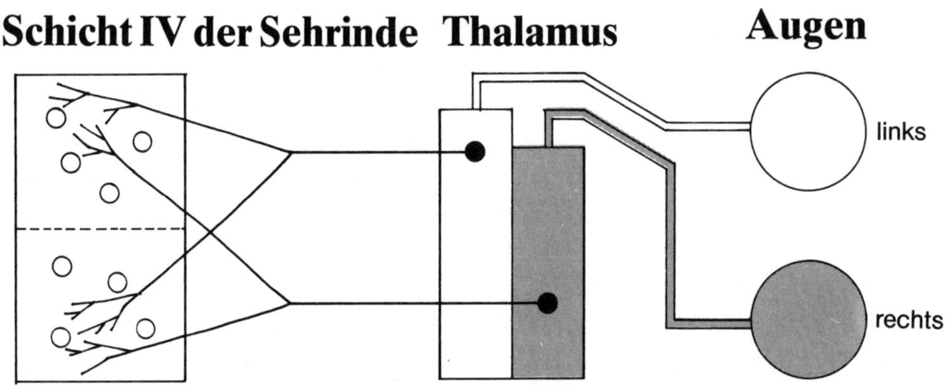

Natürliche Konkurrenz um die Dominanz zwischen linkem und rechtem Auge

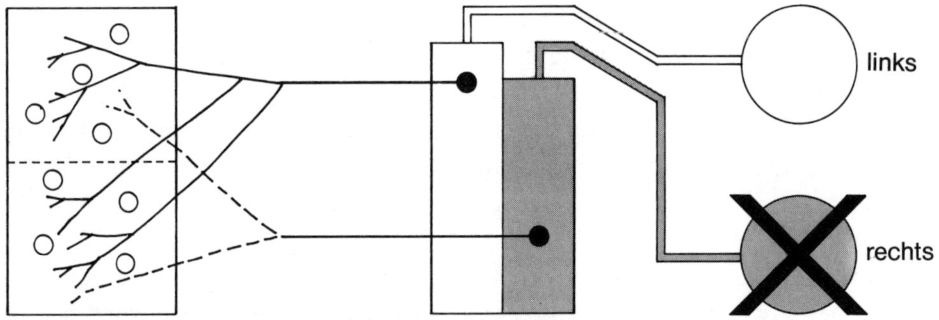

Wenn das rechte Auge geschlossen ist, werden von diesem Auge keine synaptischen Verbindungen mehr gebildet

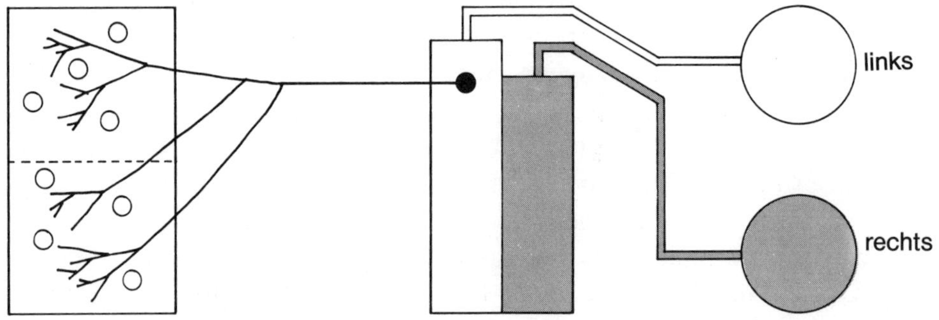

Das linke Auge beherrscht nun beide Felder in Schicht IV vollständig

Wie sich das Abdecken eines Auges auf die Sehrinde auswirkt

Das entscheidende Stadium, während dessen sich die beiden Augen ihre Dominanzzonen schaffen, scheint beim Menschen sechs Jahre, beim Affen sechs Monate und bei der Katze etwa drei Monate zu betragen. Es ist ein sehr empfindliches Stadium. Wenn bei einer jungen Katze das Auge nur einen Tag lang geschlossen wird, ist die Sehfähigkeit dieses Auges beim erwachsenen Tier beeinträchtigt!

Aus diesen Erkenntnissen über das visuelle Gehirn ist ein sehr wichtiger praktischer Schluß zu ziehen. Man darf nicht *ein* Auge eines Säuglings oder Kleinkinds verschließen. Besser ist es da schon, *beide* zu schließen. Wie gut wir sehen, hängt unter anderem vom Konkurrenzkampf zwischen beiden Augen um die Zellen in Schicht IV der Sehrinde ab, und im Säuglingsalter wird dieser Kampf entschieden.

Jede Zelle in Schicht IV empfängt Informationen nur von dem einen oder dem anderen Auge, und alles, was sie dabei «sieht», sind Lichtpunkte. Das rezeptive Feld in der Netzhaut für eine Zelle in Schicht IV der Sehrinde ist der kreisförmige Bereich der Stäbchen- und Zapfen-Rezeptorzellen, die die Information des einfallenden Lichtes übermitteln. Die rezeptiven Felder auf der Netzhaut sind so beschaffen, daß ein Neuron in Schicht IV *heftiger* reagiert, wenn ein visueller Stimulus auf einen *Großteil* seines Feldes fällt, als wenn er auf das *gesamte* Feld trifft. Die Zellen in den anderen Schichten der Sehrinde unterliegen dem Einfluß der Zellen in Schicht IV in unterschiedlichem Maße. An dieser Stelle verwandelt die Architektur der Sehrinde das Pünktchenmuster der Augen in die zusammenhängende und geschlossene Erfahrung, die unsere visuelle Welt ausmacht – oder die wir für sie halten.

Die Zellen in den anderen Schichten der Sehrinde werden von den Schicht-IV-Zellen beider Augen informiert. Doch eine bestimmte Zelle kann ein Auge dem anderen vorziehen. So kommt es zu den Säulen aus Cortexzellen, denn jede der die ganze Sehrinde durchquerenden Säulen besitzt Zellen, die auf das eine Auge bereitwilliger als auf das andere reagieren. Wenn die Schicht-IV-Zellen einer Säule auf das rechte Auge reagieren, werden auch die Zellen dieser Säule, die zu anderen Schichten gehören, eher auf das rechte Auge reagieren. Die Zellen der benachbarten Säule werden bereitwilliger auf das linke Auge reagieren, und so fort.

Doch jetzt wird unsere Geschichte wahrhaft außergewöhnlich. Die Zellen in Schicht IV «sehen» Lichtpunkte. Die Zellen in den anderen Schichten dagegen «sehen» Linien und Kanten. Wenn Sie eine Linie oder eine Kante betrachten, sagen wir eine Tischkante, wird sie der Länge nach auf die Netzhaut des Auges projiziert. Dadurch wird eine Zellreihe in der Cortexschicht IV aktiviert. Jede

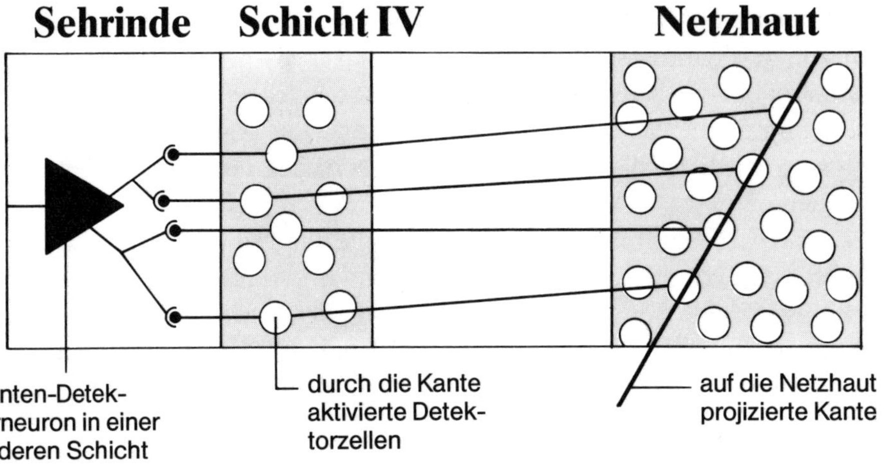

Zelle reagiert auf den kleinen Lichtpunkt, der als Teil des Abbildes der Tischkante auf das betreffende rezeptive Feld der Netzhaut trifft. Durch die Reihe der Schicht-IV-Punktzellen wird eine Zelle in Schicht V aktiviert. Diese «sieht» eine Kante und keinen Lichtpunkt. Die Reihe von Lichtpunkten ist in eine Linie umgewandelt worden. Allerdings «sieht» die Zelle die Tischkante nur, wenn sie eine bestimmte Lage im Raum hat, nehmen wir an, wenn sie waagerecht ist. Eine nahegelegene Zelle wird die Kante nur «sehen», wenn sie um einen bestimmten Winkel gegen die Horizontale geneigt ist. Hier wird die Säulenarchitektur der Sehrinde am deutlichsten. Betrachten wir eine Zellsäule, die vom rechten Auge dominiert wird. Sie besteht ihrerseits aus einer Vielzahl kleinerer Säulen, von denen jede auf eine bestimmte Raumlage der Linien einge-

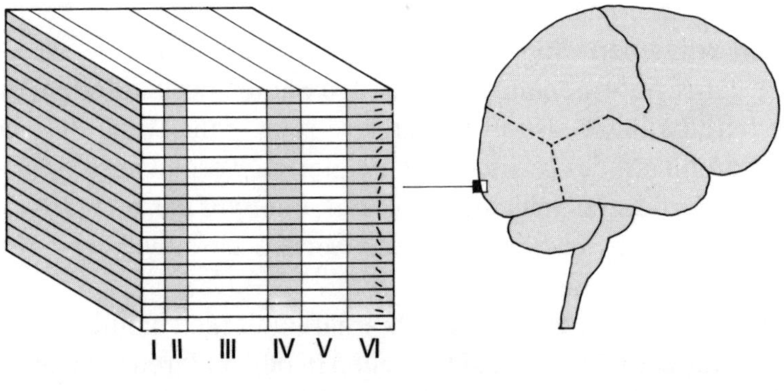

Schematische Darstellung der Orientierungsplatten in der Sehrinde

stellt ist. Eine der winzigsten Zellsäulen reagiert zum Beispiel am besten auf waagerechte Linien, die nächste auf Linien, die um ein paar Grad gegen die Waagerechte geneigt sind, und so fort.

An diesem Punkt wird die Geschichte noch etwas komplizierter. Unsere gesicherten Kenntnisse bestehen größtenteils aus Beschreibungen, wie einzelne Nervenzellen in der Sehrinde auf visuelle Formen reagieren, aber aus den Beispielen, die wir entdeckt haben, läßt sich wohl schließen, daß die Art und Weise, wie diese Nervenzellen auf solche Reize reagieren, die Grundlage unserer visuellen Erfahrung bilden – daß sie festlegen, wie die Welt für uns aussieht. So reagieren manche Neuronen am besten auf Linien, die einen rechten Winkel bilden. Solche Neuronen haben rezeptive Felder für «rechte Winkel». Wir sagen, daß sie «rechte Winkel» kodieren, ohne tatsächlich genau zu wissen, was solche Neuronen kodieren. Wir äußern einfach eine Vermutung auf Grund der visuellen Reize, auf die die Neuronen am besten reagieren.

Von den Kantendetektoren – den Neuronen, die auf eine Linie mit bestimmter Orientierung reagieren – heißt es, sie hätten «einfache» rezeptive Felder. Wir können uns leicht vorstellen, wie eine Reihe von Punktzellen in Schicht IV mit der Grenzlinien-Detektorzelle verbunden sein müßte, so daß sie nur von einer Linie mit bestimmter Orientierung zu aktivieren ist, einer Linie, die auf eine bestimmte Reihe von Rezeptorzellen im Auge trifft. Mit anderen Worten: Ein bestimmtes einfaches Kanten-Detektorneuron wird nur reagieren, wenn die Linie auf eine bestimmte Netzhautzone des Auges fällt.

Andere Neuronenarten der Sehrinde scheinen komplexer zu sein als die Kantendetektoren oder die Winkeldetektoren. Sie scheinen auf Gegenstände spezieller Größe und Form zu reagieren, ziemlich unabhängig von der Lage ihres Bildes auf der Netzhaut.

Bislang haben wir nur vom primären visuellen Feld gesprochen, jener Region der Sehrinde, die die Meldungen vom Auge empfängt. Dieses Rindenfeld besitzt eine vollständige Karte der Netzhautfläche, der Rezeptionsfläche des Auges. (Genauer müßten wir sagen, daß das visuelle Feld auf der linken Sehrinde eine vollständige Karte von der linken Hälfte jeder Netzhaut besitzt und daß das gleiche für das rechte Feld gilt, doch spielt dieses Detail in unserem Zusammenhang keine Rolle.) Unter einer vollständigen Karte ist hier zu verstehen: Wenn ein kleiner Lichtfleck auf einen beliebigen Punkt der Netzhaut trifft, so reagiert ein entsprechender Teil des visuellen Feldes.

Wenn wir uns auf der Oberfläche der primären Sehrinde in Richtung Stirn bewegen, so treffen wir bald auf ein anderes visuelles Feld, das ebenfalls über eine vollständige Netzhautkarte verfügt. Freilich erhält dieses zweite visuelle

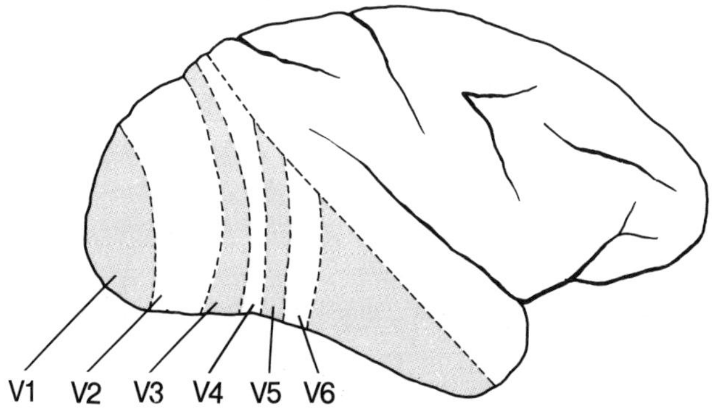

Sehrindenfelder im Affengehirn

Feld weit mehr Informationcn vom primären visuellen Feld als vom Auge. Setzen wir unsere Reise stirnwärts fort, so stoßen wir an die Grenze des zweiten visuellen Feldes und betreten ein drittes und so fort. Insgesamt gibt es wohl fünfzehn visuelle Felder im Cortex des Affen und wahrscheinlich doppelt so viele in der menschlichen Großhirnrinde. Jedes visuelle Feld weist die gleiche Grundbeschaffenheit wie die gesamte Großhirnrinde auf: Es besteht aus sechs Schichten von Nervenzellen, es ist ein sechsfach geschichtetes Tuch, und es besitzt viele Tausend kleine Säulen, die durch alle sechs Schichten reichen.

Der Bequemlichkeit halber wollen wir diese Felder als V1, V2 und so fort bezeichnen. V1 ist die primäre Sehrinde, die von den Anatomen als erste beschrieben worden ist. Die Neuronen, auf die wir bis jetzt eingegangen sind – jene in Schicht IV, die Flecken «sehen», jene in den anderen Schichten der Säulen, die auf Kanten (Kontrastgrenzen) bestimmter Orientierung reagieren, die auf ein Auge spezialisierten und die komplexeren Zellen –, sie alle befinden sich in V1. V1 empfängt in den Zellen von Schicht IV den visuellen Input, der vom Auge über den Thalamus eintrifft. Der Input von V2 stammt größtenteils von V1, der Input von V3 größtenteils von V1 und V2 und so fort. Auf dem Weg von V1 zu V2, V3, V4 ... kommt es also zu einer zunehmenden Bündelung der visuellen Information.

Ein anderer wesentlicher Unterschied liegt darin, daß die meisten Neuronen in den Feldern V2, V3 ... auf den Input von beiden Augen gleich gut reagieren, während sich in V1 die Zellen jeweils auf ein Auge spezialisieren. In vielen Zellen der an V1 anschließenden Felder weist die Reaktion auf die beiden Augen leichte Unterschiede auf. Wir sehen eine dreidimensionale Welt, weil wir sie mit beiden Augen sehen. Wenn ein Gegenstand weit entfernt ist, stehen die

Augen fast parallel. Je näher der Gegenstand ans Gesicht herangeholt wird, desto mehr richten sich die Augen nach innen, zur Nase hin. Infolgedessen fällt das Bild des Gegenstandes auf leicht abweichende Netzhautregionen der beiden Augen. Dieser kleine Unterschied zwischen den Bildern beider Netzhäute, die Disparität, wird in der Sehrinde registriert und ist der Hauptgrund dafür, daß unsere visuelle Welt drei Dimensionen besitzt. Wenn Sie Ihren Finger aufrecht vor Ihre Nase halten und dann die Augen abwechselnd schließen, werden Sie den Finger vor dem Hintergrund entfernterer Gegenstände hin- und herspringen sehen.

In dreidimensionalen Filmen wird diese feine Abweichung genutzt, indem man bei der Aufnahme zwei parallel geschaltete Kameras mit verschiedenen Farbfiltern verwendet. Wenn man sich den Film durch die Pappbrille mit den unterschiedlich gefärbten «Gläsern» anschaut, wird er plötzlich dreidimensional, weil jedes Auge (je nach der Farbe des entsprechenden «Glases») unterschiedliche Bilder wahrnimmt, so wie man normalerweise die Welt durch beide Augen sieht. Wenn die binokularen Zellen (Zellen, die auf Input beider Augen reagieren) in den sekundären visuellen Feldern mit leichten Unterschieden auf den Input der beiden Augen reagieren, so spiegelt sich darin die Disparität der Netzhautbilder. Höchstwahrscheinlich sind diese binokularen Zellen die neuronale Basis der Tiefenwahrnehmung.

Warum, um Himmels willen, gibt es so viele visuelle Felder auf der Großhirnrinde? Bislang tritt uns die Antwort auf diese Frage nur umrißhaft aus der gegenwärtigen Forschung entgegen. Es hat den Anschein, als würden einige dieser sekundären Felder für bestimmte Aspekte des Sehens ganz spezielle Aufgaben erfüllen. Ein Beispiel ist die Wahrnehmung von Bewegungen. Die Zellen aller visuellen Felder reagieren in der Regel besser auf Gegenstände in Bewegung als auf Gegenstände in Ruhe. Doch die Zellen in einem dieser Felder reagieren besonders gut auf einen Gegenstand, der sich quer über eines der beiden Augen bewegt. Weder die Form des Gegenstands noch die Richtung der Bewegung zählt, nur die Bewegung an sich. Dieses visuelle Feld scheint sich auf die Bewegungswahrnehmung spezialisiert zu haben.

Farbe ist die unmittelbarste visuelle Sinnesempfindung. Stellen Sie sich vor, Sie sollten jemandem, der von Geburt an blind ist, schildern, wie das ist, sehen zu können. Die Größe und die Form von Gegenständen lassen sich leicht in Worte fassen, ihre Farben dagegen überhaupt nicht. Die Farbe ist durch die Erfahrung unmittelbar «gegeben». Kinder können Farben zuordnen, lange bevor sie ihre *Bezeichnungen* kennen. Tests mit englischsprechenden Erwachsenen haben schon vor längerer Zeit gezeigt, daß das Gedächtnis für gesehene

Farben bei Primärfarben – Rot, Gelb, Blau – besser funktioniert als bei Mischfarben, die schwerer zu beschreiben sind. Zuerst schrieb man das dem kulturellen Lernen zu, da in der englischsprachigen Welt die Bezeichnungen für die Primärfarben von der Sprache vorgegeben werden. Tatsächlich war jedoch genau das Gegenteil richtig. Anthropologische Untersuchungen bei einem Volk, das nur zwei Farbbezeichnungen kennt, ergaben, daß auch die Angehörigen dieses Volkes die drei Primärfarben am besten erinnern, obwohl ihnen keine Wörter zur Verfügung stehen, um sie zu beschreiben. Für unsere unmittelbare Farbwahrnehmung sind die Farbrezeptoren im Auge verantwortlich. Wir lernen nicht das Farbensehen, sondern nur die Bezeichnungen, die unsere Kultur den Farben gegeben hat.

«Farbe» an sich gibt es gar nicht in unserer Welt. Sie existiert nur im Auge und Gehirn des Betrachters. Die Gegenstände reflektieren viele verschiedene Wellenlängen des Lichts, doch diese Lichtwellen selbst haben keine Farbe. Die Tiere entwickelten das Farbensehen als Möglichkeit, den Unterschied zwischen verschiedenen Wellenlängen des Lichtes festzustellen. Das Auge übersetzt verschiedene Wellenlängenbereiche in Farben, und zwar auf sehr einfache Art.

Es gibt zwei Typen lichtempfindlicher Rezeptorzellen in der Netzhaut. Die Stäbchen nehmen Grauschattierungen wahr und sprechen besser auf Dämmerlicht an. Außerdem gibt es im menschlichen Auge drei Arten von zapfenförmigen Farbrezeptoren, die drei verschieden lichtempfindliche Pigmente besitzen – rot, gelb-grün und blau. Diese sind mit verschiedenen Nervenzellen verbunden, über die sie die Farbinformation ans Gehirn schicken.

In Feld V1 gibt es einige Neuronen, die auf Farbe reagieren – auf eine Farbe stärker als auf die anderen –, vor allem in dem Bereich, der das Blickzentrum der Netzhaut repräsentiert. Diese Region, in der Einzelheiten am schärfsten erfaßt werden, enthält nur dicht gelagerte Zapfen und keine Stäbchen. In den meisten visuellen Feldern spielt die Farbkodierung allerdings nur eine untergeordnete Rolle. Dafür scheint ein ganzes visuelles Feld ausschließlich der Farbwahrnehmung vorbehalten zu sein. Die meisten Zellen in diesem Feld arbeiten außerordentlich selektiv und reagieren nur auf eine schmale Bandbreite von Wellenlängen. Für das gesamte Lichtspektrum, das wir als farbig wahrnehmen, sind unterschiedliche Zellen zuständig. Diese Zellen sind kaum interessiert an der Form, Größe oder Bewegung von Reizen, sondern nur an ihrer Farbe. Man hat sogar eine Zellart entdeckt, die am besten auf Purpurrot (Magenta) reagiert, eine Farbe, die außerhalb des normalen Farbspektrums liegt und durch Überlagerung von Rot und Blau entsteht.

Ferner scheint es ein visuelles Feld zu geben, das sich auf die Wahrnehmung von Formen spezialisiert hat. Wird bei Affen dieses Feld geschädigt, verlieren sie die Fähigkeit, zweidimensionale Muster zu unterscheiden. Einfachere Aspekte dagegen, zum Beispiel die Größe, bleiben erkennbar.

Bleibt noch ein visuelles Feld zu erwähnen, welches vielleicht das bemerkenswerteste von allen ist. Es wird TE genannt, weil es auf dem Schläfenlappen, Lobus *te*mporalis, der Großhirnrinde liegt. Es empfängt den komplexen, schon weitgehend verarbeiteten Input von anderen sekundären visuellen Feldern und galt lange Zeit gar nicht als visuelles Feld. (Wenn dieses Feld bei Affen geschädigt wird, zeigen sie große Schwierigkeiten, bestimmte visuelle Aufgaben zu lernen, doch das ist Gegenstand eines anderen Kapitels.)

Die Erkenntnis, daß Feld TE vor allem visuellen Input erhält, ist einem klassischen Beispiel für Zufallsentdeckungen zu verdanken. Es heißt, Charles Gross und seine Mitarbeiter an der Yale University hätten in diesem Bereich am Affen die Reaktion von Zellen auf visuelle Reize untersucht. Sie verwendeten Standardreize – Lichtflecken, bewegliche Linien und Striche. Die Neuronen in Feld TE reagierten auf einfache Reize ein bißchen, auf Geräusche oder Berührungen dagegen überhaupt nicht, so daß es sich um ein visuelles Feld ohne besondere Bedeutung zu handeln schien. Nachdem sie eine bestimmte Zelle lange Zeit mit minimalen Ergebnissen untersucht hatten, beschlossen sie, sich einer anderen Zelle zuzuwenden. Aus Spaß verabschiedete sich einer der Versuchsleiter von der Zelle, indem er ihr vor dem Auge des Affen ein Lebwohl zuwinkte. Zur allgemeinen Überraschung reagierte die Zelle sehr heftig auf die sich bewegende Hand. Hastig schnitten die Experimentatoren verschiedene

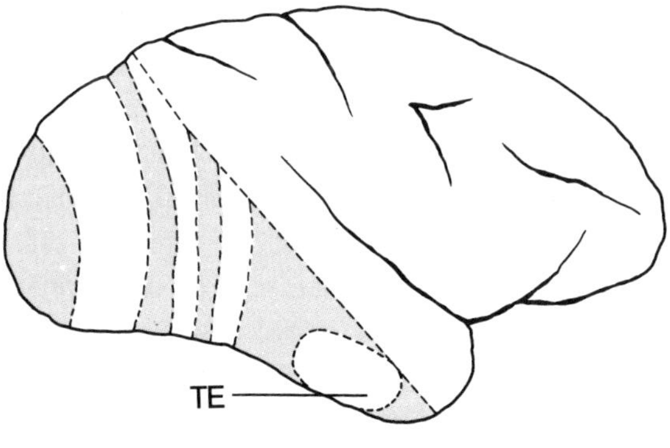

Lage des TE-Felds auf dem Schläfenlappen eines Affengehirns

Handformen aus Papier aus und «zeigten» sie der Zelle. Am stärksten reagierte sie auf die aufrechte Form einer Affenhand. Zellen im visuellen Feld TE scheinen bereitwilliger auf bestimmte komplexe als auf einfache Formen zu reagieren.

Es gibt eine uralte Auseinandersetzung über die Frage, wie wir die Welt sehen. Lernen wir, sie so zu sehen, wie wir sie sehen, oder ist diese Sehweise vorgegeben? Alles deutet darauf hin, daß die wissenschaftliche Antwort lauten muß: Die Art und Weise, wie wir die Welt sehen, ist vorgegeben – festgelegt durch die außerordentliche Architektur unserer Sehrinde. Allerdings ist eine normale visuelle Erfahrung von entscheidender Bedeutung für das normale Wachstum und die normale Entwicklung dieser Architektur, wie Bobbys Geschichte zeigt.

Wir stehen erst am Anfang der Forschungsarbeiten zu vielen dieser sekundären Feldcr, die alle eine Grundeinteilung in Säulen aufzuweisen scheinen – Zellgruppierungen, die den Cortex von oben nach unten durchlaufen und gemeinsame funktionale Eigenschaften besitzen. Der große Vorteil der Säulenstruktur liegt darin, daß wir verschiedene Informationsdimensionen auf engstem Raum unterbringen können. Nehmen wir das visuelle Feld V1. Die zweidimensionale Oberfläche von V1 repräsentiert die räumliche Karte der Netzhaut – der Rezeptionsfläche des Auges – und somit die räumliche Ausdehnung der visuellen Welt, die wir sehen. Die großen Säulen, die durch den Cortex hindurchlaufen, enthalten Input des rechten oder des linken Auges. Innerhalb jeder großen augendominanten Säule befinden sich viele kleine Säulen mit Zellen, die auf je unterschiedliche Kompaßrichtungen orientiert sind. Es handelt sich um eine vierdimensionale Anordnung: Zwei Dimensionen repräsentieren die Gesamtfläche der Netzhaut, und zwei Dimensionen, die rechtwinklig durch den Cortex verlaufen, kodieren, welches Auge sieht und in welchem Winkel die wahrgenommenen Kontrastgrenzen verlaufen.

Das Feld der Großhirnrinde, das Haut und Körperoberfläche repräsentiert, der somato-sensorische Cortex, scheint weitgehend genauso aufgebaut zu sein wie die Sehrinde, mit einigen separaten Feldern, die auf verschiedene Aspekte der Hautempfindung spezialisiert sind. In einem bestimmten Feld reagieren die Nervenzellen am besten auf einen besonderen Berührungsaspekt – leichte Berührung und leichten Druck –, in einem anderen Feld reagieren sie eher auf Bewegungen der Finger und Gliedmaßen. Wie die Sehrinde ähnelt der somatische Cortex einem Flickenteppich. Jedes Feld ist aus vielen tausend kleinen Zellsäulen aufgebaut, die viele Aspekte unserer Haut- und Körperempfindungen kodieren.

somato-sensorischer Cortex
(zuständig für Körperempfindungen)

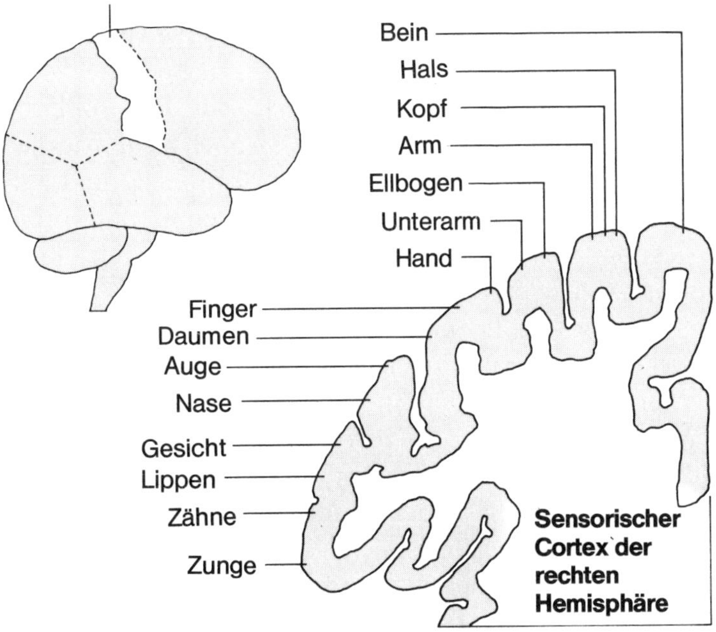

Schnitt durch den somato-sensorischen Cortex mit spezialisierten Feldern

Die durchgehende Säulenstruktur der Großhirnrinde entdeckte Vernon Mountcastle von der Johns Hopkins University im Laufe seiner Arbeit über den somato-sensorischen Cortex von Katzen und Affen. Die Körperfläche ist auf dem somatischen Cortex abgebildet, und die Repräsentationsmuster sehen wie ein Homunkulus, ein Menschlein, aus. Die Karte ist vollständig und außerordentlich detailliert, aber sehr verzerrt – beim Menschen sind große Teile der Zunge, den Lippen und den Fingern vorbehalten, wie es dem Verhalten des *Homo sapiens* entspricht. Bei der Ratte, die ihre Welt vor allem mit der Nase und den Tasthaaren erkundet, sind Nase und Tasthaare des «Rattunkulus» übermäßig vergrößert. Jedes Tasthaar besitzt Druckrezeptoren, die sehr genaue Informationen über Bewegungen der Tasthaare an das somatische Feld der Großhirnrinde in der Gesichtsregion übermitteln. Jedes Tasthaar wird durch eine eigene Zellsäule repräsentiert, die sich durch einen Teil des Cortex erstreckt und in Schicht IV zylinderförmig ist. Die Seiten bestehen aus einem Zellmantel rund um einen Zentralbereich mit sehr viel weniger Zellen. Unmittelbar außerhalb der zylinderförmigen Säule gibt es fast keine Zellen, dann kommt die Wand des nächsten Zylinders. Bei einem Blick auf dieses Cortexgewebe sind die Zylinder deutlich zu erkennen. Jeder Zylinder ist eine Neuronensäule, die die Bewegung eines einzigen Tasthaars kodiert.

Auch die für das Hören verantwortliche Region der Großhirnrinde, die Hörrinde, ist ein Flickenteppich, aber wir wissen noch nicht, wie die verschiedenen Felder spezialisiert sind. Bedenkt man, daß Sprache und Sprechen auf bestimmte spezialisierte Felder der menschlichen Großhirnrinde angewiesen sind, so liegt der Schluß nahe, daß die Hörfelder zahlreich und komplex sind. Die wenigen Anhaltspunkte, die wir haben, lassen darauf schließen, daß die Hörfelder wie der visuelle und somatische Cortex in Tausende von Zellsäulen mit unterschiedlichen Funktionen gegliedert sind.

Die sensorischen Felder der Großhirnrinde – die visuellen, somatischen und auditiven – weisen alle eine Säulenstruktur auf. Doch wie steht es mit den höchsten Feldern, den Assoziationsfeldern? Es gibt große Regionen auf der menschlichen Großhirnrinde, die weder sensorische noch motorische (die Bewegung steuernde) Funktionen wahrnehmen, sondern an komplexen Erkenntnis- und Entscheidungsprozessen beteiligt sind. Das visuelle Feld TE mit der «Handzelle» des Affen hält man heute für ein Assoziationsfeld, doch ist es noch zu wenig erforscht, um entscheiden zu können, ob es in Säulen gegliedert ist.

Es scheint komplexe Funktionssäulen von Neuronen in Assoziationsfeldern des Cortex zu geben, die Hautempfindungen und Bewegungen der Gliedmaßen in Beziehung zum Gesichtssinn setzen. Beim Menschen führen Schädigungen dieser Assoziationsfelder zur Vernachlässigung wichtiger Teile der visuellen Welt. Patienten mit solchen Schädigungen sind nicht gewillt oder fähig, auf visuelle Reize zu reagieren und nach Gegenständen zu greifen oder sie zu berühren. Mountcastle entdeckte in dieser Region Säulen mit «Kommandoneuronen», Zellen, die nur aktiv wurden, wenn ein dressierter Affe nach einem Gegenstand griff, der ihm eine Belohnung in Form von Nahrung in Aussicht stellte. Wenn der Arm des Tieres passiv bewegt oder berührt wurde, wurde die Zelle nicht aktiviert. Das leistete auch ein visueller Reiz nicht, der dem Tier mitteilte, daß es eine Belohnung erhalten würde. Nur wenn der Affe *beschloß,* nach dem Gegenstand zu greifen, um die Belohnung zu bekommen, entlud sich die Nervenzelle.

Tatsächlich scheint es in diesem Assoziationsfeld verschiedene Zellsäulen zu geben, die für jeweils andere Aspekte intentionaler Bewegungen des Affen zuständig sind. Eine Zellsäule reagierte, wenn der Arm sich auszustrecken begann, eine andere, wenn die Hand den Gegenstand erfaßte, wieder eine andere, wenn der Affe die Augen bewegte, um den Gegenstand anzublicken, und so fort. Es scheint, daß die «Entscheidung», willkürliche Bewegungen auszuführen, in diesem Assoziationsfeld entstand. Ob es die zelluläre Basis der Willensfreiheit ist?

Die scheinbar baufällige Architektur des Gehirns wird sich noch deutlicher offenbaren, wenn wir sie genauer betrachten. Das große visuelle «Zimmer» ist in viele kleinere unterteilt, die visuellen Felder des Cortex, von denen jedes offensichtlich mit einer eigenen Aufgabe betraut ist. Der «Architekt», der den Cortex entworfen hat, war vernarrt in Säulen: Jedes Zimmer ist voller Säulen, von denen jede eine feine Schattierung der visuellen Erfahrung repräsentiert. Doch was für Bausteine hat der Architekt verwendet?

3

Neuronen: Die Bausteine des Gehirns

Die Neuronen – die Nervenzellen, die den wichtigsten Bestandteil des Gehirns bilden – sind in vieler Hinsicht die außergewöhnlichsten Zellen, die das Leben hervorgebracht hat. Die meisten Neuronen des Gehirns sind winzig klein, manche nicht größer als ein paar Millionstel Meter im Durchmesser, aber ihre Zahl ist ungeheuer groß.

Hauptaufgabe des Neurons ist es, Informationen zu verarbeiten und sie anderen Neuronen des Gehirns zu übermitteln. Es ist somit letztlich Basis für alles Verhalten und für jede Erfahrung. Häufig meint man, die Informationsübertragung der Nervenzellen beruhe darauf, daß sie elektrische Signale über ihre Nervenfasern an andere Neuronen schicken. Wie wir sehen werden, ist das nicht der Fall. Zwar erzeugen sie elektrische Felder, so groß, daß sie sich leicht an der Kopfhaut von Menschen und Tieren aufzeichnen lassen, doch der Nervenimpuls ist keinesfalls mit der Elektrizität in einem Kabel zu vergleichen – er pflanzt sich in der Nervenfaser sehr viel langsamer fort und ist ein Prozeß, der auf dem Austausch chemischer Teilchen zwischen der Außen- und der Innenseite der Faser beruht.

Manche vergleichen das Gehirn mit einem Computer und die Nervenzellen mit den Bausteinen des Computers, doch ist die Analogie nicht ganz zutreffend. Das Gehirn lebt – es kann wachsen und sich verändern, ein Computer dagegen nicht –, und es ist unendlich viel komplexer als ein Computer. Eher ließe sich sagen, daß eine einzige Nervenzelle des Gehirns wie ein ganzer Computer funktioniert. Ein Neuron ist nicht einfach «an» oder «aus» wie das Schaltelement eines Computers, es verarbeitet unaufhörlich Informationen, die es von Tausenden anderer Neuronen und Botenstoffen des Blutes erhält, und es steht ständig in Verbindung mit vielen anderen Nervenzellen. Um zu begreifen, wie außerordentlich eine solche Nervenzelle ist, müssen wir zunächst auf die Beschaffenheit und Entwicklung aller biologischen Zellen eingehen und den Prozeß verfolgen, der von den ersten Zellen zu den ersten Nervensystemen führte.

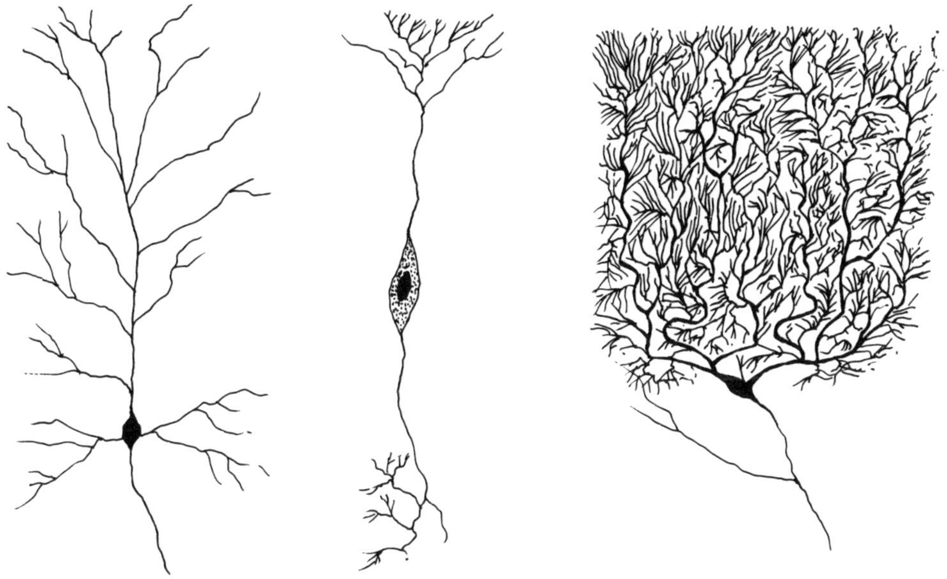

Pyramidenzelle des Cortex bipolares Neuron Purkinje-Zelle

Drei der vielen Neuronenarten

Die Entstehung des Lebens ist ein faszinierendes Puzzle. Wir können indessen nur einigermaßen begründete Vermutungen darüber anstellen, da wir für nichts, was älter als Bakterien wäre, fossile Zeugnisse vorliegen haben. Soweit wir wissen, haben sich zunächst diese Bakterien gebildet, einfache Zellen ohne Kern. In Bakterien ist die DNS (Desoxyribonukleinsäure), das genetische Material, in Gestalt eines einzigen langen, spiralförmig gewundenen Moleküls zugegen, das sich durch die ganze Zelle windet. In höher entwickelten Zellen, solchen zum Beispiel, aus denen wir bestehen, befindet sich die DNS in einem speziellen Gebilde in der Mitte, dem Kern.

Die Allgegenwärtigkeit der DNS läßt darauf schließen, daß alle Formen des Lebens, die es heute auf der Welt gibt – Bakterien, Pflanzen, Tiere, Sie und ich – ihren Ursprung in einem einzigen Zellstamm haben. Wie allerdings diese Urzelle, der eine so märchenhafte Zukunft vorherbestimmt war, einmal entstanden ist, läßt sich nicht genau sagen. Es gibt nur eine Vermutung, die gegenwärtig als die plausibelste gilt. Ihr zufolge gab es am Anfang große Mengen von Aminosäure-Molekülen in den Meeren – die organische Ursuppe der vorzeitlichen Welt. Diese Moleküle sind die Grundbausteine des Lebens, allerdings nicht in der Lage, sich selbst zu reproduzieren.

Irgendwann trat dann ein Molekül *sui generis* in Erscheinung, nicht unbedingt das komplizierteste Molekül, aber mit der einzigartigen Fähigkeit, Abbilder von sich selbst anzufertigen. Man nennt es das Replikatormolekül. Nach modernem chemischem Erkenntnisstand läßt sich die Funktionsweise eines solchen Moleküls unschwer nachvollziehen. Es müßte ziemlich groß sein und aus kleineren Einheiten oder Bausteinen bestehen. Nehmen wir an, jeder dieser Bausteine ist eine ziemlich einfache Verbindung, die eine chemische Anziehungskraft auf identische, frei in der organischen Ursuppe schwebende Verbindungen ausübt. Wenn das Replikatormolekül eine lange Kette aus solchen Verbindungen ist, so wird sich eine zweite, identische Kette bilden, die an der ersten haftet. Nach der Trennung kann jedes neue Replikatormolekül ein weiteres aufbauen und so fort. Da die chemische Zusammensetzung der DNS in allen Lebewesen praktisch die gleiche ist, sieht es so aus, als würden wir allc nicht nur von einer Zelle, sondern auch vom selben Replikatormolekül abstammen.

Die Erde hat sich vor ungefähr viereinhalb Milliarden Jahren gebildet. Das erste Leben zeigte sich ungefähr eine Milliarde Jahre später. In einer sehr alten Gesteinsformation, im Feuerstein von Ontario, gibt es Fossilien sehr früher Lebensformen, sehr einfacher Bakterien. Diese Bakterien waren nicht besonders leistungsfähig. Ihre Energieversorgung und -nutzung funktionierte nicht sehr gut. Vielleicht eine halbe Milliarde Jahre später entwickelten einige dieser Bakterien die Fähigkeit, aus Sonnenlicht und Kohlendioxyd Energie zu gewinnen und dabei Sauerstoff abzugeben, wie es die Pflanzen tun. Dann entwickelte sich eine andere Hauptgruppe von Zellen – die Eukaryonten («guter Kern»). Aus dieser Zellart bestehen alle Tiere und Pflanzen jenseits der Entwicklungsstufe der Bakterien. Die Eukaryonten haben einen hochentwickelten Kern, der DNS und einige andere Feinstrukturen enthält.

Die Mitochondrien (aus den griechischen Wörtern für «Brot» und «Korn» gebildet), winzige runde oder eiförmige Organellen, gehören zu diesen kleinen Strukturen. Sie haben eine einfache, aber lebenswichtige Aufgabe: Sie stellen Energie her. Alle Zellprozesse verlangen Energie, und diese Energie wird größtenteils aus einer Form des Zuckers, der Glukose, gewonnen, in die das Verdauungssystem bestimmte Nährstoffe umbildet. In den Mitochondrien werden Glukose und andere Nährstoffe zu biologischer Energie verwandelt.

Mitochondrien sind erstaunliche kleine Organe, weil sie ein Eigenleben führen. Wenn sich eine Zelle teilt, enthält jede der neuen Zellen einige Mitochondrien der Stammzelle. Sie wären also im Zuge der Zellteilung bei der Entwicklung eines neuen Tieres rasch verbraucht. Nun teilen sich aber die Mitochrond-

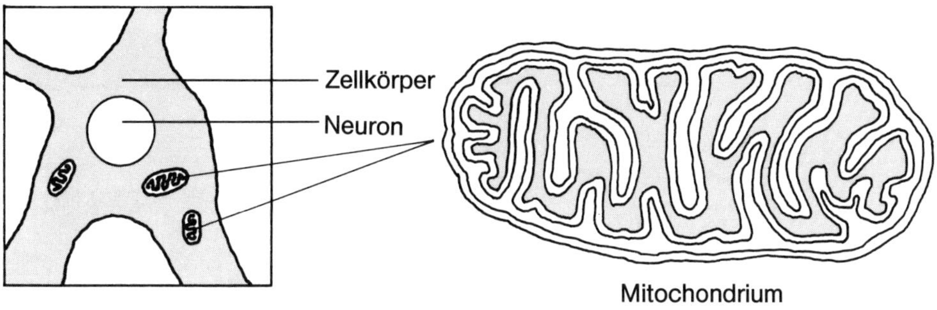

Mitochondrien

rien ihrerseits und bilden innerhalb der Zelle neue Mitochondrien. Jedes Mitochondrium besitzt sein eigenes genetisches Material – DNS – und reproduziert sich selbst. Da es sehr viel einfacher ist, ein neues Mitochondrium herzustellen als ein neues Tier, ist die DNS des Mitochondriums sehr viel kleiner und einfacher als die DNS im Zellkern. Eine weitere erstaunliche Eigenschaft der Mitochondrien besteht darin, daß sie alle von der Mutter stammen. Die Herkunft der Mitochondrien ist ausschließlich mütterlich.

In fast jeder Hinsicht gleicht das Mitochondrium einer Bakterie. Es besitzt eigene DNS, aber keinen Kern, und es kann Energie erzeugen. Viele Biologen sind heute der Meinung, daß die Vorfahren der Mitochondrien frei lebende Bakterien waren, die in andere Zellen eingedrungen sind und dort zu sehr spezialisierten Parasiten oder, besser, Symbionten wurden (vom griechischen Wort für «zusammenleben»). Die Zelle ist auf die Energieerzeugung der Mitochondrien angewiesen. Das Mitochondrium seinerseits kann sich zwar reproduzieren, vermag aber nicht alle Proteine hervorzubringen, die es zum Leben braucht. Einige werden von der DNS der Wirtszelle hergestellt.

Die Zellmembran trennt die Zelle von der Außenwelt und ist die Funktionsgrenze der Zelle. Alle Austauschprozesse, die die Zelle mit der Außenwelt verbinden, müssen in irgendeiner Weise durch die Membran hindurchgehen oder von ihr vermittelt werden. Sie ähnelt der Haut einer Seifenblase: Wie diese ist sie sehr dünn und aus Fettsäuren aufgebaut. Die Membran scheint keinen sehr wirksamen Schutz gegen die Außenwelt zu bieten, doch er reicht aus.

Verschiedene Proteinmoleküle sind über die Membran verteilt, schwimmen regelrecht in ihr. Einige sind so groß, daß sie ganz durch die Membran hindurchreichen, die meisten jedoch liegen näher an der Innen- oder der Außenseite. Ein Proteinmolekül, das an der Außenseite gelegen ist, bleibt im allge-

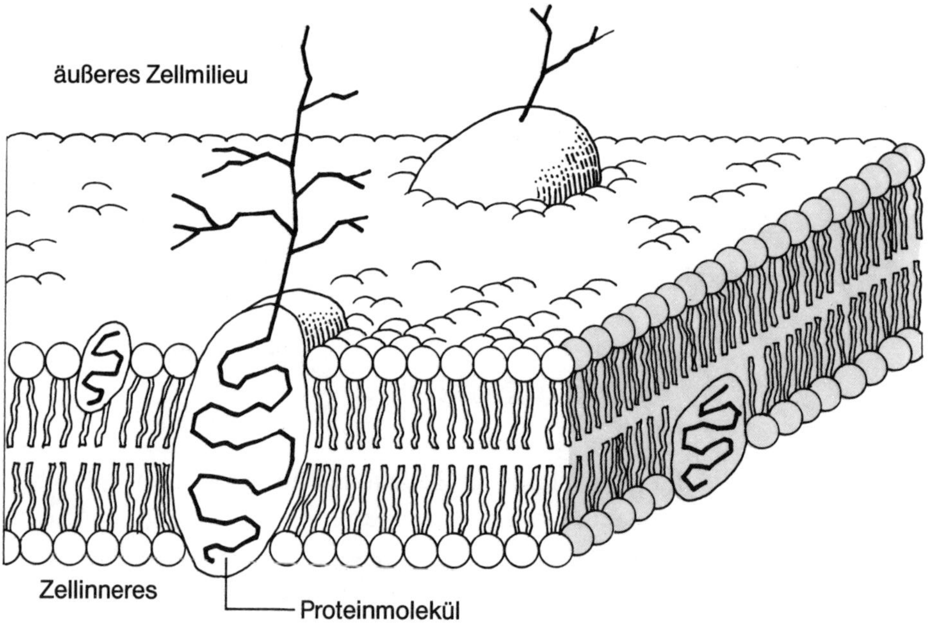

Querschnitt durch die Zellmembran

meinen dort. Es kann seitwärts die Membran entlangschwimmen, wird sich jedoch nicht nach innen bewegen. Das gleiche gilt für die Proteinmoleküle an der Innenseite. Diese Proteinmoleküle haben chemische Seitenverkettungen, die dazu neigen, aus der Membran zu ragen, entweder nach innen oder nach außen.

Man hält die Proteinmoleküle und ihre Seitenketten für die chemischen Rezeptoren auf der Zellmembran. Der Begriff des Rezeptormoleküls hat fundamentale Bedeutung für die Zellbiologie und unser Verständnis des Nervensystems gewonnen. Der Grundgedanke ist, daß ein bestimmtes Proteinmolekül eine bestimmte chemische Substanz erkennt. Wenn diese Substanz außerhalb der Zelle zugegen ist, werden sich einige ihrer Moleküle an dem Proteinmolekül in der Zellmembran festsetzen, so wie ein Schlüssel ins Schloß paßt, und eine Reihe von Veränderungen in der Zellmembran und der Zelle hervorrufen.

Nach dem Auftreten komplizierterer Zellen mit Kern und Mitochondrien beschleunigte sich die Entwicklung des Lebens. Im Laufe der nächsten 500 Millionen Jahre verbanden sich die Zellen zu vielzelligen Organismen. Der Schwamm ist ein lebendes Beispiel für diese einfachste Form vielzelligen Lebens, die noch ohne Nervensystem auskommt. Ein Schwamm bewegt sich nicht; er ist an einen Ort gebunden. Wenn die erforderlichen Nährstoffe im Wasser sind, lebt er, wenn nicht, stirbt er.

Die ersten Nervenzellen entwickelten sich in Tieren wie der Seeanemone und der Qualle. Diese Organismen bedeuten einen großen Fortschritt gegenüber dem Schwamm, weil sie sich *verhalten* – die Qualle zum Beispiel kann dorthin schwimmen, wo sich die Nahrung befindet, um sie sich zu holen.

Wenn sich ein vielzelliges Tier wie eine Qualle bewegen soll, müssen seine einzelnen Zellen irgendwie dazu gebracht werden, sich zu bewegen, und so spezialisierten sich einige Zellen und bildeten das Muskelgewebe, das sich zusammenziehen läßt. Doch einem bestimmten Zweck können diese Bewegungen nur dienen, wenn sie sich koordinieren, auf irgendeine Weise steuern lassen. Dazu sind Nervenzellen erforderlich.

Soweit wir wissen, verwenden die Nervenzellen bei allen Tieren – von der Qualle bis zum Menschen – die gleichen elektrochemischen Mechanismen zur Informationsübertragung. Es sieht so aus, als hätte sich der primitive Mechanismus in der Nervenzelle der Qualle so gut bewährt, daß ihm ein fester Platz in der Evolution eingeräumt wurde. Um komplizierteres und anpassungsfähigeres Verhalten hervorzubringen, mußte lediglich eine größere Zahl solcher Nervenzellen auf komplexere Weise zusammengefügt werden.

Nervenzellen sind eukaryontische Zellen (Zellen mit «gutem Kern») und ähneln in den meisten Aspekten allen anderen Zellen im menschlichen Körper. Jede hat einen Kern mit der DNS, eine Zellmembran, welche die ganze Zelle umschließt, und Mitochondrien sowie andere Organellen. Nervenzellen unterscheiden sich von den meisten anderen Zellen nur in einigen wenigen Aspekten. Vor allem haben sie sich auf die Informationsübertragung untereinander mittels langer Fasern spezialisiert, die aus dem Zellkörper herauswachsen. Es gibt nur eine Faser – das Axon (vom griechischen Wort für «Achse») –, die

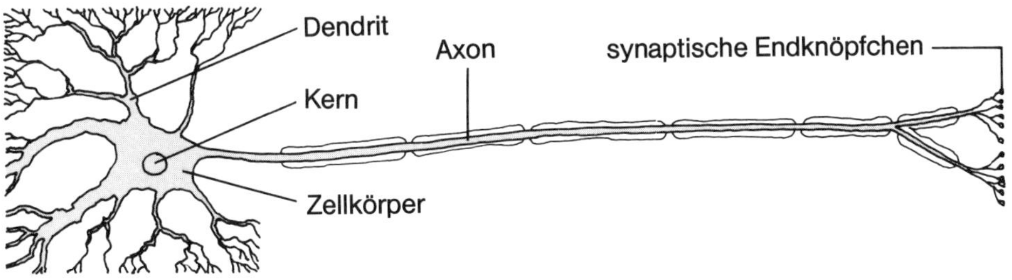

Eine typische Nervenzelle

Informationen an andere Zellen übermittelt. Alle anderen Fasern, die vom Körper der Nervenzelle ausgehen, sind Dendriten (abgeleitet vom griechischen Wort für «Baum»), die Informationen von den Axonen anderer Nervenzellen entgegennehmen. Beim Menschen kann das Axon einer Nervenzelle bis zu einem Meter lang werden, während die Dendriten fast immer recht kurz sind, weniger als einen Millimeter lang.

Im 19. Jahrhundert setzte sich die Erkenntnis durch, daß alle Lebewesen aus Zellen bestehen, von den einfachsten einzelligen Organismen – den Bakterien – bis hin zu uns. Diese Zelltheorie des Lebens wurde zum großen vereinheitlichenden Prinzip der Biologie. Überraschenderweise zweifelten noch zu Beginn des 20. Jahrhunderts viele Anatomen daran, daß auch das Gehirn aus einzelnen Zellen besteht, und hielten an dem Glauben fest, es bilde die einzige Ausnahme.

Um Zellen unter dem Mikroskop sichtbar zu machen, muß man sie einfärben. Wenn man ein Stück Gehirngewebe mit einem Farbstoff behandelt, der alle Teile der Zelle anfärbt, so sieht es wie ein zusammenhängendes Geflecht aus, ein dichtes Knäuel aus Fasern und Fortsätzen, von Zellkernen übersät. Ende des 19. Jahrhunderts entwickelte der italienische Anatom Camillo Golgi (1844–1926) eine Methode, mit der sich nur manche Zellen im Nervengewebe vollständig färben lassen. Mit Hilfe dieser Methode können Nervenzellen mit allen Fasern und Fortsätzen sichtbar gemacht werden. Interessanterweise wurde die Färbung zufällig entdeckt. Es heißt, eine Reinmachefrau habe ein Stück Gehirngewebe von Golgis Arbeitsplatz in einen Abfalleimer geworfen, der zufällig eine Silbernitratlösung enthalten habe. Als Golgi zurückkehrte und das Gewebe entdeckte, mußte er feststellen, daß die erste erfolgreiche Golgi-Färbung ohne sein Zutun zustande gekommen war.

Golgi selbst glaubte übrigens nicht, daß das Gehirn aus einzelnen Nervenzellen besteht. Doch ein anderer Anatom, der Spanier Santiago Ramón Cajal (1852–1934), nahm mit Hilfe der Golgi-Methode systematische Untersuchungen an Tiergehirnen vor und wies nach, daß alle Teile des Gehirns tatsächlich aus einzelnen Nervenzellen bestehen. Cajal machte sich an die unendlich komplizierte Aufgabe, den Verknüpfungen der Neuronen im Gehirn nachzugehen – gewissermaßen ihre Schaltpläne zu erforschen.

Das Neuron ist die Funktionseinheit des Gehirns. An den Dendriten nimmt es die Information entgegen, verarbeitet sie im Zellkörper und schickt sie über das Axon weiter an andere Neuronen und Zellen. Das Axon teilt sich in kleinere Fasern mit speziellen Endigungen auf. Jede Endigung bildet eine Verbindungsstelle mit einer anderen Zelle. Solche Nahtstellen heißen Synapsen. In der Synapse zwischen der Axonendigung und dem Dendriten oder dem Zellkörper der Zielzelle gibt es einen winzigen Zwischenraum. Soweit wir wissen, stehen Neuronen untereinander (oder mit Muskel- und Drüsenzellen) nur über diese winzigen synaptischen Verknüpfungsstellen in Verbindung. Die Synapse ist also die funktionale Verbindung, die die Informationsübertragung zwischen Neuronen ermöglicht.

Ein durchschnittliches Neuron im Gehirn kann Informationen über einige tausend synaptische Verbindungen von anderen Neuronen empfangen und seinerseits zu vielen anderen Neuronen Synapsen bilden. Wenn das menschliche Gehirn über 10^{11} (100000000000) Neuronen verfügt, dann besitzt es mindestens 10^{14} (100000000000000) Synapsen. Die Zahl *möglicher* synaptischer Verbindungen zwischen den Nervenzellen eines einzigen menschlichen Gehirns ist allerdings praktisch unbegrenzt.

Ein Hauptunterschied zwischen Neuronen und anderen Zellen besteht darin, daß Nervenzellen von einem bestimmten Zeitpunkt an keine neuen Nervenzellen mehr hervorbringen. Mit der Entwicklung des Organismus aus der befruchteten Eizelle bilden die Nervenzellen das Gehirn und das Nervensystem und vervielfältigen sich dabei in erstaunlichem Tempo (250000 pro Minute in den neun Monaten, die der menschliche Fötus für seine Entwicklung braucht). Zum Zeitpunkt der Geburt ist dieser Prozeß fast abgeschlossen, ja in einigen Bereichen sind mehr Zellen vorhanden als später, weil einige absterben. Wir wissen

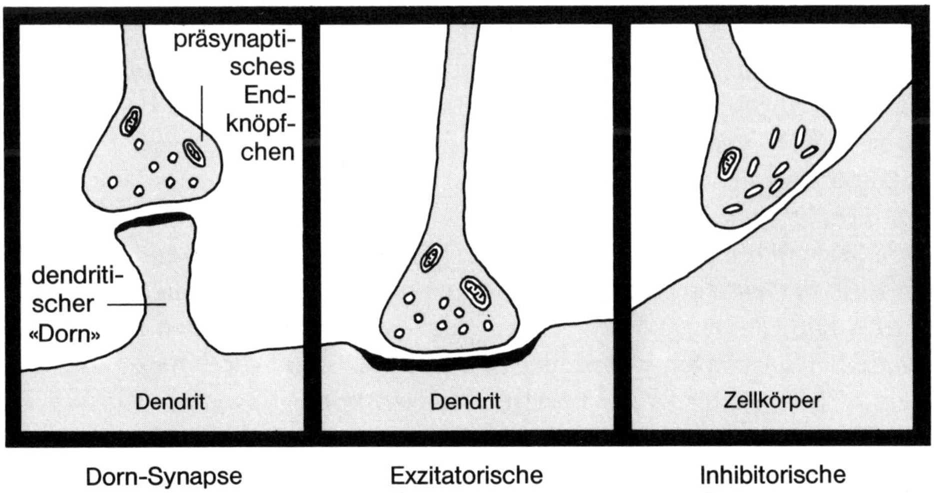

Typische synaptische Verbindungen

immer noch nicht genau, warum nach der Geburt keine Nervenzellen mehr gebildet werden. Letztlich wird die Antwort wohl in den Genen zu suchen sein.

Eine Vermutung liegt allerdings nahe: Da bestimmte Verhaltensweisen auf bestimmten Verbindungen zwischen den Nervenzellen des Gehirns beruhen (auf bestimmten Schaltplänen sozusagen), würden diese Verknüpfungsmuster wahrscheinlich verlorengehen, wenn die Nervenzellen sich teilen und neue Zellen bilden würden.

Es scheint eine ziemlich verblüffende Ausnahme von dieser Regel zu geben. Das Gesangszentrum im Gehirn des männlichen Kanarienvogels wächst im Frühling, wenn der Vogel den Gesang lernt, mit dem er das Weibchen lockt, auf das Doppelte seiner normalen Größe an. Nach der Paarungszeit schrumpft das Gesangszentrum, und das Männchen vergißt den Gesang. Im nächsten Frühjahr wächst das Gesangszentrum erneut, wenn der Vogel einen neuen Gesang erlernt. Stellen wir uns einmal vor, wie unser Leben aussähe, wenn unser Gehirn wie das des männlichen Kanarienvogels geartet wäre. Jedes Jahr würden wir alles vergessen, was wir gelernt haben, und müßten von vorn beginnen! Das jährliche Wachstum neuer Gesangsschaltkreise im Gehirn des Kanarienvogels scheint eine sehr spezielle Entwicklung zu sein, die einer sehr speziellen Form des Lernens entspricht (und es *ist* Lernen – der Kanarienvogel lernt jedes Jahr einen anderen Gesang). Die Schaltkreise, die für andere Aspekte des Kanarienvogelverhaltens verantwortlich sind, sind diesem Wechsel von Wachstum und Schrumpfung nicht unterworfen. Nur die Schaltkreise für den Gesang verändern sich in der beschriebenen Weise.

Soweit wir wissen, gibt es im Gehirn der Säugetiere keine derart spezialisierten Prozesse. Doch obwohl die Ausstattung mit Nervenzellen schon kurz nach der Geburt abgeschlossen ist, deuten Experimente darauf hin, daß auch bei Säugetieren Nervenzellen zum «Sprießen» gebracht werden und daß sie neue axonale Endigungen ausbilden können. Vielleicht kann man sie eines Tages sogar dazu bringen, neue Nervenzellen hervorzubringen.

Wie bei anderen Zellen ist auch beim Neuron der Zellkörper eine chemische Fabrik, in der die vielen Substanzen hergestellt werden, die die Nervenzelle braucht. Die Nervenzellen stehen vor dem besonderen Problem, daß sie die chemischen Substanzen vom Zellkörper über das Axon zur Synapse transportieren müssen. Bevor es das Elektronenmikroskop gab, waren viele Wissenschaftler der Meinung, daß das Innere des Axons einfach eine ungegliederte gallertartige Substanz sei. Heute wissen wir, daß dort winzige Röhrchen dicht nebeneinander liegen, die die chemischen Substanzen vom Zellkörper durch das Axon zu den synaptischen Endigungen befördern. Das läßt sich leicht zeigen, denn wenn man ein Axon abschnürt, so schwillt es auf der dem Zellkörper zugewandten Seite der Einschnürung an. Die chemischen Substanzen können nicht durch die Abschnürung hindurch und stauen sich deshalb. Die Synapsen nehmen auch chemische Stoffe auf und transportieren sie durch das Axon zum Zellkörper zurück.

Die Bewegung der chemischen Substanzen im Axon ist relativ langsam. In der Regel brauchen sie Stunden, um die Entfernung vom Zellkörper zu den synaptischen Endigungen zurückzulegen. Diese Bewegungen sind unentbehrlich für die Funktionsfähigkeit des Neurons, doch ist dies nicht das Verfahren, mit dessen Hilfe die Nervenzelle mit anderen Zellen Informationen austauscht. Eine Nervenzelle spricht zu anderen Nervenzellen sehr rasch, in ein paar Tausendstel Sekunden.

Der wichtigste Teil des Neurons ist die Synapse. Nur Nervenzellen und ihre Zielzellen besitzen Synapsen. Betrachtet man ein Stück Gehirngewebe unter einem Lichtmikroskop (ein Lichtmikroskop vergrößert die Dinge nicht annähernd so stark wie ein Elektronenmikroskop, das einen Elektronenstrahl anstelle normalen Lichtes verwendet), so erblickt man eine verwirrende Vielfalt von Kontakten zwischen Nervenzellen. Doch im wesentlichen gibt es nur zwei Synapsenarten: die chemische und die elektrische Synapse. Die meisten Synapsen im Gehirn der Säugetiere sind chemischer Natur, so daß wir uns hier unter Vernachlässigung der wirbellosen Tiere, die einige sehr interessante spezialisierte elektrische Synapsen besitzen, auf die chemische Synapse konzentrieren.

Alle chemischen Synapsen haben gemeinsame Eigenschaften, an denen man sie erkennen kann. Am auffälligsten ist eine große Zahl von kleinen Bläschen oder Vesikeln, die sich unmittelbar vor dem synaptischen Spalt in der präsynaptischen Endigung häufen. Man nimmt an, daß die Vesikel eine bestimmte chemische Substanz der Synapse, den Neurotransmitter, enthalten. Im Zielneuron, dem Neuron, an dem ein Axon endigt, weist der Bereich der Synapse, der der präsynaptischen Endigung gegenüberliegt, einen dichten Streifen auf, der

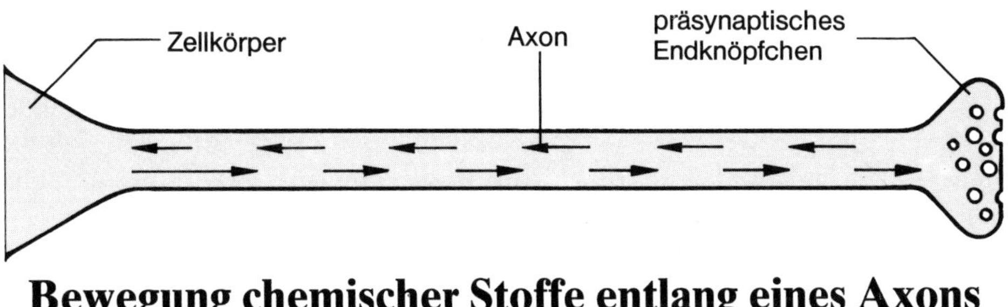

Bewegung chemischer Stoffe entlang eines Axons

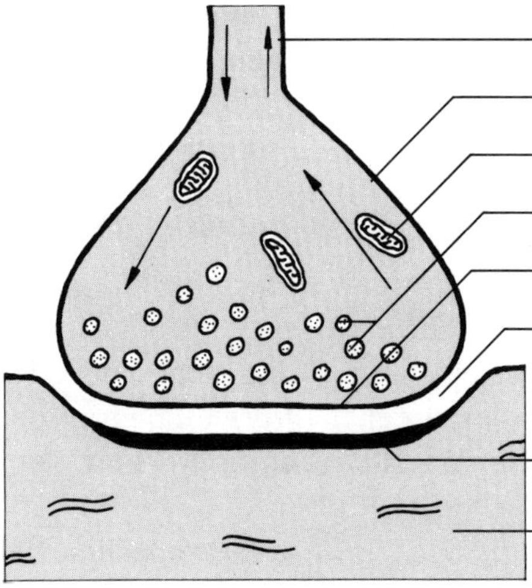

Feinbau einer Synapse

im Elektronenmikroskop dunkel aussieht und entlang der Zellmembran verläuft. An ihm läßt sich die Ausdehnung der Synapse erkennen. Zwischen der präsynaptischen und der postsynaptischen Membran liegt ein Zwischenraum – der synaptische Spalt. Dieser Spalt ist immer vorhanden und sieht immer gleich aus. Es ist zwar ein sehr winziger Zwischenraum, aber nichtsdestoweniger ein Zwischenraum.

Wenn eine Synapse aktiv ist und Informationen überträgt, dann schüttèn die Vesikel den Neurotransmitter, den sie enthalten, in den synaptischen Spalt aus. Die Moleküle verteilen sich in dem engen Zwischenraum und setzen sich an den Rezeptormolekülen an der Außenseite der postsynaptischen Membran fest.

Nehmen wir einmal an, Sie wären klein genug, um innerhalb des synaptischen Spaltes auf der Membran des postsynaptischen Zielneurons zu stehen und zur Nervenendigung emporzublicken. Bei Eintreffen des Nervenimpulses würden Sie sehen, wie sich große Öffnungen in der Endigung auftun und wie Hunderte von Vesikeln Tausende von Neurotransmitter-Molekülen hinauspumpen. Es würde aussehen wie ein kurzer, örtlich begrenzter Wolkenbruch.

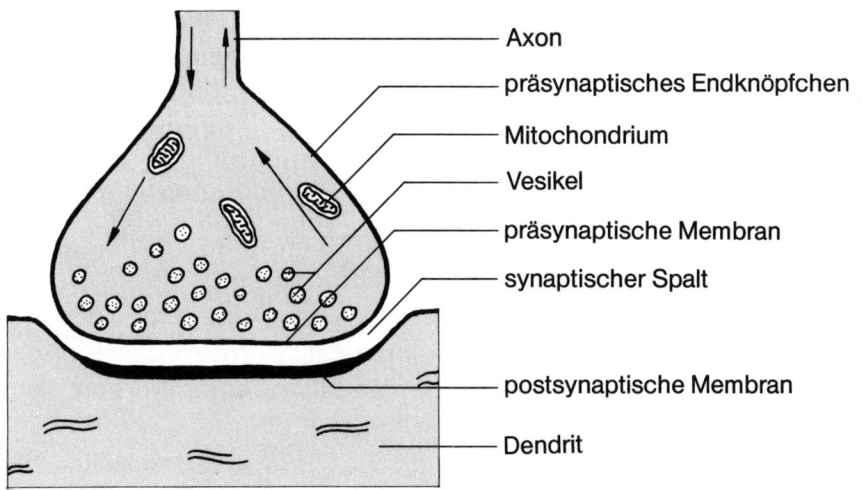

Nervenzellen verwenden zwei ganz verschiedene «Sprachen», um sich miteinander zu verständigen. Eine von ihnen ist der Nervenimpuls, auch Aktionspotential genannt, ein Signal, das sich an der Stelle des Axons entwikkelt, an dem es aus dem Zellkörper austritt, und das sich entlang des Axons bis zur Nervenendigung fortpflanzt. Wenn es die Endigungen des Axons erreicht, welche die Synapsen mit anderen Neuronen bilden, erlischt das Aktionspotential. Es ist vorbei, aber es hat auch seine Schuldigkeit getan, denn wenn es an einer Endigung eintrifft, löst es einen ganz anderen Prozeß aus: die Informationsübertragung über die Synapse hinweg auf das Zielneuron, das die Information entgegennimmt. Die synaptische Übertragung ist die zweite Sprache des Neurons. Wie erläutert, beruht der Prozeß auf der Freisetzung von chemischen Transmittermolekülen aus Vesikeln in der präsynaptischen Endigung und auf dem Festsetzen dieser Moleküle an den chemischen Rezeptormolekülen in der Membran der Zielzelle.

Der Nervenimpuls funktioniert nach dem Alles-oder-nichts-Prinzip. Sobald er am Anfang des Axons begonnen hat, entwickelt er seine volle Kraft und setzt sich bis zum Ende des Axons fort. Mit Ausnahme der Geschwindigkeit ist er in allen Axonen gleich. Wie schnell er sich im Axon fortpflanzt, hängt von der Größe und von anderen Eigenschaften des Axons ab – die Geschwindigkeit kann zwischen einem und zweihundertfünfzig Stundenkilometern liegen.

Ganz anders ist die synaptische Übertragung. Sie gehorcht nicht dem Alles-oder-nichts-Prinzip, sondern kennt Abstufungen. Das Ausmaß der synaptischen Wirkung hängt von vielen Faktoren ab, unter anderem von der Zahl der

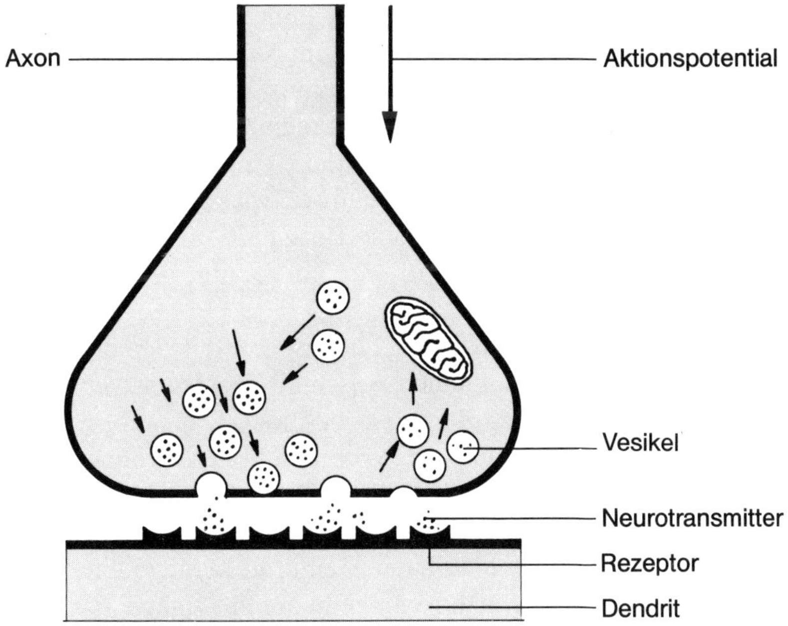

Synaptische Übertragung im Detail

freigesetzten chemischen Moleküle und der Zahl der Synapsen, die zu einem gegebenen Zeitpunkt von einem Neuron aktiviert werden.

Die meisten modernen Computer sind Digitalrechner, in denen jedes Schaltelement entweder «an» oder «aus» ist, so wie das Aktionspotential in der Nervenzelle entweder entsteht oder nicht entsteht. Zu speziellen Zwecken gibt es jedoch auch Analogrechner, die veränderbare, abgestufte Elektrizitätsmengen verwenden, genauso wie die Synapsen an einer Nervenzelle. Jede Nervenzelle ist wie ein Computer, der zugleich digital und analog arbeitet.

Das also ist die Nervenzelle – der Baustein des Gehirns. Alle Nervensysteme bestehen aus solchen Neuronen, in den wirbellosen Tieren aus ein paar Tausend, im Menschen aus vielen Milliarden. Was für ein Geschöpf wir sind, ob eine einfache Reflexmaschine wie die Seeanemone oder ein Wesen mit der wahrhaft ehrfurchtgebietenden Kraft des menschlichen Geistes, hängt von der Zahl der Neuronen und ihrer Verknüpfungen ab.

Wenden wir uns nun dem Nervenimpuls zu. Die besonderen Eigenschaften, die es der Nervenzelle gestatten, Informationen an andere Zellen zu übermitteln, sind in der Zellmembran enthalten, die das Neuron überzieht. Der allgemeine Bau der Nervenzellmembran ist der gleiche wie bei anderen Zellmembranen, sie hat auch im großen und ganzen die gleiche Funktion wie andere Zellmembranen, nämlich den Schutz des Zellinneren und den Austausch chemischer Stoffe zwischen innerem und äußerem Milieu. Noch eine weitere wesentliche Eigenschaft der Nervenzellmembran ist auch bei anderen Zellmembranen anzutreffen: winzige Löcher oder Kanäle in der Membran, durch die bestimmte kleine Moleküle ein- und austreten können. Zu der Zeit, da sich die ersten Nervenzellen in Tieren wie der Qualle entwickelten, spezialisierten sich einige dieser Kanäle dergestalt, daß eine Botschaft – ein Nervenimpuls – im Axon der Nervenzelle entlanggeführt werden konnte, um andere Zellen zu beeinflussen.

Der Nervenimpuls ist die Bewegung chemischer Teilchen durch die Axonmembran, und das nur in dem kleinen Abschnitt des Axons, wo sich der Nervenimpuls zu einem gegebenen Zeitpunkt befindet. Das wichtigste chemische Teilchen, das beim Nervenimpuls die Axonmembran durchquert, ist das Natriumatom, allerdings als geladenes Atom, als Ion.

Stellen wir uns das Axon als lange, dünne Röhre vor, die von der Nervenzellmembran umschlossen ist. Innerhalb der Membran ist die innere Substanz des Axons, außerhalb der Membran die extrazelluläre Flüssigkeit, die Gewebsflüssigkeit. Innere Substanz und äußere Flüssigkeit haben sehr unterschiedliche chemische Zusammensetzungen. Die Substanz im Inneren enthält beispiels-

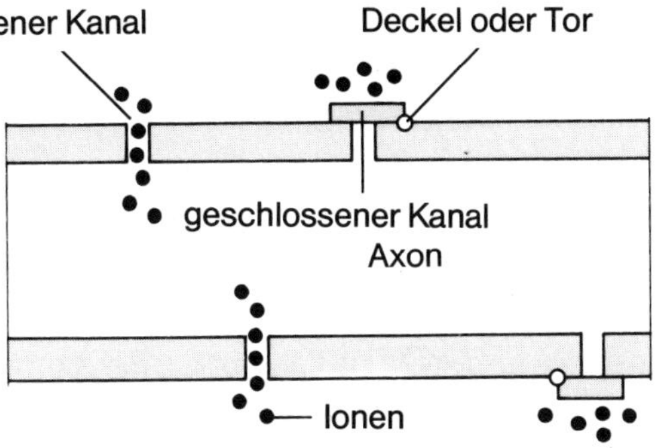

Schematischer Schnitt durch eine Axonmembran

weise viele Proteinmoleküle und sehr wenig Natrium. Die äußere Flüssigkeit hat wenig Protein, aber einen beträchtlichen Gehalt an Natrium. Wichtigstes Ereignis beim Nervenimpuls ist die Bewegung von Natriummolekülen durch die Zellmembran von außen nach innen. Sie dringen durch die kleinen Kanäle in der Membran ein. Diese Natriumkanäle sind normalerweise geschlossen,

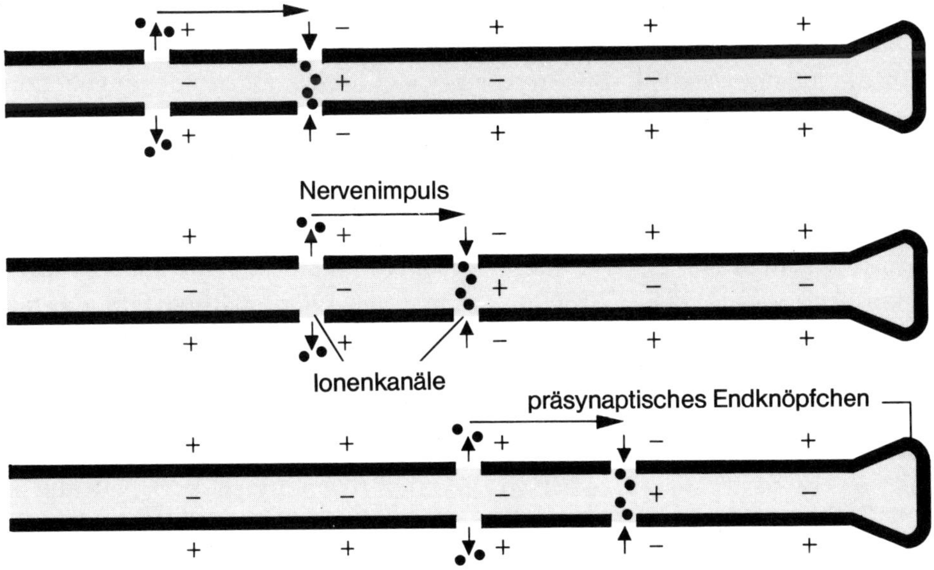

Bewegung eines Nervenimpulses entlang des Axons

doch wenn der Nervenimpuls entsteht, springen sie kurzfristig auf und lassen das Natrium herein. Um zu verstehen, wie das geschieht, müssen wir uns mit den elektrischen Aspekten des Nervenimpulses beschäftigen. Nervenzellen erzeugen elektrische Ströme, und zwar von solchem Ausmaß, daß sich die Gehirnaktivität leicht durch Kontakte an der Kopfhaut aufzeichnen läßt. Um den elektrischen Aspekt des Nervenimpulses zu verstehen, müssen wir uns ein bißchen auf die Chemie einlassen. Bei den Natriumteilchen, die während des Aktionspotentials die Axonmembran von außen nach innen durchqueren, handelt es sich um Ionen, das heißt Teilchen mit einer elektrischen Ladung.

Kochsalz besteht aus Natrium- und Chloridionen. Wenn man Salz in Wasser auflöst, befinden sich dort die Natrium- und die Chloridionen mit einer bestimmten elektrischen Ladung. Die Natriumionen haben alle eine Ladung von $+1$ und die Chloridionen eine Ladung von -1. Aus der Schulzeit werden Sie vielleicht noch wissen, daß Atome aus einem Kern bestehen mit positiv geladenen Protonen (sowie Neutronen ohne Ladung) und einer «Schale» aus negativ geladenen Elektronen. Bei einem Element wie dem Natrium, das aus Atomen gleicher Art besteht, sind im Kern eines jeden Atoms jeweils genauso viele Protonen, wie es Elektronen in der umgebenden Schale gibt. Ein solches Atom ist elektrisch neutral. Das Element Natrium ist ein hochgiftiges und explosives silberfarbenes Metall. Besonders heftig reagiert es mit Wasser: Taucht man ein Stück Natrium in Wasser, so entflammt es und explodiert.

Das Element Chlor ist ein giftiges grünliches Gas. Seine Atome haben im Kern die gleiche Anzahl von Protonen wie Elektronen in der umgebenden Schale. Es handelt sich um ein elektrisch neutrales, aber sehr reaktionsfähiges Element. Warum verflüchtigen sich diese einfachen Elemente so leicht?

Die Elektronen aller Atome sind in Schalen angeordnet. Die innerste Schale braucht zwei Elektronen, um vollständig zu sein, während die folgenden Schalen jeweils acht brauchen. Am stabilsten sind Atome, wenn ihre äußerste Elektronenschale vollständig ist. Helium, das inaktive, nichtexplosive Gas, das man für Luftschiffe verwendet, hat nur die vollständige innere Schale mit zwei Elektronen (ausgeglichen durch zwei Protonen im Kern). Am reaktionsfähigsten sind Atome, wenn sie nur ein Elektron in der äußeren Schale haben (weil sie bestrebt sind, es abzugeben) oder wenn ihnen nur eines in der äußeren Schale fehlt (weil sie bestrebt sind, es sich von anderen Atomen zu holen). Natrium hat nur ein Elektron in der äußeren Schale, Chlor dagegen sieben. Wenn man Natrium und Chlor zusammenbringt, reagieren sie sofort und heftig miteinander. Jedes Natriumatom gibt das eine Elektron in der äußeren Schale an das Chloratom ab, das mit diesem Elektron seine äußere Schale zur Zahl acht ergänzt und damit vervollständigt. Das Ergebnis ist Kochsalz! Der Kern eines jeden Natriumatoms ist nun von einem Elektron weniger umgeben, als Protonen im Kern vorhanden sind, wodurch sich eine elektrische Ladung von +1 ergibt. Jedes Chloratom hingegen hat ein Elektron *mehr* als Protonen und infolgedessen eine elektrische Ladung von −1. Sie sind Ionen geworden – Atome mit einer elektrischen Ladung. Das Chlor ändert sogar seinen Namen, wenn es ionische Form annimmt; es heißt dann Chlorid. Kochsalz ist Natriumchlor*id,* nicht Natriumchlor.

In Wasser gelöste Stoffe haben in der Regel Ionenform, also elektrische Ladungen. Nur einige wenige kleine Ionen – Natrium, Chlorid, Kalium und Kalzium – sind an der Aktivität der Neuronen beteiligt. Proteinmoleküle, die großen aus Aminosäuren bestehenden Moleküle, die der Stoff des Lebens sind, kommen hauptsächlich innerhalb der Körperzellen, auch der Nervenzellen, vor, seltener außerhalb der Zellen im Blut oder in anderen Körperflüssigkeiten. In Wasser gelöst besitzen Proteine gewöhnlich ionische Form und sind negativ geladen, wie Chloridionen. Folglich gibt es sehr viel mehr negative Ladungen innerhalb der Nervenzellen als außerhalb. Deshalb liegt ein Spannungsunterschied zwischen den beiden Seiten der Nervenzellmembran vor – das innere Milieu ist im Verhältnis zum äußeren negativ. Dieses Spannungsgefälle ist erstaunlich hoch, nahezu ein Zehntel Volt. Wenn wir einige Nervenzellen entsprechend hintereinanderschalten könnten, würden wir mit ihnen – obwohl sie doch so winzig sind – soviel Spannung erzeugen wie mit einer Taschenlampenbatterie. Das ist nicht nur eine theoretische Spekulation: Der Zitteraal kann einige Hundert Volt erzeugen, die ausreichen, um seinen Beutefisch zu töten, weil er spezialisierte Nervenzellen besitzt, die in genau dieser Weise hintereinandergeschaltet sind. Es ist durchaus möglich, daß der Mechanismus, dessen sich in diesem Beispiel Zellen zur Erzeugung von Elektrizität bedienen, eines Tages wirtschaftlich genutzt wird.

Der Nervenimpuls ist also ein Prozeß, der in erster Linie auf Natriumionen beruht, die eine positive elektrische Ladung haben. Wenn sich eine Nervenzelle im Ruhezustand befindet, sind fast alle Natriumionen außerhalb der Zelle. Wegen der Proteinmoleküle ist das Zellinnere im Verhältnis zum äußeren Milieu negativ, so daß es eine sehr starke elektrische Kraft gibt, die bestrebt ist, die Natriumionen in die Zelle zu ziehen. Die Nervenzellmembran durchziehen Natriumkanäle, Löcher, durch die die Natriumionen hindurchschlüpfen können.

Im Ruhezustand sind diese Natriumkanäle durch Tore verschlossen, so daß die Natriumionen nicht ins Zellinnere gelangen können. Doch wenn sich der Nervenimpuls an einer bestimmten Stelle des Axons entwickelt, springen die

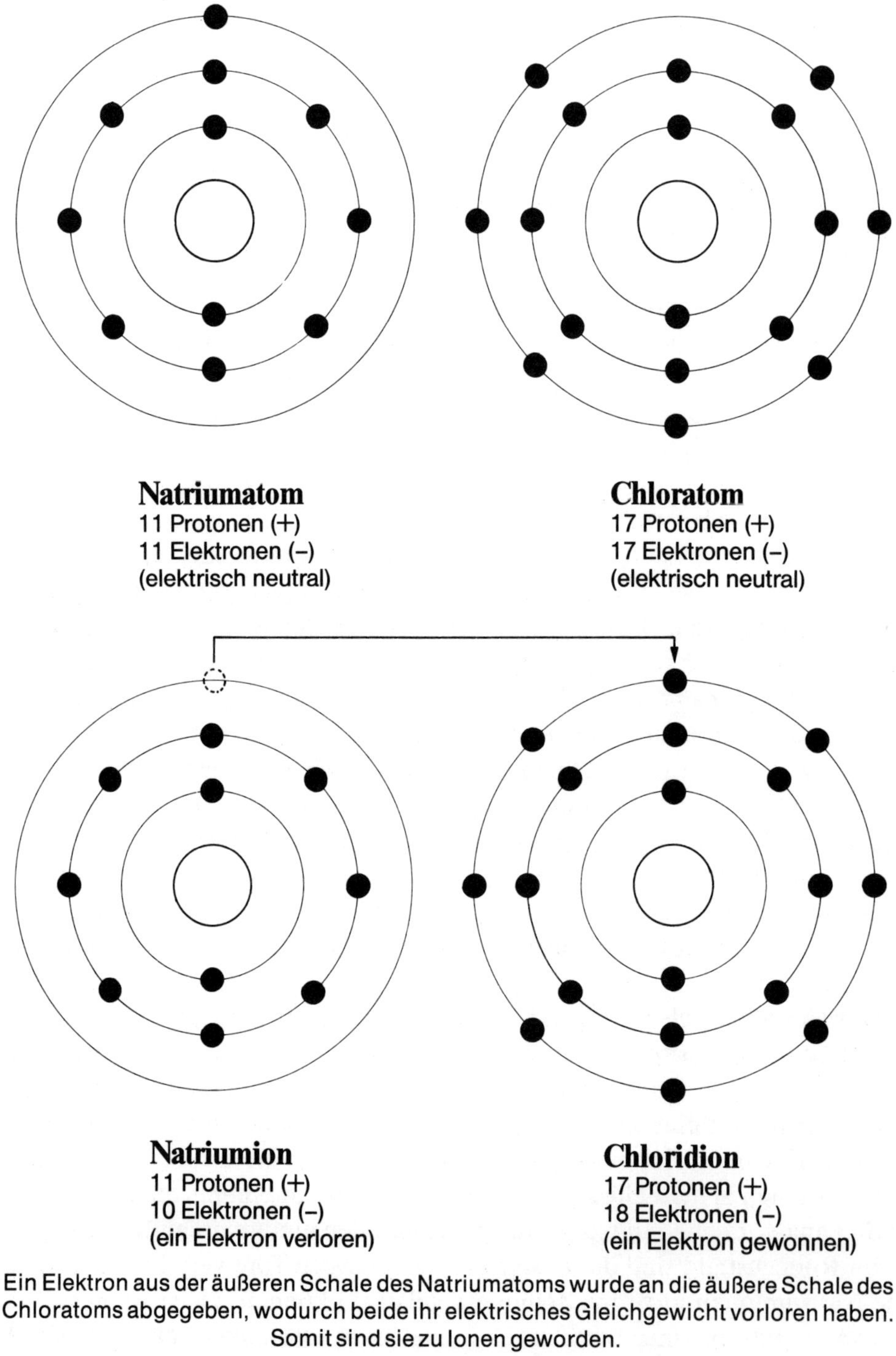

Ein Elektron aus der äußeren Schale des Natriumatoms wurde an die äußere Schale des Chloratoms abgegeben, wodurch beide ihr elektrisches Gleichgewicht vorloren haben. Somit sind sie zu Ionen geworden.

Tore der Natriumkanäle in diesem Bereich für einen sehr kurzen Zeitraum auf, und die Natriumionen strömen herein. An dieser Stelle wechselt die Spannung an der Innenseite der Membran von negativ zu positiv, weil die Natriumionen positive Ladungen haben, die sie nach innen bringen. Dies ist der Nervenimpuls – ein kurzer örtlicher Einbruch positiv geladener Natriumionen.

Wenn der Nervenimpuls an einer bestimmten Stelle der Axonmembran eintrifft (und er erfaßt an dieser Stelle die ganze Axonmembran), springen in der Nachbarschaft die geschlossenen Pforten der Natriumkanäle, die wie spannungsabhängige elektrische Schalter funktionieren, kurzfristig auf, so daß der Nervenimpuls ein Stück weiter gelangt. So wandert der Nervenimpuls das Axon entlang.

Warum springen die geschlossenen Pforten der Natriumkanäle plötzlich unter dem Einfluß des Nervenimpulses auf? Wenn sich die Membranspannung nur geringfügig verändert, so daß das Innere ein bißchen positiver wird und über dem normalen negativen Wert des Ruhezustands liegt, werden die «Schalter» der geschlossenen Natriumpforten ausgelöst, und die Pforten springen auf. Sie werden also elektrisch gesteuert und haben einen Schwellen- oder Auslösewert, der schon durch eine leichte Verminderung der negativen Spannung des Ruhepotentials an der Innenseite der Membran erreicht wird. Wenn an der Innenseite der Membran diese Schwellenspannung eintritt, werden die Natriumschalter betätigt, sie öffnen sich nach dem Alles-oder-nichts-Prinzip und erzeugen das Aktionspotential. Betrachten wir die geschlossenen Natriumkanäle beim Eintreffen des Nervenimpulses an der unmittelbar benachbarten Axonmembran. An der Stelle, wo der Nervenimpuls auftritt, strömen positiv geladene Natriumionen ins Innere. Sie sammeln sich innerhalb der Axonmembran unterhalb der benachbarten, noch geschlossenen Pforten, wodurch das Potential an dieser Stelle innerhalb der Membran ein bißchen positiver wird. Und dies veranlaßt die geschlossenen Natriumpforten, sich dort zu öffnen.

Unter normalen Bedingungen beginnt das Aktionspotential seinen Weg an der Stelle, wo das Axon aus dem Zellkörper austritt, und pflanzt sich im Axon fort bis zu dessen synaptischen Endigungen an anderen Neuronen. Aber wie fängt der Nervenimpuls an? Erinnern wir uns, daß das Neuron viele Dendriten besitzt, die über die synaptischen Spalten hinweg von den Axonen anderer Neuronen Ströme chemischer Substanzen empfangen, die zu kleinen Veränderungen des elektrischen Potentials an der Zellmembran führen. Doch der Zellkörper und die Dendriten besitzen in der Regel keine spannungsgesteuerten Natriumkanäle wie das Axon. Wenn also das Membranpotential des Zellkörpers um einen bestimmten positiven Betrag vom Wert des Ruhezustands abweicht, beginnen die nächstgelegenen Natriumkanäle aufzuspringen, und das sind diejenigen, die sich am Axonansatz befinden. So beginnt der Nervenimpuls seine Wanderung durch das Axon.

Bemerkenswert ist der Umstand, daß der Nervenimpuls keine biologische Energie braucht; er ist fast ein Perpetuum mobile. Doch letztlich verlangt er auch seinen Preis. Jedesmal, wenn der Nervenimpuls eintrifft, dringen Natriumionen ins Axon ein. Was geschieht mit ihnen? Sie befinden sich im Inneren und können nicht heraus. Es gibt einen anderen Mechanismus in der Zellmembran, Ionenpumpe genannt, der das Natriumion durch die Zellmembran nach draußen pumpt. Die Ionenpumpe arbeitet sehr viel langsamer als der Nervenimpuls und ist unablässig damit beschäftigt, Natriumionen nach draußen zu pumpen. Da die elektrische Kraft ständig bestrebt ist, Natriumionen nach innen zu ziehen, muß die Pumpe dagegen anarbeiten und eine erhebliche Menge an biologischer Energie verbrauchen. Wenn das Energiesystem in der Nervenzelle (in den Mitochondrien) vergiftet wird, wodurch die Pumpe zum Stillstand kommt, so werden die Nervenimpulse noch Stunden anhalten, doch da sich das Natrium im Inneren ansammelt, stellt die Zelle ihre Funktion schließlich ein.

Obwohl die wichtigsten Funktionsmechanismen des Nervenimpulses Ionenbewegungen durch die Zellmembran und Veränderungen des elektrischen Potentials der Zellmembran sind, ist der Nervenimpuls selbst kein elektrischer Strom. Da sich jedoch das elektrische Potential der Zellmembranen von Neuronen verändert, erzeugen sie elektrische Felder, die ziemlich groß sein können und gewöhnlich leicht zu messen sind.

Das Aktionspotential wandert das Axon entlang zu seinen synaptischen Endigungen und hört dort auf zu existieren. Sobald der Impuls die Endigung erreicht, löst er den ganz anderen Prozeß der synaptischen Übertragung aus: Vesikel in der Nervenendigung setzen Transmittermoleküle frei, die sich im synaptischen Spalt verteilen und sich an den Rezeptormolekülen in der Membranaußenseite der Zielzelle jenseits des synaptischen Spaltes festsetzen. Je nach Art des chemischen Transmitters und der Rezeptormoleküle wird sich die synaptische Übertragung exzitatorisch oder inhibitorisch auf das Neuron auswirken – seine Aktivität steigern oder dämpfen. Wenn sich die Transmittermoleküle an den Rezeptormolekülen festsetzen, rufen die aktivierten Rezeptormoleküle Veränderungen in der Zellmembran hervor, die ihrerseits zu Erregung (Exzitation) oder Hemmung (Inhibition) führen.

Exzitatorisch wirkt die Synapse, indem sie das Membranpotential im Inneren auf einen etwas positiveren Wert ansteigen läßt, als ihn der Ruhezustand aufweist. Der Prozeß ist abgestuft und reicht von kaum wahrnehmbarer bis zu sehr heftiger Wirkung. Wenn so viele synaptische Erregungen erfolgen, daß der Schwellenwert erreicht wird, werden die Natriumpforten am Anfang des Axons ausgelöst, sie öffnen sich, und der Nervenimpuls nimmt seinen Anfang. Das Neuron «entscheidet sich» für den nach dem Alles-oder-nichts-Prinzip ablaufenden Nervenimpuls, und der ganze Prozeß wiederholt sich. Wenn nicht genügend synaptische Erregung erfolgt, «entscheidet sich» das Neuron, kein Aktionspotential hervorzurufen.

Wollte man ein Neuron an der Erzeugung von Nervenimpulsen hindern, wie ließe sich das am besten erreichen? Man müßte die Spannung im Inneren der Zellmembran noch negativer werden lassen, als sie normalerweise ist. Und genau das passiert bei der synaptischen Inhibition. Wenn inhibitorische Synapsen an einer Nervenzelle aktiv werden, lassen sie das Membranpotential noch negativer als normal werden, so daß der Schwellenwert für die Auslösung des Nervenimpulses unerreichbar wird. Meist bewirken inhibitorische Synapsen dies durch kurzfristige Öffnung von Chloridkanälen in der Zellmembran. Chloridionen befinden sich vor allem im äußeren Milieu und haben negative Ladungen. Wenn sie durch die Membran ins Innere gelangen, lassen sie die Membran im Inneren noch negativer werden als im Ruhezustand.

Diese beiden Prozesse, synaptische Exzitation (das Innere der Membran wird etwas positiver als im Ruhezustand) und synaptische Inhibition (das Innere der Membran wird etwas negativer als im Ruhezustand), sind die grundlegenden Wirkungen von Synapsen auf Nervenzellen. Jedes Neuron wird ständig mit Hunderten oder Tausenden solcher Synapsenwirkungen bombardiert, die von anderen Neuronen ausgeübt werden, und hat deshalb ein zwischen Exzitation und Inhibition schwankendes Spannungsniveau. Ist die Exzitation stark genug, um die Öffnung der Natriumkanäle am Anfang des Axons auszulösen, so entwickelt sich der Nervenimpuls, und er wandert das Axon entlang zu dessen Endigungen, wo er synaptische Einwirkungen auf andere Neuronen hervorruft.

Die entscheidenden Wechselwirkungen zwischen Neuronen vollziehen sich an den Synapsen, den funktionalen Verknüpfungen, die Neuronen untereinander herstellen. Vielleicht erinnern Sie sich an unsere entmutigende Feststellung, daß sich im menschlichen Gehirn nach der Geburt keine neuen Nervenzellen entwickeln. Das ist die schlechte Nachricht. Die gute lautet, daß sich neue Synapsen auszubilden scheinen. Durch diese Verbindungsstellen werden die Schaltkreise und Vernetzungen im Gehirn geschaffen. Die wichtigsten Schaltungen liegen zum Zeitpunkt der Geburt vor, doch die Einzelheiten und

Feinabstimmungen der Schaltkreise entwickeln sich das ganze Leben hindurch. Erfahrung kann neue Synapsen entstehen lassen. Erfahrungen können also das Gehirn formen.

Würden Sie sich den allgemeinen Aufbau des Nervensystems in so verschiedenen Tieren wie Regenwurm, Ameise, Tintenfisch und Mensch ansehen, so würden Sie feststellen, daß die Natur zwar unablässig mit verschiedenen Arten von Nervensystemen experimentiert hat, daß aber die Wirkung der Nervenzellen in allen diesen Lebewesen auf den gleichen grundlegenden Mechanismen beruht. Worin sie sich deutlich unterscheiden, sind die Verknüpfungsmuster zwischen den Nervenzellen.

Viele wirbellose Tiere, Muscheln und Hummer etwa, besitzen relativ einfache Nervensysteme aus nur wenigen Tausend Nervenzellen. Bei diesen einfacheren Tieren können viele Neuronen auf Grund ihrer Lage und ihres Aussehens einzeln unterschieden werden. Für einige lassen sich besondere Funktionen nachweisen. Ganz anders verhält es sich mit dem Nervensystem der Wirbeltiere. Schon bei der Maus besteht jede Gehirnregion aus Tausenden bis Millionen von Neuronen. Diese lassen sich an Hand ihres Erscheinungsbildes nur in ein paar Kategorien unterteilen, doch die Zahl der Neuronen in jeder Kategorie ist ungeheuer groß.

Der enorme Zuwachs der Neuronenzahl im Gehirn der Wirbeltiere ist letztlich der Grund für die Entwicklung komplexerer Aspekte des Verhaltens und der Erfahrung – für die ungeheure Steigerung der Intelligenz, die sich mit der Evolution der Wirbeltiere vollzieht. Der Geist kann nicht in einer einzigen Nervenzelle wohnen, auch nicht in vielen Tausend. Er entsteht aus der Wechselwirkung zwischen den Myriaden von Neuronen im Gehirn der Wirbeltiere.

4

Das chemische Gehirn: Das Molekül ist der Bote

Wir betrachten immer kleinere Teile des Gehirns – zuerst die verschiedenen «Zimmer» des Gehirns, dann die Säulen, zuletzt die Neuronen, seine Bausteine. Doch die entscheidende Funktionsebene des Gehirns liegt noch tiefer. Es ist die Ebene der chemischen Moleküle, die dafür sorgen, daß diese Nervenzellen arbeiten können.

Die Form oder die Baustruktur ist das grundlegende Funktionsprinzip auf der Ebene des chemischen Moleküls. Neuronen sprechen miteinander, indem sie an den Synapsen bestimmte Moleküle, die chemischen Botenstoffe oder Neurotransmitter, freisetzen. Im letzten Kapitel haben wir einen winzigen Beobachter im Spaltraum einer aktiven Synapse unter einem Schauer chemischer Moleküle zurückgelassen. Wenn diese Moleküle die Membran der Zielzelle, die postsynaptische Membran, erreichen, setzen sie sich an den Rezeptormolekülen fest, die zur postsynaptischen Membran gehören. Dies sind große Proteinmoleküle, die aus der Membran ragen. Sie weisen charakteristische Formen auf. Auch die chemischen Transmitter, die auf die postsynaptische Membran hinabregnen, besitzen eine charakteristische Form, die ins Rezeptormolekül paßt wie der Schlüssel ins Schloß.

Das Transmittermolekül ist die kleinste Wirkeinheit des Nervensystems. Vor einiger Zeit nahm man noch an, daß es nur sehr wenige solcher chemischen Substanzen gäbe, vielleicht drei oder vier. Heute sieht es ganz so aus, als hätten wir es mit Hunderten von verschiedenen Neurotransmittern zu tun. Ein bestimmtes Molekül wird an einer bestimmten Synapse freigesetzt, doch es gibt zahlreiche verschiedene Stoffe an verschiedenen Synapsen. Noch größer ist die Zahl der Hormone, der chemischen Botenstoffe, die von Drüsen in die Blutbahn ausgeschüttet werden. Auch Hormone wirken auf chemische Rezeptormoleküle in Nervenzellen und anderen Zellen ein. Sie sprechen nicht nur Synapsen an, sondern alle Rezeptormoleküle, wo auch immer sie sich befinden.

So ist zum Beispiel das Oxytozin ein Hormon, das von der Hypophyse ins

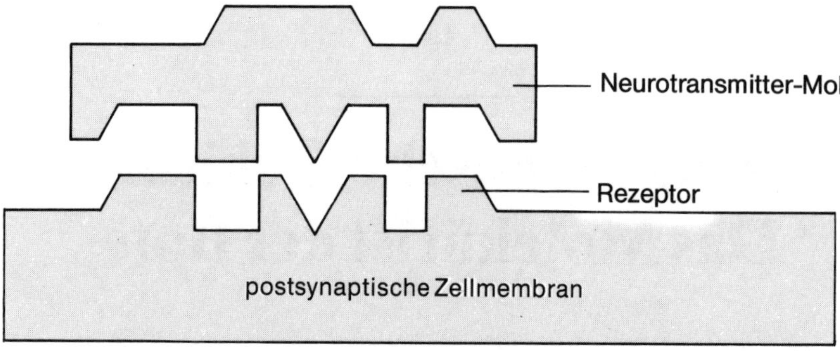

Der «Schlüssel-Schloß-Mechanismus» – schematische Darstellung

Blut ausgeschüttet wird. Wenn die Geburt eines Kindes naht, wird es freigesetzt und veranlaßt die Muskeln der Gebärmutter zur Kontraktion, womit die Wehen eingeleitet werden. Die Muskelzellen der Gebärmutter haben Rezeptormoleküle, die nur das Oxytozin erkennen. Andere Muskeln des Körpers reagieren nicht auf Oxytozin, weil ihnen entsprechende Rezeptormoleküle fehlen.

Zur Funktionsweise der chemischen Synapse ist es nur noch ein weiterer Schritt. Wenn sich die Transmittermoleküle an den Rezeptormolekülen des Zielneurons festsetzen, lösen sie eine Aktivität der Rezeptormoleküle aus. Einige Rezeptormoleküle stehen mit Ionenkanälen in Verbindung. Eine Kategorie von Rezeptormolekülen öffnet die Pforten der Natriumkanäle und wirkt exzitatorisch auf die Zielzelle, gelegentlich so stark, daß in ihrem Axon ein Nervenimpuls entsteht. Eine andere Rezeptorenkategorie steht mit einem anderen Ionenkanal in Verbindung, sagen wir mit einem Chloridkanal. Wenn diese Rezeptoren durch die entsprechenden Transmittermoleküle aktiviert werden, öffnen sie die Pforten der Chloridkanäle. Das mindert das exzitatorische Niveau der Zelle – mit anderen Worten: Es wirkt inhibitorisch, es hemmt die Aktivität der Zelle. Chloridionen sind negativ geladen, und wenn sie durch ihre Kanäle in die Zelle einströmen, dann laden sie, wie im dritten Kapitel beschrieben, die Innenseite der Zellmembran noch negativer auf, als sie es normalerweise ist.

Wieder andere Rezeptormoleküle sorgen auf indirektere Weise, durch sogenannte «sekundäre Messenger» (oder Botensysteme), für eine Aktivitätsänderung der Zelle. (Die «primären Messenger» sind die in der Synapse ausgeschütteten Neurotransmitter.) Wenn diese Rezeptoren durch ihre primären Messenger aktiviert werden, lösen sie die sekundären Messenger aus, die im Zellinneren wirken und die Zelle etwa dazu veranlassen können, mehr Stoffe einer bestimmten chemischen Zusammensetzung, mehr Hormone oder auch mehr Rezeptormoleküle herzustellen. Das sekundäre Messenger-System kann direkt auf das genetische Material des Neurons, seine DNS, einwirken und langfristige oder gar bleibende Veränderungen bewirken.

Rezeptormoleküle können eine Vielzahl von Wirkungen auf ihre Zellen ausüben. Doch kommt es nur zu diesen Wirkungen, wenn sich ihre besonderen primären Messenger-Moleküle mit ihnen verbinden oder wenn sich Moleküle von Substanzen anlagern, die die Form des Neurotransmitters nachahmen. Nach dem Motto «Wem der Schuh paßt, soll ihn sich anziehen» beginnt der Rezeptor zu arbeiten, sobald sich ihm ein Molekül anlagert, das paßt. Das ist der Grund dafür, daß sich schon winzige Mengen mancher Mittel so nachhaltig auf Gehirn und Bewußtsein auswirken – sie sind wie die normalen Neurotransmitter geformt und machen die Rezeptoren glauben, sie hätten es mit dem normalen Botenstoff zu tun.

In einer der außergewöhnlichsten Geschichten in Zusammenhang mit Molekülform und chemischem Gehirn spielt eine Droge die Hauptrolle, die dem Menschen schon sehr lange bekannt ist: das Opium. Dieser Mohnextrakt wird seit Jahrtausenden zur Schmerzlinderung und lustvollen Bewußtseinsveränderung verwendet. Schmerz und Lust gehören zu den wirksamsten Triebkräften menschlichen Verhaltens. Sie sind biologische Imperative, die alle anderen Einflußfaktoren ausschalten können. Kein Wunder, daß eine Droge, die sowohl Schmerz lindern als auch Lust hervorrufen kann, eine wichtige Rolle in der Geschichte gespielt hat, von der Antike über die Opiumkriege in China bis hin zu den Heroinsüchtigen unserer Zeit.

Wichtigster Wirkstoff im Opium ist das Morphin, das in gereinigter Form seit Anfang des 19. Jahrhunderts gewonnen und später im Labor künstlich hergestellt wurde. Morphin ist ein ziemlich einfaches Molekül aus wenigen Atomen und von charakteristischer Form. Manche ohne Rezept erhältliche, Ende des 19. Jahrhunderts gebräuchliche Heilmittel enthielten extrem hohe Dosen Morphin, und die Quote der durch die Einnahme solcher Mittel süchtig gewordenen Patienten war vor Verabschiedung der Betäubungsmittelgesetze extrem hoch.

Die Beschäftigung mit der Wirkung des Morphins auf das Gehirn führte dazu, daß eine neue Art von Botenstoffen im Gehirn entdeckt wurde, die sowohl als Neurotransmitter wie auch als Hormone wirken – die Endorphine. Von allen Drogen, die auf das Gehirn einwirken, wurde wohl das Morphin am eingehendsten untersucht. Zum Teil liegt das daran, daß man ähnliche Moleküle im Labor herstellen kann, die sehr spezifisch als Antagonisten des Morphins wirken. Naloxon ist das aktivste von ihnen – schon in sehr niedrigen Dosen kehrt es die Wirkung des Morphins rasch und vollständig um. Ein Heroinsüchtiger, der an Atmungsversagen infolge einer Überdosis seines Rauschgifts zu sterben droht, erholt sich nach einer Naloxoninjektion in Minutenschnelle. Er zeigt dann auch sofort schwere Entzugserscheinungen. Die Polizei hat sich diesen Aspekt der Naloxonwirkung zunutze gemacht. Ein Süchtiger kann unter dem Einfluß seiner üblichen Heroindosis einen ganz normalen Eindruck machen, doch schon Minuten nach einer Naloxoninjektion wird er unter schwerem Entzug stehen.

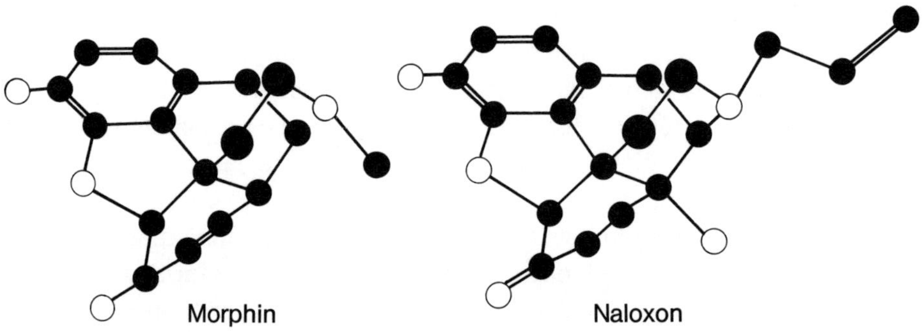

Molekülmodelle, die die große Ähnlichkeit zwischen Morphin und Naloxon zeigen

Morphinverwandte Mittel und ihre Antagonisten sind chemisch und strukturell sehr ähnlich. Die heftige Wirkung schon sehr niedriger Dosen auf das Gehirn veranlaßte den Pharmakologen Avram Goldstein von der Stanford University vor einigen Jahren zu der Vermutung, es müsse an den Neuronen des Gehirns ein Rezeptorsystem für Opiate geben. Das stärkste Argument für diese Theorie lieferte das Naloxon. In seiner chemischen Struktur hat es große Ähnlichkeit mit dem Morphinmolekül. Doch wenn man es einer normalen Versuchsperson injiziert, die nicht morphinsüchtig ist, hat es keine erkennbaren Effekte. Seine Anwendung ist so sicher, daß sie in der Notaufnahme vieler Krankenhäuser längst zur Routine geworden ist. Wenn jemand bewußtlos ohne erkennbare Verletzungen eingeliefert wird, bekommt er sofort eine Naloxoninjektion. Ist der Patient bewußtlos, weil er eine Überdosis Heroin bekommen hat, wird er sich im Handumdrehen erholen. Ist er aus anderen Gründen bewußtlos, wird ihm die Injektion nicht schaden.

Die Opiatrezeptoren – die Rezeptormoleküle im Gehirn, die zu den Morphinmolekülen «passen» – wurden 1974 von Solomon Snyder und Candace Pert von der Johns Hopkins University entdeckt. Die Forscher steigerten die Aktivität von Naloxon mit Hilfe einiger spezieller Verfahren, machten es radioaktiv, so daß es sich später mit einem Strahlenmeßgerät nachweisen ließ, und zeigten so, daß es sich sehr selektiv an Rezeptoren von Neuronen in verschiedenen Hirnregionen bindet.

Warum um alles in der Welt soll es im Gehirn einen Rezeptor geben, auf den ein Extrakt der Mohnpflanze einwirkt? Dieses Rezeptorsystem ist übrigens in den Gehirnen aller Wirbeltiere vorhanden, nicht nur im menschlichen Gehirn. Es ist ein sehr altes System, das sich offensichtlich schon mit den ersten Wirbeltieren in den Urmeeren entwickelt hat, lange bevor es den Mohn gab. Die naheliegende Antwort schien zu lauten, daß das Gehirn und der Körper ihre eigenen Opiate herstellen und daß auf die entsprechenden Rezeptoren die normalen Gehirnopiate einwirken.

Es gibt indessen keine natürlichen biologischen Substanzen im Körper, die eine chemische Ähnlichkeit mit den Morphinverbindungen aufweisen. Im Gehirn müssen also andere chemische Stoffe sein, die in einer *architektonischen* Verwandtschaft zu ihnen stehen – ein Teil des Moleküls einer natürlich vorkommenden Substanz muß die gleiche Form besitzen wie die Opiate, eine Molekularform, die in den Rezeptor paßt.

Die Suche begann. Verschiedene wissenschaftliche Arbeitsgruppen waren intensiv damit beschäftigt, diese natürlichen Opiate zu finden. John Hughes und Hans Kosterlitz von der University of Aberdeen in Schottland hatten als erste Erfolg. 1975 isolierten sie aus Schweinehirnen eine Substanz, die genauso wirkt wie das Morphin. Ihr Verfahren war kompliziert, und sie brauchten mehr als zweitausend Schweinehirne aus den schottischen Schlachthäusern, um eine kleine Menge der Substanz zu gewinnen. Sie nannten sie Enkephalin, was soviel bedeutet wie «im Kopf». Tatsächlich gibt es zwei Enkephaline, die chemisch eng verwandt und ziemlich einfache Substanzen sind.

Auf den ersten Blick scheinen diese «Gehirnmorphine» keine Ähnlichkeit mit dem Morphinmolekül zu haben. Die Enkephaline sind Peptide – kleine Ketten von Aminosäuren. Jede besteht aus einem Strang von fünf Aminosäuren. Die natürlichen Proteinsubstanzen in Fleisch und anderen Nahrungsmitteln entsprechen den Peptiden, sie sind nur hundertmal größer – lange Ketten aus Aminosäuren. Ein Peptid ist ein kleines Glied einer solchen Kette. Die Enkephaline sind also kleine Peptidmoleküle. Das Morphinmolekül dagegen ist keineswegs ein Peptid, sondern hat eine ganz andere chemische Zusammensetzung.

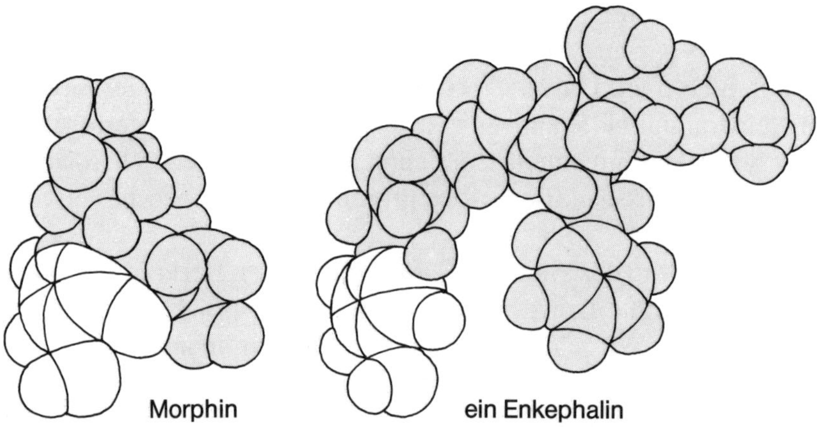

Ein räumliches Modell, das die Ähnlichkeit zwischen Teilen zweier verschiedener Moleküle zeigt

Die Antwort gibt die chemische Struktur. In seiner dreidimensionalen Form weist ein Ende des Morphinmoleküls eine verblüffende Ähnlichkeit mit einem Ende des Enkephalinmoleküls auf. Die «Opiatrezeptoren» im Gehirn sind natürlich keineswegs für Opiate bestimmt. Es sind Enkephalinrezeptoren, auf die die natürlich vorkommenden Gehirnopioide einwirken. Es ist reiner Zufall, daß Morphin und die eng verwandten synthetischen Drogen eine Form aufweisen, die in den Opiatrezeptor paßt.

Das Naloxon, das Mittel, das dem Morphin entgegenwirkt, also ein Antagonist des Morphins ist, paßt in den Opiatrezeptor des Gehirns noch besser als das Morphin. Deshalb unterbindet es die Wirkung des Morphins auch so gründlich. Es stößt das Morphinmolekül buchstäblich vom Rezeptor, um sich selbst an ihn zu binden. Seine besondere Form sorgt jedoch dafür, daß trotz der Bindung an den Rezeptor dieser nicht aktiviert wird. Das Naloxon setzt sich einfach an dem Rezeptor fest und hindert Morphin und andere Opiate daran, auf den Rezeptor einzuwirken.

Das Morphin dagegen aktiviert die Opiatrezeptoren genauso, wie es die natürlichen Gehirnopioide tun, um Schmerz zu blockieren und Lust auszulösen. Seit Hughes und Kosterlitz 1975 erstmals die Enkephaline entdeckten, sind zahlreiche andere natürlich vorkommende Gehirnopioide identifiziert worden. Alle diese Endorphine (*endo*genen Mo*rphine*) sind Peptidverbindungen, wobei einige von ihnen erheblich wirksamer sind als Morphin. Die Wirkung der Gehirnopioide scheint mit der Wirkung des Morphins identisch zu sein – sie lindern den Schmerz und rufen Lustgefühle hervor. Man könnte meinen, diese Substanzen müßten ideale Schmerzmittel sein. Schließlich sind es doch Stoffe, die in unserem Körper natürlich vorkommen. Leider machen diese Gehirnopioide genauso süchtig wie Morphin und Heroin. Es scheint, daß alle Substanzen, die die Opiatrezeptoren zur Schmerzlinderung und Lusterregung veranlassen, süchtig machen.

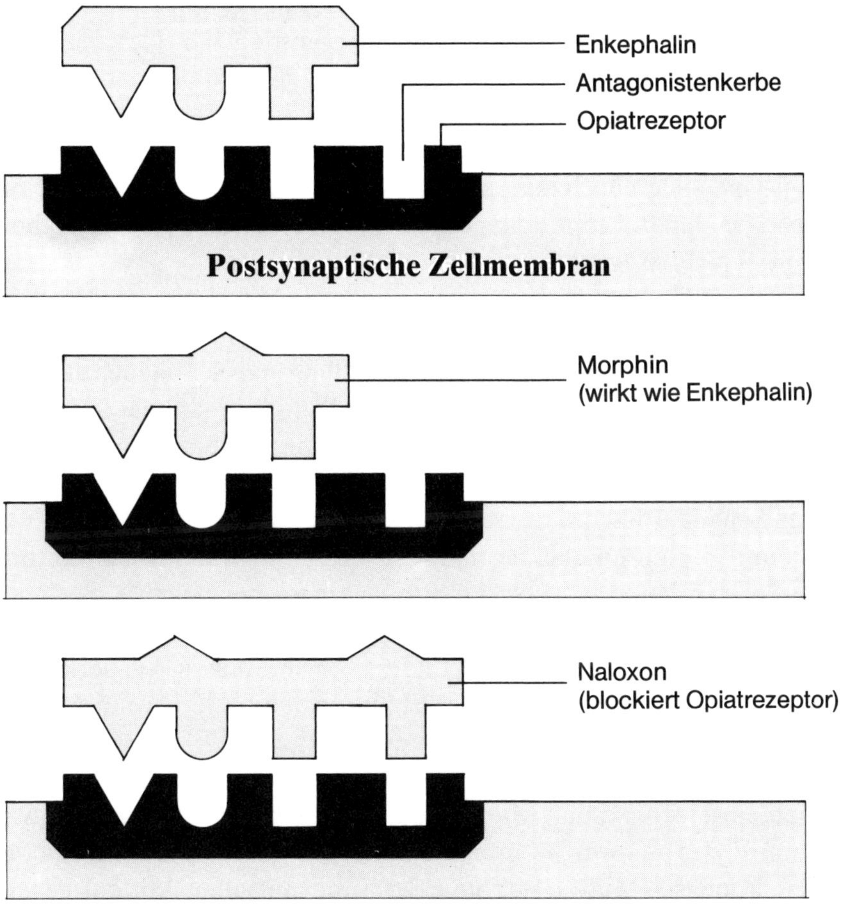

Schematische Darstellung der Beziehung zwischen drei verschiedenen Molekülen und einem Opiatrezeptor

Warum haben wir und andere Wirbeltiere opioide Substanzen im Gehirn? Aus Untersuchungen an Tieren weiß man, daß solche Stoffe bei Stress ins Blut ausgeschüttet werden, meist von der wichtigsten endokrinen Drüse an der Hirnbasis, der Hypophyse. Sie sollen dem Schmerz und den Leiden entgegenwirken, die durch den Stress hervorgerufen werden. In Notsituationen bemerken wir kleinere Wunden noch nicht einmal, die uns unter normalen Umständen erhebliche Schmerzen bereiten würden.

Nicht nur in bezug auf das Morphin wirkt Naloxon als Antagonist, sondern auch gegenüber den natürlich vorkommenden Gehirnopioiden. Eine Naloxoninjektion führt zu einem deutlichen Schmerzanstieg bei Tier und Mensch. Wenn normale Leute in stressfreien Situationen Naloxon erhalten, so spüren sie keine Wirkung. Und doch sind Experimente, in denen Menschen sich täglich zu einer Naloxoninjektion einstellen müssen, schwer durchzuführen, weil die Versuchspersonen nach der ersten Dosis ausbleiben. Sie berichten von keinerlei unangenehmen Empfindungen, aber ihr Verhalten weist darauf hin, daß sie das Mittel nicht mögen.

Avram Goldstein hat Naloxon dazu verwendet, die luststeigernde Wirkung von Gehirnopioiden zu untersuchen. Ungefähr die Hälfte der normalen Erwachsenen berichtet, daß ihnen bei ihrer Lieblingsmusik Schauer den Rücken hinunterlaufen. In einem Experiment mit Medizinstudenten der Stanford University injizierte Goldstein einer Gruppe Naloxon und einer anderen Gruppe ein Placebo. Das Naloxon verursachte einen erheblichen Rückgang dieses angenehmen Schauderns.

Man könnte vermuten, daß bestimmte Freizeitaktivitäten wie Marathonlauf und Fallschirmspringen, die starken Stress verursachen, süchtig machen, weil sie die Freisetzung von Gehirnopioiden veranlassen. Ein bekanntes Beispiel ist das Hochgefühl, das die meisten ernsthaften Jogger erleben. Sie berichten, daß sie ein starkes Gefühl der Freude oder Euphorie empfinden, wenn sie regelmäßig über längere Distanzen laufen. Interessanterweise gibt es auch bei der Geburt einen extremen Anstieg des Endorphinspiegels im Blut der Mutter, wenn die Wehen einsetzen, so daß Mutter und Kind während der Geburt etwa den zehnfachen Endorphinwert in ihrem Blut haben – ein schönes Beispiel dafür, wie der Körper der Mutter sich und das Kind mit allen Mitteln gegen den Schmerz und den Stress zu schützen sucht, die sie beide erleben.

Die opiatartigen Substanzen, die Körper und Gehirn ausschütten, gehören zur normalen Funktion des Gehirns, wie viele andere chemische Botenstoffe auch. Wenn diese chemischen Messenger-Systeme gestört werden, kann das tiefgreifende Auswirkungen auf Gehirn und Bewußtsein haben. Ein augenfälliges Beispiel ist die Schizophrenie – die schlimmste Geisteskrankheit. Viele Mediziner meinen heute, daß bei der Schizophrenie eines der synaptischen Transmittersysteme im Gehirn, das Dopamin, entscheidend gestört ist. Die Fallgeschichte von «Judy» ist typisch für den Ausbruch der Schizophrenie:

«Judy, eine dreiundzwanzigjährige College-Absolventin, wurde von ihren Eltern ins Krankenhaus gebracht, weil sie Anzeichen für eine schwere Geisteskrankheit erkennen ließ. Ungefähr ein halbes Jahr zuvor hatte sie ihre erste Stellung als Korrektorin gekündigt, hatte sich in sich selbst zurückgezogen und die Verbindung zu anderen Menschen abgebrochen. Das war um so erstaunlicher, als sich Judy zuvor nie ungewöhnlich schüchtern oder ängstlich gezeigt hatte.

Als Judy ihre Stellung aufgab, wußte sie, daß etwas mit ihr geschehen war, aber sie wußte nicht genau, was es war. Sie grübelte über den Sinn des Daseins und über religiöse Fragen nach. Sie vernachlässigte ihr Äußeres. Sie pflegte ihr Haar nicht mehr, schminkte sich nicht mehr und hielt ihre Kleidung nicht mehr sauber. Ein paar Wochen, bevor man sie ins Krankenhaus brachte, gelangte sie zu der Überzeugung, daß es ihre Aufgabe sei, die Welt vor einer entsetzlichen Zerstörung zu bewahren. Nach Judys Aussage wußten die anderen nichts von der fürchterlichen Gefahr und hielten es nicht für nötig, etwas zu tun. Judy sagte, sie wisse es, weil ihr die entsprechenden Informationen von einer übernatürlichen Macht direkt eingegeben würden.

Sie erinnerte sich noch genau an den Augenblick, als ihr klar wurde, daß sie ihrer Berufung nachzukommen hatte. Sie war früh am Morgen erwacht, hatte am Fenster gestanden und ins Dämmerlicht hinausgesehen. Ein ungewöhnlich heller Planet strahlte noch am östlichen Horizont. Während sie ihn betrachtete, brach der obere Rand der Sonne über den Horizont, und sie sah, wie sich ein Strahl orangefarbenen Lichtes von der Sonne zum Planeten erstreckte. Der Planet verschwand, und die Turmuhr schlug sechs Uhr. Da wurde ihr klar, daß sie erwählt war.

Ihre Feinde wußten von ihrer Mission, weil sie in ihren Gedanken lesen konnten. Sie versuchte, an Belangloses zu denken, um ihre Spionageabsichten zu durchkreuzen. Sie hatten ihr ein Knäuel Schlangen in den Bauch gelegt. Häufig hörte sie, wie sie über sie sprachen, auf sie fluchten und sich verschworen, um ihre geheimen Pläne zunichte zu machen. Manchmal antwortete Judy ihren Feinden. Viele Male am Tag erhielt sie neue Beweise für ihre Rolle im großen kosmischen Kampf. Sie wußte, daß bestimmte Ereignisse, die andere für bedeutungslos hielten, in Wahrheit Zeichen waren. Beispielsweise hatte sich kurz vor ihrer Einlieferung ins Krankenhaus eine Fliege auf dem Fernsehapparat niedergelassen und damit begonnen, sich die Flügel zu putzen, während ein Bericht über die Satellitenfotos vom Jupiter lief. Da wußte Judy, daß nicht mehr viel Zeit blieb.»*

Unter Schizophrenie leidet etwa ein Prozent der Weltbevölkerung, und zwar unabhängig von ethnischer Herkunft, Kultur und Lebensumständen. Grundlegendes Merkmal schwerer Schizophrenie ist eine Störung des Denkens. Sie ist gewöhnlich begleitet von einer Reihe falscher Überzeugungen oder Wahnvorstellungen und auditiven Halluzinationen – vor allem Stimmen, die zum Patienten sprechen.

Die Schizophrenie hat auch genetische Ursachen und kommt in manchen Familien besonders häufig vor. Bei eineiigen Zwillingen, von denen einer schizophren ist, stehen die Chancen fünfzig zu fünfzig, daß auch der andere es wird. Wenn Sie schizophrene Geschwister haben, sind Ihre Aussichten eins zu acht, wenn Sie keine engen Verwandten mit Schizophrenie haben, beträgt die Wahrscheinlichkeit, daß Sie daran erkranken, eins zu hundert.

Es wäre schön, wenn wir hier mitteilen könnten, daß die Grundlagenforschung in den Neurowissenschaften zu einem vollständigen Verständnis der Schizophrenie geführt habe und daß sich daraus wirksame Behandlungsmethoden ergeben hätten, doch verhält es sich in Wirklichkeit ganz anders. Vielmehr wurde durch Zufall ein Mittel entdeckt, von dem sich später herausstellte, daß es sich für die Behandlung von Schizophrenie eignet. Daraus folgerte man, daß es sich bei der Schizophrenie um eine chemische Störung im Gehirn handelt. Wiederum liefert die chemische Architektur den Schlüssel zum Verständnis.

Ende des 19. Jahrhunderts wurden von der deutschen Farbenindustrie auf der Suche nach besseren Verfahren zur Färbung von Textilien einige neue Färbemittel entwickelt. Eine Gruppe dieser chemischen Mittel heißt Phenothiazine. Zuvor hatte sich erwiesen, daß einige Färbemittel bei der Behandlung von Malaria halfen. Augenscheinlich davon überzeugt, daß sich auch diese neuen Färbemittel in irgendeiner Weise für die Medizin nutzbar machen lassen müßten, probierten Ärzte sie an verschiedenen Krankheiten aus. Das war natürlich lange vor der Zeit, da es in irgendeinem Staat eine Gesundheitsbehörde gab. Ein französischer Chirurg bemerkte 1949, daß das Phenothiazin sehr beruhigend auf einige seiner Patienten wirkte. Bald darauf stellte man fest, daß eine

* Marvin E. Lickey/Barbara Gordon, «*Drugs for Mental Illness*», San Francisco: W. H. Freeman, 1983, S. 52f.

Verbindung dieses Färbemittels, das Chlorpromazin, eine positive Wirkung auf schizophrene Patienten hatte. 1954 wurde die Verabreichung dieser Substanz in den USA als Behandlungsmethode anerkannt. Das war der Beginn eines bemerkenswerten Rückgangs der Patientenzahlen in den psychiatrischen Anstalten der Vereinigten Staaten.

Vor Einführung des Chlorpromazins gab es praktisch keine wirksame Behandlung für Schizophrene. Die Zahl der Schizophrenen in den USA betrug mehr als zwei Millionen, von denen viele stationär behandelt werden mußten. Chlorpromazin vermag die Schizophrenie nicht zu heilen, doch es beseitigt die schwereren Symptome. Die Patienten werden ruhiger und vernünftiger, und viele sind in der Lage, ein normales Leben zu führen.

Der außerordentliche Erfolg des Chlorpromazins veranlaßte viele Wissenschaftler zu der Vermutung, daß man die Schizophrenie unter chemischen Aspekten verstehen könnte, wenn es gelänge, die chemische Wirkungsweise des Chlorpromazins zu verstehen. Diese Hoffnung wurde jedoch gedämpft, als andere Mittel entdeckt wurden, die sich bei den Symptomen der Schizophrenie gleichfalls als sehr wirksam erwiesen. Vor allem ein Mittel, das Haloperidol, ist noch wirksamer als das Chlorpromazin, und doch hat es eine ganz andere chemische Struktur. Rätsel dieser Art sind sehr häufig in der Neurowissenschaft. Verschiedene Mittel mit unterschiedlicher chemischer Struktur können die gleichen Auswirkungen auf Gehirn und Verhalten haben.

Wenn man vor einem solchen Rätsel steht, empfiehlt es sich, die Situation soweit wie möglich zu vereinfachen. Wir können natürlich die chemischen Prozesse im Gehirn des Schizophrenen nicht unmittelbar untersuchen. Aber wir können im Labor beobachten, wie sich solche Mittel auf bestimmte Neurotransmittersysteme des Gehirns auswirken. Die Gehirne aller Säugetiere weisen im wesentlichen die gleichen chemischen Neurotransmittersysteme auf. Viele der besser bekannten chemischen Systeme des Gehirns lassen sich an Tieren untersuchen. Man kann das entsprechende Gehirngewebe entfernen und seine chemischen Reaktionen im Reagenzglas untersuchen.

Man fand bald heraus, daß Mittel wie das Chlorpromazin und das Haloperidol im Gehirn von Ratten und anderen Versuchstieren dem Neurotransmitter Dopamin ins Gehege kommen. Man kann aus dem Gehirn eines Säugetiers eine Lösung von Rezeptoren des Dopamins oder anderer Neurotransmitter gewinnen. Dann kann man messen, wie gut verschiedene Mittel an die Dopaminrezeptoren binden, und diese Ergebnisse mit der Bindungsfähigkeit des Dopamins selbst vergleichen.

Chlorpromazin, Haloperidol und alle anderen antipsychotischen Mittel, die bei der Behandlung von Schizophrenie eingesetzt werden, binden an die Dopaminrezeptoren. Haloperidol haftet sogar noch besser als der eigentliche Neurotransmitter, das Dopamin. Die Wirksamkeit aller antipsychotischen Mittel für die Behandlung von Schizophrenie läßt sich ziemlich genau vorhersagen, indem man mißt, wie gut sie das Haloperidol an den Dopaminrezeptoren verdrängen können. Die Dopaminrezeptoren werden mit radioaktiv markiertem Haloperidol behandelt. Dann wird ein anderes antipsychotisches Mittel hinzugefügt und die Zahl der markierten Haloperidolmoleküle ermittelt, die von den Dopaminrezeptoren verdrängt oder fortgestoßen werden. Auf Grund dieser einfachen Messung läßt sich mit ziemlich großer Sicherheit die Wirksamkeit des betreffenden Mittels für die Behandlung der Schizophrenie vorhersagen.

Wenn Dopamin in Synapsen an Zielneuronen freigesetzt wird, die auf Dopamin ansprechen, setzt es sich an den Dopaminrezeptoren fest und aktiviert die Zielneuronen. Es verursacht viele Veränderungen in der Aktivität und Funktion dieser Neuronen, unter anderen auch der chemischen Reaktionen in der Zelle und der Zellmembran, ja sogar im genetischen Material, der DNS im Kern der Zelle, über das oben beschriebene sekundäre Messenger-System. Wenn sich die antipsychotischen Mittel an den Dopaminrezeptoren festsetzen, aktivieren sie die auf Dopamin ansprechenden Neuronen nicht. Sie wirken deshalb so nachhaltig, weil sie das Dopamin daran hindern, sich an den Rezeptoren festzusetzen, genauso wie das Naloxon die Opiatrezeptoren blockiert.

Eine altmodische Tür mit einem Schlüsselloch auf jeder Seite kann man abschließen und den Schlüssel von innen steckenlassen. Die Tür kann jetzt von außen nicht aufgeschlossen werden, weil der von innen steckende Schlüssel das Schloß blockiert. Genauso verhält es sich mit den antipsychotischen Mitteln. Sie setzen sich an den Dopaminrezeptoren fest und versperren dem Dopamin buchstäblich den Zugang zu den Rezeptoren.

Chlorpromazin und Haloperidol haben eine unterschiedliche chemische Struktur. Wenn Chemiker von der Struktur eines Moleküls sprechen, so meinen sie damit bestimmte chemische Eigenschaften – die Zahl der Kohlenstoffatome, der Stickstoffatome, das Vorkommen von Benzolringen oder Seitenketten und so fort. Auf dieser Ebene sind Chlorpromazin und Haloperidol in der Tat völlig verschieden. Dagegen ist die *Form* eines Teils des Chlorpromazins der Form eines Teils des Haloperidolmoleküls sehr ähnlich, einer Form, die auch einem Teil des Dopaminmoleküls ähnelt.

Dies ist die elementare Architektur des Gehirns. Das Rezeptormolekül ist das Schloß, das nur von dem Neurotransmitter mit der richtigen Form, dem Schlüsselmolekül, geöffnet werden kann. Nun können aber auch viele andere chemische Stoffe diese Schlüsselform an einem Teil des Moleküls aufweisen. Dies gilt für alle Präparate, die sich an chemischen Rezeptoren im Gehirn festsetzen. Das vollständige Molekül des Präparats kann sich vom normalen Transmittermolekül chemisch erheblich unterscheiden, doch in einem Teil gleicht es der Form dieses Moleküls. Dank dieser architektonischen Besonderheit kann das Molekül auf die chemischen Rezeptoren im Gehirn einwirken. Viele Mittel, die das Gehirn beeinflussen, sind Pflanzenextrakte und haben ganz andere chemische Strukturformeln als die normalen chemischen Substanzen des Gehirns. Doch zufällig weist ein Teil des Moleküls des Pflanzenpräparats eine architektonische Form auf, die der chemischen Gehirnsubstanz ähnlich genug ist, um die chemischen Rezeptoren im Gehirn irrezuführen.

LSD (Lysergsäurediäthylamid), eine Droge, die nachhaltige und bizarre psychoseartige Wirkungen hervorruft, ist außerordentlich ergiebig – schon ein paar Millionstel Gramm sind eine hinreichende Dosis. Auch hier ist die Wirksamkeit darauf zurückzuführen, daß die Form des Moleküls zu einem bestimmten Rezeptor im Gehirn paßt. Aus der Tatsache, daß LSD psychoseartige Symptome auslöst – Wahnvorstellungen und Halluzinationen –, könnte man schließen, daß es auf die Dopaminrezeptoren einwirkt, doch das ist nicht der Fall. Offensichtlich spricht es ein anderes Neurotransmittersystem im Gehirn an, das Serotoninsystem. Bislang ist über die Funktionen des Serotoninsystems wenig mehr bekannt, als daß es eine wichtige Rolle für die Regulierung der Körpertemperatur und des Schlaf-Wach-Rhythmus zu spielen scheint.

Der außerordentliche Umstand, daß alle bei der Behandlung der Schizophrenie erfolgreichen Mittel die Dopaminrezeptoren blockieren und in dem Maße wirksam sind, wie sie zu dieser Blockade fähig sind, schien darauf schließen zu lassen, daß die Schizophrenie durch einen Dopaminüberschuß verursacht wird. Dies war die ursprüngliche Dopamintheorie der Schizophrenie.

In mehreren Studien wurde der Dopaminspiegel im Gehirn verstorbener Schizophrenie-Patienten ermittelt. Die Ergebnisse waren negativ. Der Dopamingehalt schien normal zu sein. In neuesten Forschungsarbeiten finden sich indessen Hinweise darauf, daß Patienten mit Schizophrenie mehr Dopaminrezeptoren im Gehirn haben. Würde sich dieser Befund bestätigen, würden die chemischen Untersuchungen einen Sinn ergeben. Das schizophrene Gehirn wäre dann viel empfänglicher für Dopamin als das normale Gehirn. Nicht zuviel Dopamin wäre die Ursache, sondern die übermäßige Wirkung schon einer normalen Menge. Durch Blockierung der Dopaminrezeptoren mit antipsychotischen Mitteln lassen sich im System normale Ansprechbarkeit und Funktion herstellen.

Die zufällige Entdeckung, daß sich das Molekül eines bestimmten Färbemittels zur Behandlung von Schizophreniesymptomen eignet, hat zu großen Fortschritten in unserem Verständnis der Schizophrenie und ihrer Therapie geführt. Die Heilung mag noch lange auf sich warten lassen, doch Besserung ist schon heute in den meisten Fällen möglich.

Auch eine ganz andere Störung, die Parkinsonsche Krankheit, hat mit der Rolle des Neurotransmitters Dopamin im Gehirn zu tun. Sehen wir uns eine typische (fiktive) Fallgeschichte an:

James war ein sehr erfolgreicher Ingenieur. Als er Mitte Fünfzig war, bemerkte er, daß seine Hände ein bißchen zu zittern anfingen – er war bislang für seine ruhige Hand bekannt. Er stellte auch fest, daß es ihm größere Schwierigkeiten als sonst bereitete, eine Bewegung einzuleiten. Wenn es an der Tür läutete, war eine regelrechte Anstrengung erforderlich, um aus dem Sessel hochzukommen. Zuerst dachte er, er hätte sich irgendwelche Muskeln verletzt, doch allmählich verschlimmerte sich sein Zustand. Er ging langsamer, schleppenden Schrittes, und das Zittern in seiner Hand verstärkte sich. Doch seine geistigen Fähigkeiten blieben normal. James litt unter der Parkinsonschen Krankheit.

Die Parkinsonsche Krankheit ist eine fortschreitende motorische Störung. Gemessen an der Gesamtbevölkerung kommt sie in einem von tausend Fällen vor, doch ist sie bei älteren Menschen sehr viel häufiger. Die meisten von Ihnen werden jemanden im fortgeschrittenen Alter kennen, der unter dieser Krankheit leidet. Die Erkrankten haben einen langsamen, schlurfenden Gang und eine gebeugte Haltung und neigen zu ständig wiederkehrenden Bewegungen wie zum Beispiel dem «Pillendrehen» der Finger. Hauptsymptom ist die Schwierigkeit, willkürliche Bewegungen zu beginnen und beizubehalten. Viele Menschen, die unter dieser Krankheit leiden, können sich mit großem Erfolg gegen die nicht unbeträchtlichen Probleme, die sie schafft, zur Wehr zu setzen. Moderne Behandlungsmethoden können die Symptome erheblich lindern – eines der positiven Ergebnisse der Grundlagenforschung in den Neurowissenschaften.

Seit langem ist bekannt, daß die Parkinsonsche Krankheit von Anomalien in einem bestimmten Teil des Gehirns begleitet wird. Im unteren Teil des Gehirns gibt es eine Struktur, die Substantia nigra heißt, so genannt, weil die Nervenzellen ein dunkelgefärbtes Pigment enthalten. Viele Nervenzellen in der Substantia nigra schicken ihre Axone zu einer höher gelegenen Gehirnstruktur, die Nucleus caudatus (Schweifkern) heißt und im Vorderhirn unter der Großhirnrinde liegt. Man weiß seit einiger Zeit, daß der Nucleus caudatus etwas mit der Steuerung der Körperbewegung zu tun hat.

1955 entdeckte ein deutscher Anatom, daß sich in der Substantia nigra des Gehirns verstorbener Parkinson-Patienten erheblich weniger Neuronen befanden. Den nächsten Durchbruch brachte ein außerordentlich wirksames, in Schweden entwickeltes Verfahren, einige Neuronen im Gehirn sichtbar zu machen. Neuronen, die bestimmte Neurotransmitter enthalten, leuchten oder fluoreszieren, wenn sie mit einer chemischen Substanz namens Formaldehyd behandelt werden (dem Stoff, der in der Medizin zur Konservierung histologischer Präparate dient). Der Neurotransmitter Dopamin fluoresziert in einer bestimmten Farbe. Mit Hilfe dieses Verfahrens stellte man fest, daß die Nervenzellen in der Substantia nigra einen hohen Anteil an Dopamin aufweisen, dem gleichen Neurotransmitter, der an der Schizophrenie beteiligt ist. Bei verstorbenen Parkinson-Patienten waren die Dopaminneuronen der Substantia nigra sehr viel seltener und enthielten zudem weniger Dopamin. Es schien klar, daß die Parkinsonsche Krankheit auf diesen Verlust an dopaminhaltigen Neuronen in der Substantia nigra zurückzuführen war.

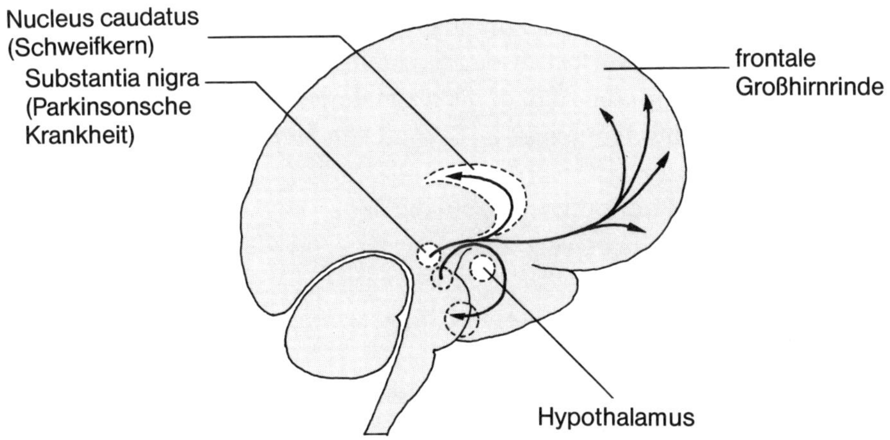

Vom Mittelhirn ausgehende Dopaminbahnen

Zur Behandlung gehört ein Mittel namens L-Dopa, das diese Neuronen in Dopamin umwandeln können. Die wenigen verbleibenden Dopaminneuronen in der Substantia nigra können dann mehr Dopamin liefern und deshalb die Funktionen der Patienten normalisieren.

Die Verabreichung von L-Dopa führt bei vielen Parkinson-Patienten zu erstaunlichen und raschen Besserungen: «Eine einzige intravenös verabreichte Dosis L-Dopa führte in kurzer Zeit zu einem völligen Verschwinden oder zu einem erheblichen Rückgang der Akinesie [Unfähigkeit, Bewegungen zu beginnen]. Bettlägerige Patienten, die sich nicht aufsetzen konnten, Patienten, die aus sitzender Position nicht aufstehen konnten, und Patienten, die, wenn sie standen, nicht gehen konnten, vermochten alle diese Bewegungen mühelos auszuführen, nachdem sie L-Dopa bekommen hatten. Sie gingen umher mit normal koordinierten Bewegungen und konnten sogar laufen und springen. Das tonlose Sprechen mit verschwommener Artikulation wurde wieder kräftig und klar wie bei normalen Personen. Für kurze Zeit waren die Patienten in der Lage, motorische Aktivitäten auszuführen, die in vergleichbarem Maße durch kein anderes bekanntes Präparat ermöglicht werden konnten. Diese L-Dopa-Wirkung erreichte ihren Höhepunkt nach zwei bis drei Stunden und dauerte mit abnehmender Intensität vierundzwanzig Stunden.»*

Ihnen ist vielleicht aufgefallen, daß einige Anzeichen hohen Alters bei normalen Menschen Ähnlichkeit mit einer schwachen Form der Parkinsonschen Krankheit haben. Sehr alte Menschen bewegen sich in der Regel langsamer und brauchen länger, um sich in Bewegung zu setzen. Viele neigen zu leichtem Zittern. Bisher gibt es noch keinen Anhaltspunkt für einen normalerweise eintretenden merklichen Zellverlust in der Substantia nigra bei älteren Personen. Doch wir können vermuten, daß es als normale Folge des Alterungsprozesses zu einem Rückgang des Dopamins im System von Substantia nigra und Nucleus caudatus kommt.

Alte Ratten zeigen Verhaltensweisen, die denen von alten Menschen in mancher Hinsicht ähneln. Sie bewegen sich langsam und setzen sich nicht so mühelos in Bewegung wie junge Ratten. Deshalb wird die gealterte Ratte vielfach als allgemeines Modell für hohes Alter bei Säugetieren, auch dem Menschen, verwendet.

Ein ziemlich augenfälliges Beispiel für die Fähigkeit, sich in Bewegung zu setzen und in Bewegung zu bleiben, ist der Schwimmtest. Eine Ratte wird in ein Glasgefäß gesetzt, das teilweise mit Wasser gefüllt und so geformt ist, daß das Tier nicht hinausklettern kann. Eine normale junge Ratte wird sich eine Zeitlang kräftig schwimmend über Wasser halten, bis der Versuchsleiter sie rettet. Eine ältere Ratte wird bewegungslos im Wasser liegenbleiben, untergehen und ertrinken, wenn man ihr nicht sofort zur Hilfe kommt. Verabreicht man älteren Ratten L-Dopa, so führt das auch bei ihnen zu kräftigen Schwimmbewegungen – sie verhalten sich wie junge Ratten. Es sei betont, daß L-Dopa bislang norma-

* Aus dem ersten klinischen Bericht über eine L-Dopa-Behandlung: O. Hornykiewicz, «The Mechanismus of Action of L-Dopa in Parkinson's disease», *Life Sciences* 15 (1974).

len älteren Menschen noch nicht verabreicht worden ist. Doch wecken diese Experimente an älteren Ratten die Hoffnung, daß es eines Tages möglich sein könnte, einige der mit hohem Alter einhergehenden Beeinträchtigungen bei Menschen zu beseitigen.

Wir haben gesehen, daß alle Medikamente, mit denen sich die Symptome der Schizophrenie wirksam behandeln lassen, die Dopaminrezeptoren im Gehirn blockieren. Daraus schlossen wir, die Schizophrenie sei unter Umständen auf zuviel Dopamin oder zu viele aktive Dopaminrezeptoren im Gehirn zurückzuführen – mit anderen Worten, genau das Gegenteil der Parkinsonschen Krankheit, wo zuwenig Dopamin vorhanden ist.

Beide Überlegungen sind in sich schlüssig, scheinen aber beim besten Willen nicht zusammenzupassen. Welchen Zusammenhang hätten denn die einfachen motorischen Bahnen, die bei der Parkinsonschen Krankheit eine Rolle spielen, mit den komplexen psychischen Symptomen der Schizophrenie? Die Antwort lautet: wahrscheinlich gar keinen. Es gibt zwei große Dopaminschaltkreise im Gehirn. Der eine ist die Substantia nigra-Nucleus caudatus-Bahn, die an der Parkinsonschen Krankheit beteiligt ist. Der andere ist ein sehr viel umfangreicheres und diffuseres System, beginnend mit dopaminhaltigen Zellkörpern im Hirnstamm, die ihre Axone bis in die höchsten Regionen des Gehirns entsenden – die Großhirnrinde und das limbische System –, Gehirnstrukturen also, die mit Denken und Bewußtsein befaßt sind, den höheren geistigen Funktionen. Dieses Dopaminsystem ist ebenfalls eine Ein-Neuronen-Bahn, doch die Dopamin enthaltenden Zellkörper liegen dicht gehäuft im Hirnstamm, nicht in der Substantia nigra, und schicken ihre weitgefächerten Axone bis zu Neuronen der höheren Hirnregionen.

Diese beiden Dopamin-Systeme scheinen in keinerlei funktionalem Zusammenhang zu stehen. Sie verwenden zwar den gleichen Neurotransmitter, das Dopamin, scheinen aber mit ganz verschiedenen Aufgaben betraut zu sein. In dem einen Fall geht es um motorische, im anderen um intellektuelle Funktionen. Daran wird ein allgemeines Merkmal der Neurotransmitter im Gehirn ersichtlich. Die chemischen Transmittermoleküle sind tatsächlich die Botenstoffe, sie sind aber nicht die Botschaft selbst. In der Bahn von der Substantia nigra zum Nucleus caudatus, die der Bewegungssteuerung dient, wird das Dopamin als Botenstoff verwendet, um die Information an den Synapsen des Nucleus caudatus zu übertragen. Das Dopamin übermittelt diese Informationen lediglich. Daß es sich um Informationen über Bewegungen handelt, liegt daran, daß der Nucleus caudatus mit den Gehirnbereichen verknüpft ist, die für die Bewegungssteuerung verantwortlich sind. Einzige Aufgabe des Dopamins ist es, an der Synapse als Neurotransmitter zu fungieren. Entsprechend ist das andere Dopaminsystem, das in die höheren Hirnregionen projiziert, an intellektuellen Funktionen beteiligt, weil diese Aufgabe den betreffenden Hirnregionen obliegt. Das Dopamin selbst enthält keine derartige Information.

Wie werden nun Bewegungen von Medikamenten wie Chlorpromazin und Haloperidol beeinflußt, mit denen man die Schizophrenie behandelt? Sie schränken die Wirkung des Dopamins im Gehirn ein. Folglich müßten sie auch Bewegungsstörungen bewirken, wie sie die Parkinsonsche Krankheit hervorruft. Anhaltspunkte dafür zeigten sich erst in jüngster Zeit. Bei langjährigen Psychiatrie-Patienten hat sich eine neue Krankheit gezeigt, die tardive Dyskinesie (TD), eine verzögert auftretende motorische Fehlfunktion. Sie beginnt mit kleinen, unwillkürlichen Bewegungen im Gesicht und kann sich bis zu einem Stadium pausenloser unkontrollierbarer Grimassen fortentwickeln. Selbst in ihren Anfangsstadien kann die Krankheit zusätzliche Probleme für den schizophrenen Patienten bedeuten. Die Schizophrenie allein ist ein sehr hartes Los. Wenn noch unkontrollierbare, seltsam anmutende Gesichtsbewegungen hinzukommen, wird das Leben für den Betroffenen noch schwerer. Es gibt unterschiedliche Schätzungen, fest steht jedoch, daß eine beträchtliche Zahl der Patienten, die jahrelang antipsychotische Mittel bekommen haben – vielleicht 25 bis 40 Prozent –, an TD erkrankt.

In den Anfangsstadien von TD lassen sich die Symptome beseitigen, indem die antipsychotischen Medikamente abgesetzt werden. Das bedeutet natürlich, daß sich mit großer Wahrscheinlichkeit die Symptome der Schizophrenie verschlimmern – was den Patienten und den Psychiater in eine Zwickmühle bringt.

TD ist einfach deshalb nicht früher bemerkt worden, weil es in der Regel erst nach jahrelanger Behandlung mit antipsychotischen Medikamenten auftritt. Wir haben es hier mit einem sehr augenfälligen Beispiel für eine iatrogene Krankheit zu tun – eine Krankheit, die durch medizinische Behandlung hervorgerufen worden ist. Die motorische Funktionsstörung ist ein langsam stärker werdender Nebeneffekt, der vermutlich auf eine langfristige oder bleibende Veränderung des für die Bewegungssteuerung zuständigen Dopaminsystems zurückgeht.

Wir haben unseren großen Rundgang durch das Gehirn mit einem Streifzug durch das baufällige Haus begonnen, das die Natur zu der bemerkenswertesten und komplexesten aller uns bekannten organischen Strukturen ausgebaut hat. Wir haben die wichtigsten Teile des Gehirns betrachtet, die uns ziemlich planlos zusammengesetzt erschienen, bis wir uns klar machten, wie sich das Gehirn in Millionen von Jahren ausbildete und weiterentwickelte.

Dann haben wir uns extrem klein gemacht und haben uns in einen der Haupträume des Hauses begeben, den visuellen Abschnitt der Großhirnrinde. Es stellte sich heraus, daß es sich nicht nur um ein Zimmer, sondern um eine ganze Flucht von Zimmern handelte, jedes offensichtlich auf einen anderen Aspekt der visuellen Wahrnehmung spezialisiert. Alle Zimmer bestanden aus den sechs Neuronenschichten, von denen die Großhirnrinde gebildet wird. Doch das war noch nicht alles: Jedes Zimmer war angefüllt mit Säulen aus Nervenzellen, welche für feiner abgestufte Eigenschaften des Sehens zuständig sind. Solche Säulen aus Nervenzellen scheinen die kleinsten Wahrnehmungseinheiten der Sehrinde, aber auch des Gehörsinns und des Körpergefühls zu sein. Diese Säulen könnten auch die letzten Erfahrungseinheiten in den immer noch geheimnisumwitterten Assoziationsfeldern der Großhirnrinde sein.

Als wir in der Größe noch weiter schrumpften, stießen wir auf die Grundbausteine des Gehirns, die Neuronen. Mit Hilfe der kleinen Ionenkanäle, die die Zellmembran durchqueren, geben die Nervenzellen eine Botschaft, den Nervenimpuls, über ihre Axone an andere Neuronen weiter. Wenn der Nervenimpuls die Synapse, die entscheidende Nahtstelle zwischen dem Axon und einem anderen Neuron, erreicht, wird die Botschaft von einem ganz anderen Träger übernommen. Noch weiter schrumpfend erkannten wir, daß diese chemische Botensubstanz aus Molekülen besteht. Sie werden von der Nervenendigung an der Synapse freigesetzt, setzen sich an den Rezeptormolekülen des Zielneurons fest und unterwerfen es einem exzitatorischen oder inhibitorischen Einfluß.

Einige der größten Geheimnisse des Gehirns – etwa die Antwort auf die Frage, wie wir Lust und Schmerz empfinden oder wie es zur Störung des Gehirns bei Geisteskrankheiten kommt – scheint in der Funktionsweise dieser chemischen Transmittermoleküle und ihrer Rezeptormoleküle beschlossen zu liegen.

Die chemischen Moleküle sind zwar die Botenstoffe, aber nicht die Botschaften. Das ungeheuer komplexe und bis ins kleinste durchorganisierte Schaltsystem des Gehirns ist im Endeffekt der Sitz unseres Geistes. In den nächsten Kapiteln werden wir einige der wichtigeren und vielfach erstaunlichen Dinge betrachten, die das Gehirn zu leisten vermag.

Ein junger Mann erkennt seine Mutter

oder

Kurzbesichtigung des visuellen Systems für den eiligen Leser

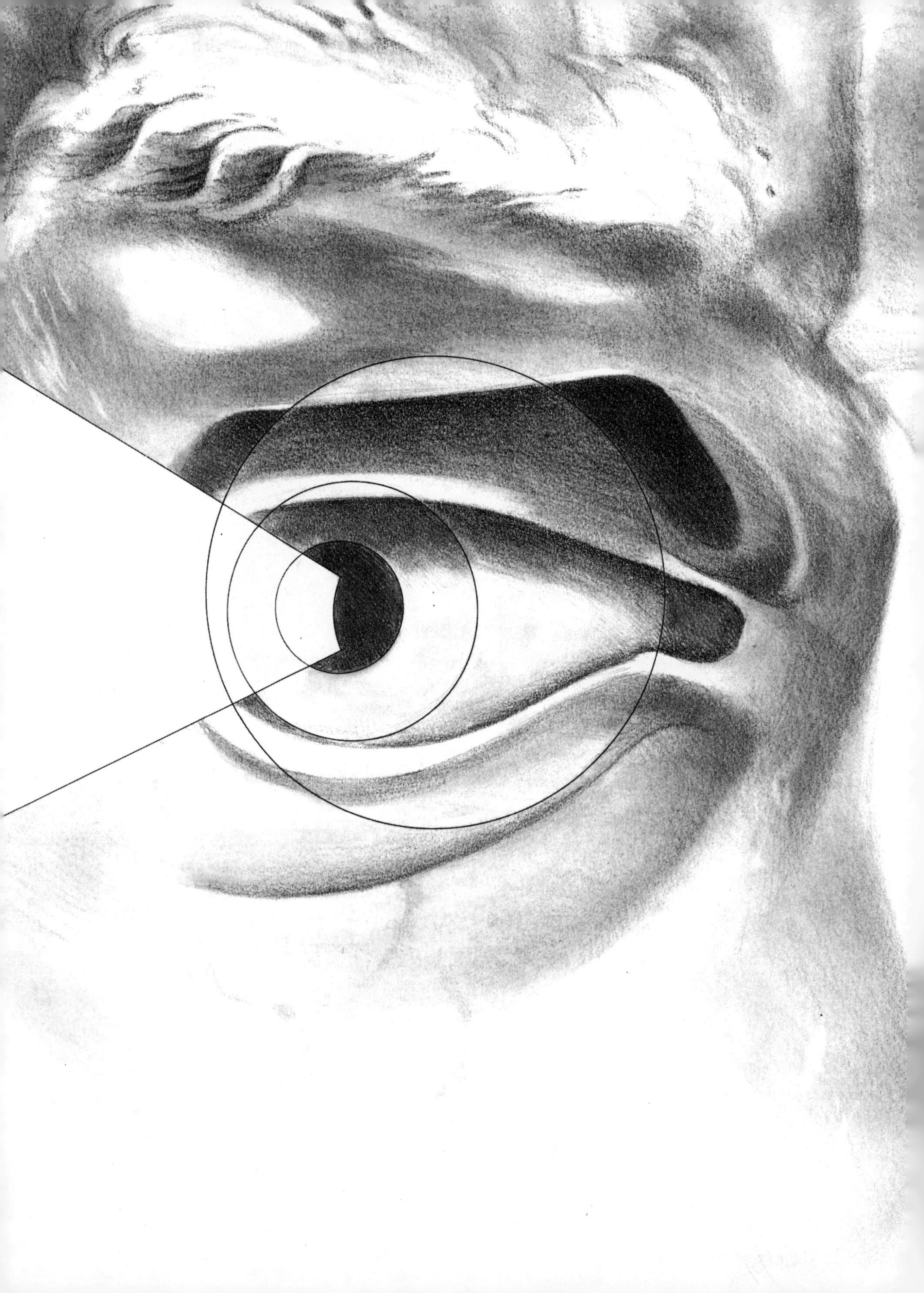

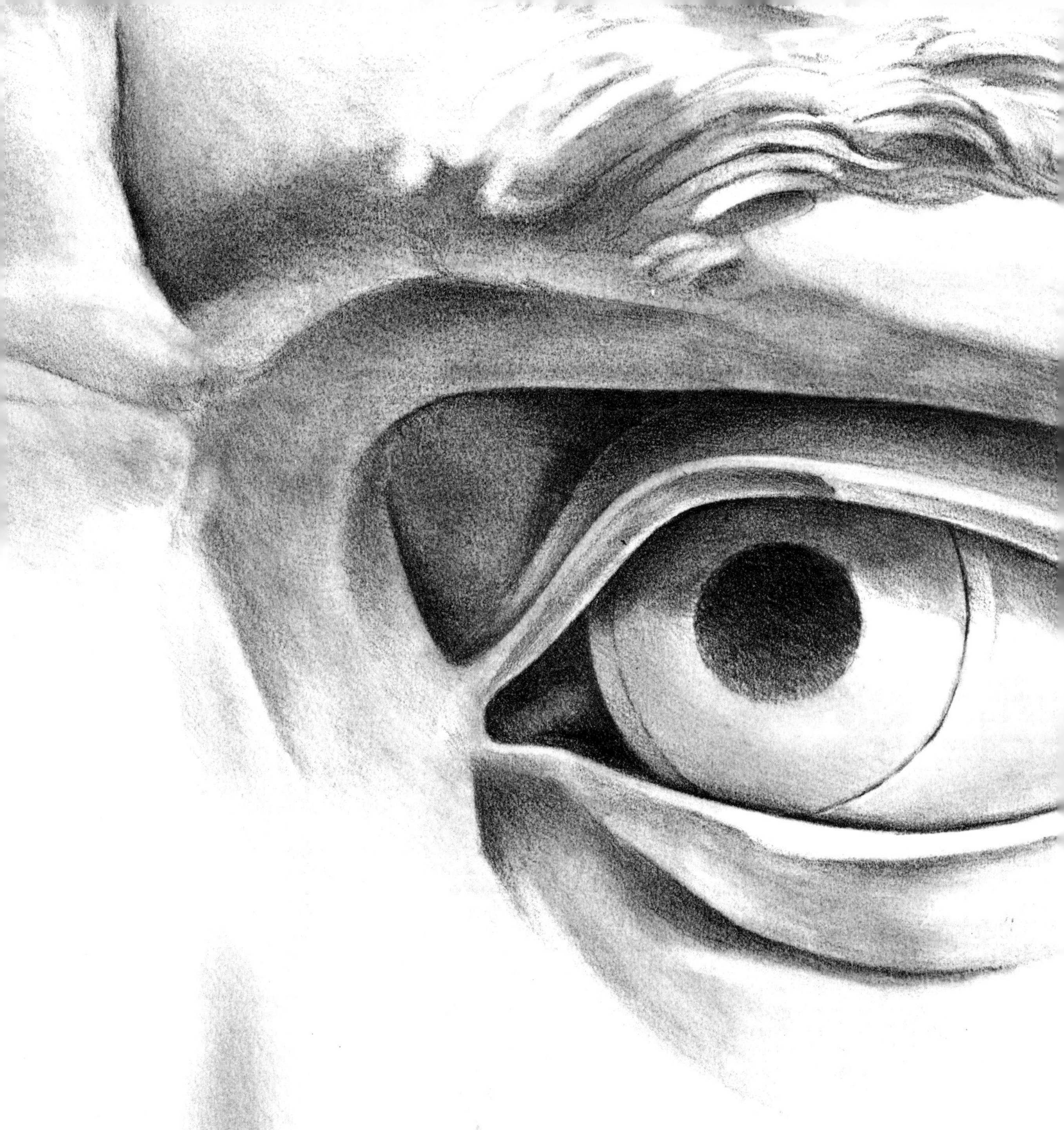

David steht auf einem hohen Marmorsockel. Jeden Tag zwichen neun und zwölf (neun und eins an Sonn- und Feiertagen) zieht ein Strom von Besuchern vorbei und bestaunt ihn. Manchmal kommt auch seine Mutter, um ihn bei der Arbeit zu sehen. Wenn sie sein Gesichtsfeld betritt, ereignen sich wunderbare Dinge im Inneren seines berühmten Kopfes. Ihr Bild dringt durch zwei Öffnungen, Pupillen genannt, in Davids Augen ein.

Unmittelbar hinter jeder Pupille befindet sich eine Linse, die das Bild bündelt und auf eine lichtempfindliche Schicht von Nervenzellen wirft. Diese Schicht heißt Netzhaut und bedeckt die Rückseite des Augapfels. Da das Bild durch die Linse umgekehrt wird, müssen Sie das Buch auf den Kopf drehen, wenn Sie weiterlesen wollen.

Einfallsrichtung des Lichtes

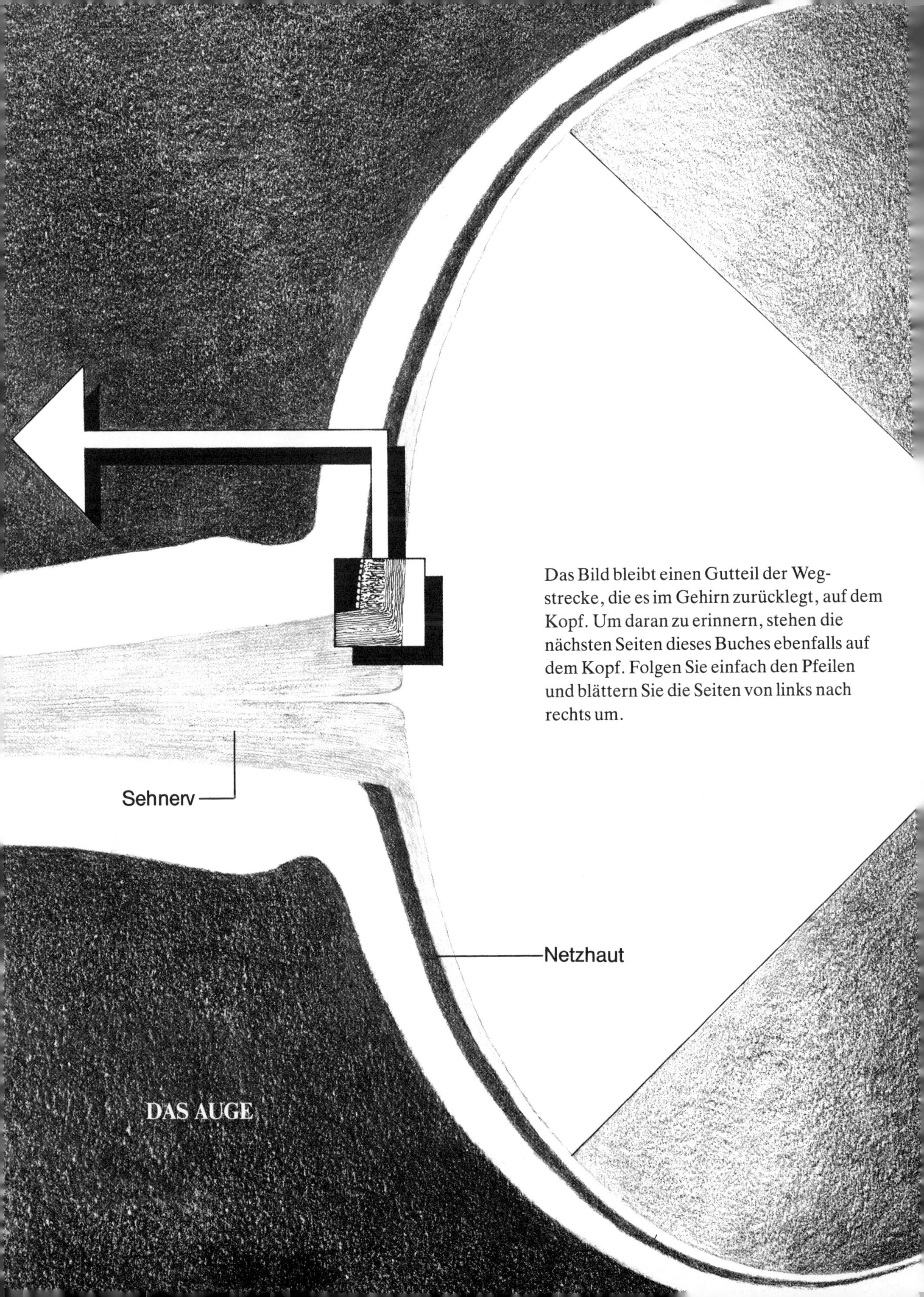

Das Bild bleibt einen Gutteil der Wegstrecke, die es im Gehirn zurücklegt, auf dem Kopf. Um daran zu erinnern, stehen die nächsten Seiten dieses Buches ebenfalls auf dem Kopf. Folgen Sie einfach den Pfeilen und blättern Sie die Seiten von links nach rechts um.

Bevor das Licht die Nervenzellen der Netzhaut erreicht, muß es zunächst zwischen den Nervenfasern hindurch, die später die kodierte Botschaft vom Auge zu den übrigen Hirnteilen befördern werden. Die primären Rezeptorzellen in der Netzhaut, die Stäbchen und Zapfen, enthalten die Sehpigmente. Die Nervenzellen in der Netzhaut, unter anderem bipolare Zellen, Horizontalzellen und Ganglienzellen, präzisieren die Botschaften der Stäbchen und Zapfen. Da diese nur auf die Lichtreize reagieren, die sie von bestimmten Punkten der Umwelt erreichen, übersetzt die Netzhaut das Bild von Davids Mutter schließlich in eine Serie von Punkten oder, genauer, von elektrischen Impulsen. In dieser Form wird die Information auf den nächsten Abschnitt der Reise geschickt. Wenn die Nervenfasern, die die kodierte Botschaft befördern, das Auge verlassen, verschlingen sie sich zu einem kompakten Bündel, dem Sehnerv, der in den Ganglienzellen der Netzhaut entspringt.

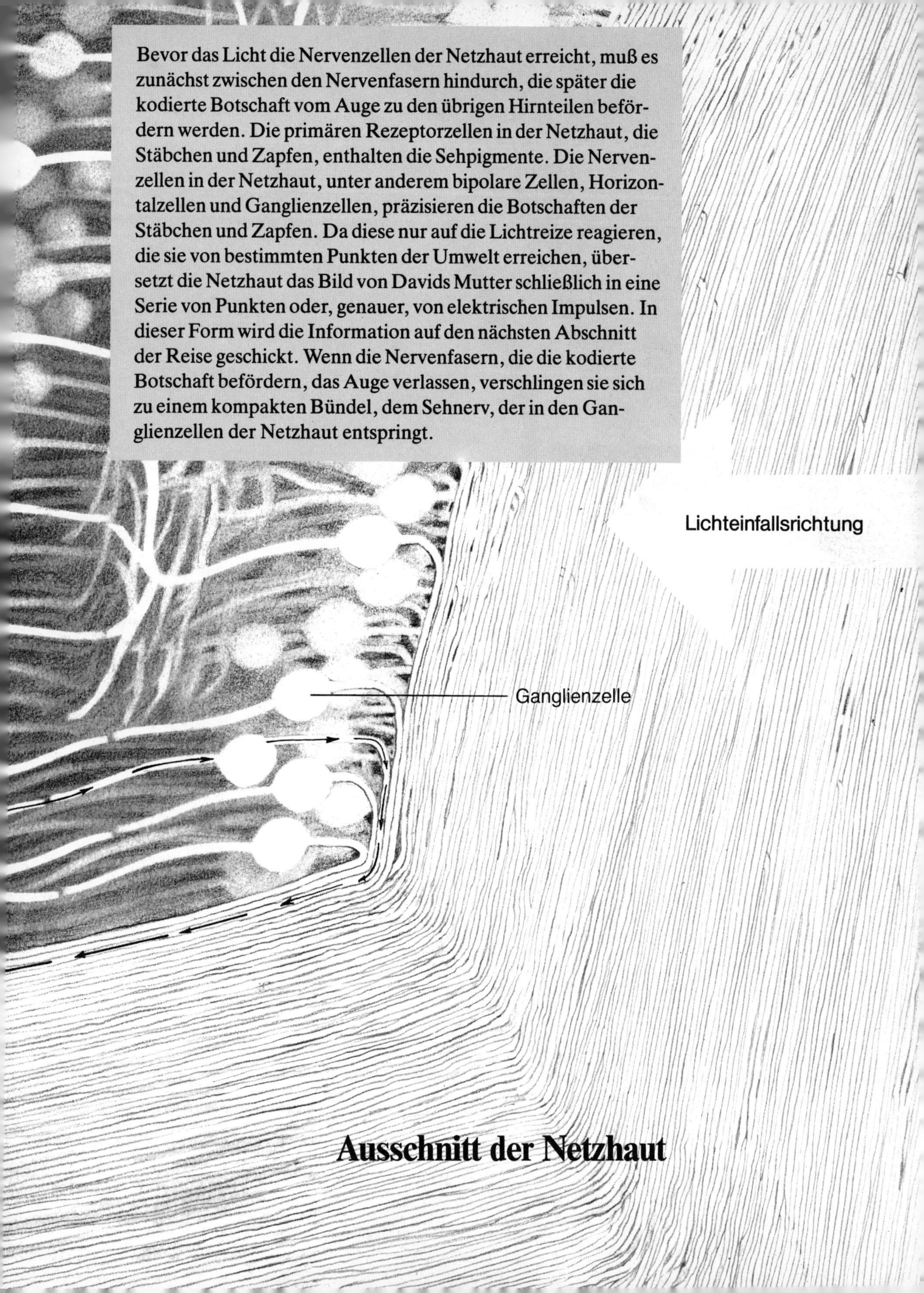

Ausschnitt der Netzhaut

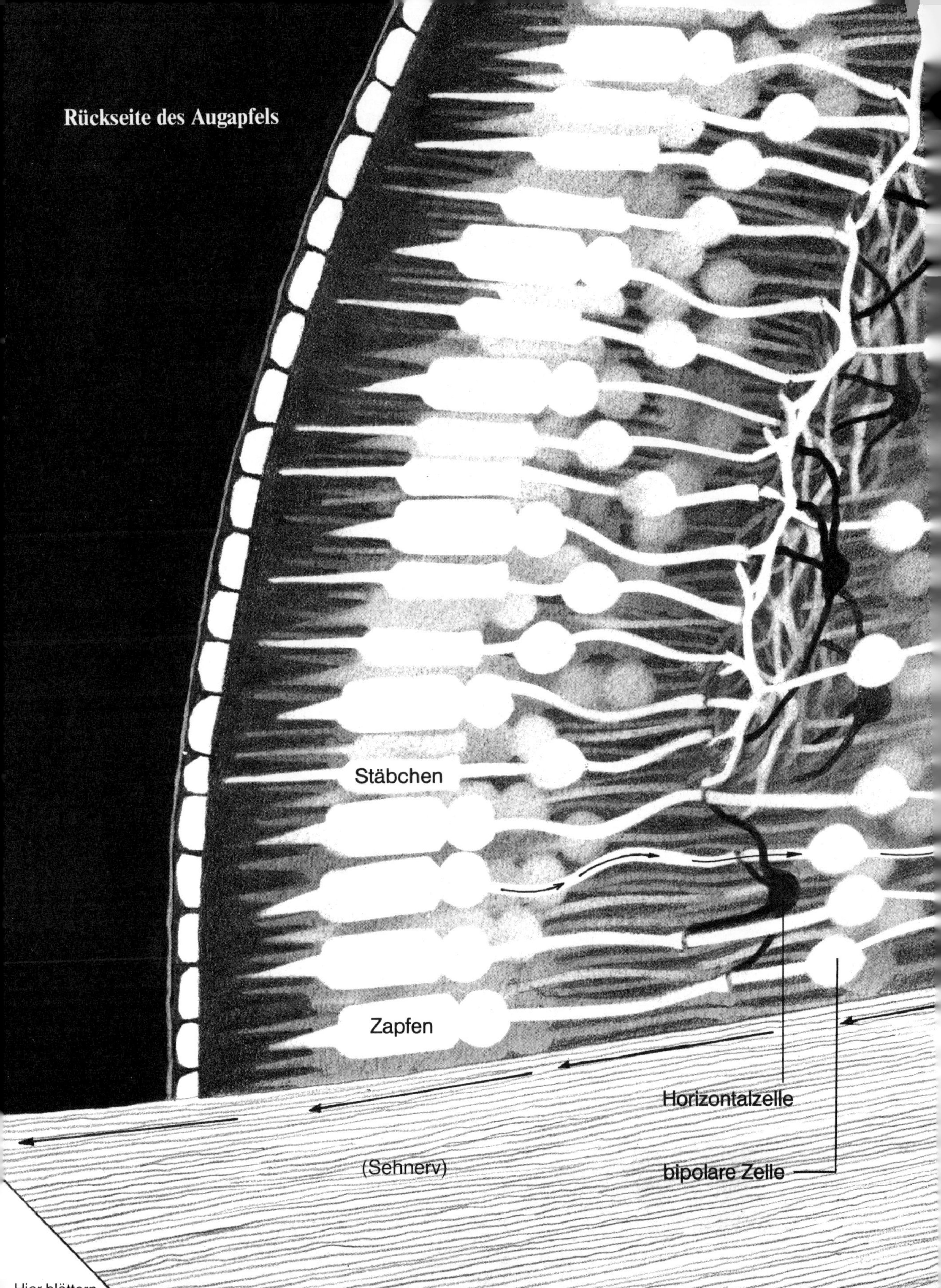
Rückseite des Augapfels
Stäbchen
Zapfen
Horizontalzelle
(Sehnerv)
bipolare Zelle
Hier blättern

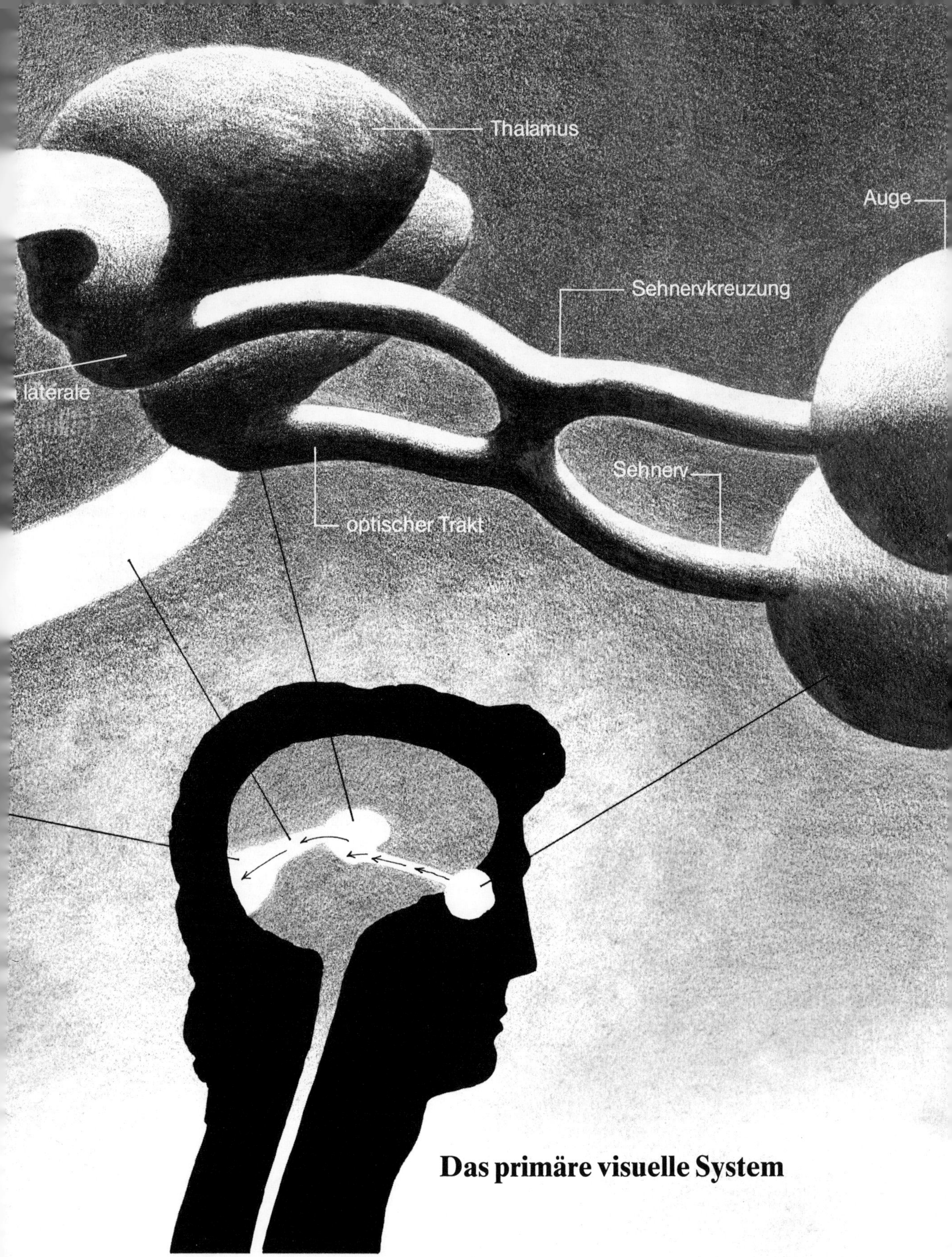

Das primäre visuelle System

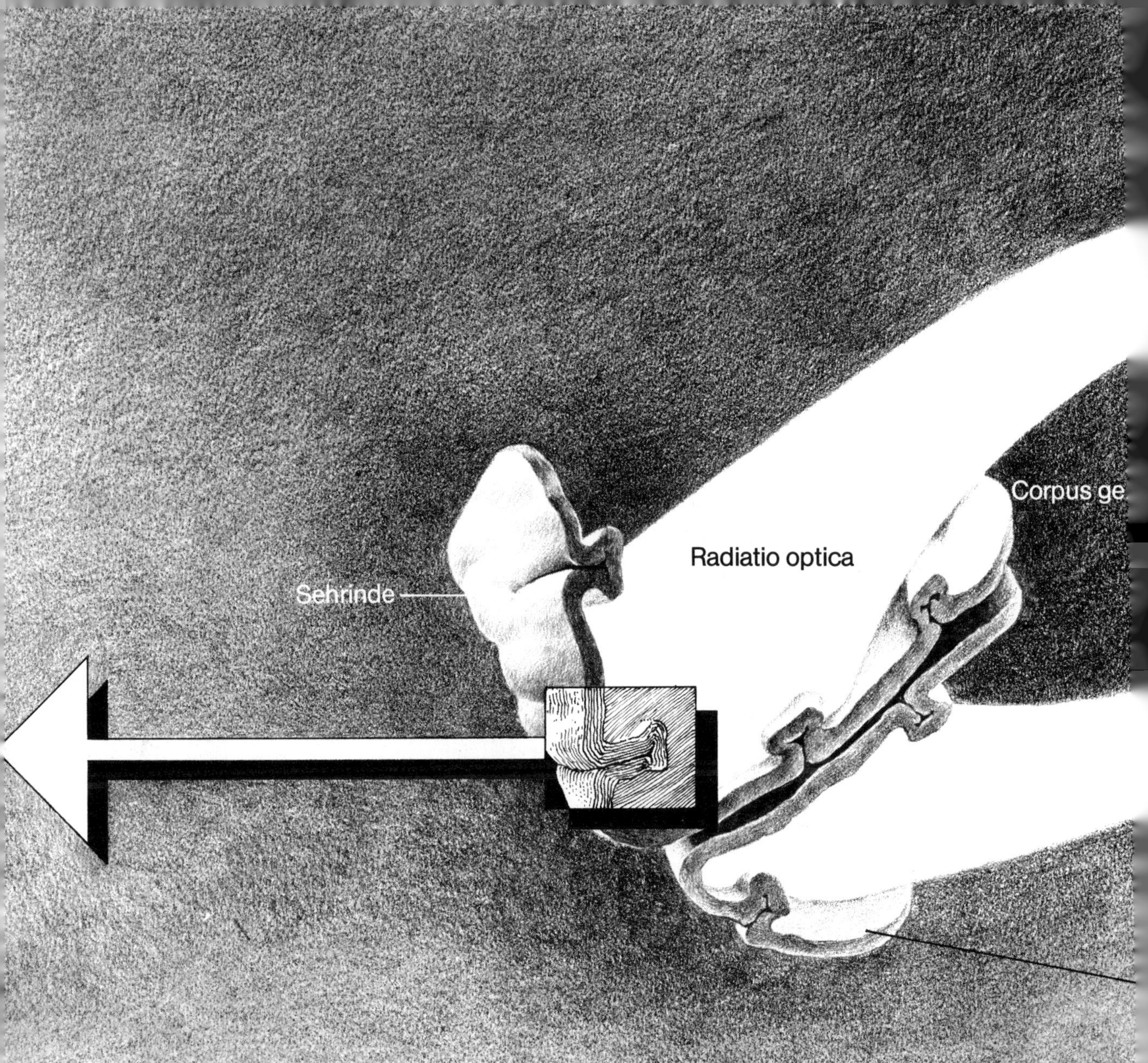

Je ein Sehnerv tritt durch die Rückwand beider Augäpfel aus. Die Sehnerven treffen sich kurz darauf in der Sehnervenkreuzung (Chiasma opticum). Hier wechselt etwa die Hälfte der von jedem Auge kommenden Nervenfasern zur anderen Seite des Gehirns über, während die andere Hälfte ihren Weg auf der Ursprungsseite fortsetzt. Die beiden neu zusammengesetzten Faserbündel, die aus der Sehnervenkreuzung hervorgehen, heißen Tractus optici (optische Trakte). Sie geben ihre Botschaft auf jeder Seite an ein Gebiet im Thalamus weiter, das Corpus geniculatum laterale (seitlicher Kniehöcker) heißt. Obwohl jeder elektrische Impuls in einer bestimmten Schicht des Corpus geniculatum laterale registriert wird, bleibt die Gesamtbotschaft im wesentlichen unverändert und setzt ihren Weg durch zwei breite Faserstränge fort, die Radiatio optica, bis sie schließlich am Hinterhauptlappen oder an der Sehrinde eintrifft, wo sie analysiert wird.

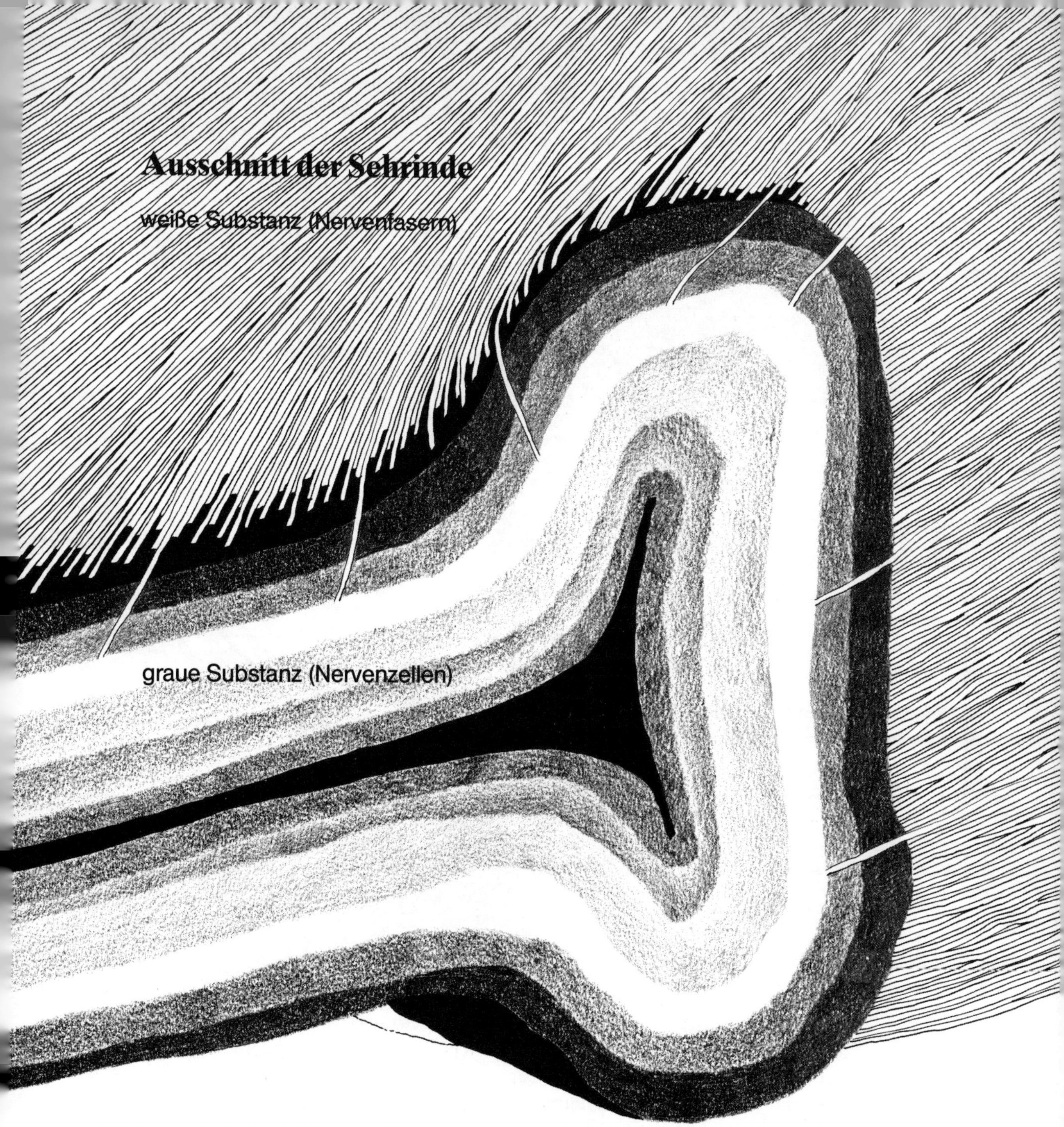

Ein Querschnitt durch die Sehrinde zeigt deren Aufbau aus sechs Schichten. Jede Schicht enthält Zellen von bestimmter Form und Komplexität, die darauf spezialisiert sind, auf bestimmte Informationen zu reagieren. Sie sind innerhalb jeder Schicht miteinander verknüpft, sind aber auch zu kleinen Säulen zusammengeschlossen, die von Schicht I bis Schicht VI reichen. Alle von den Augen weitergegebenen Informationen treffen zunächst in Schicht IV ein, von wo aus sie zu den anderen Schichten der Sehrinde gelangen.

Die schwarzen und weißen Streifen an der Cortexoberfläche sollen die Tendenz darstellen, daß die Augen alternierende Zellbereiche dominieren. Man nennt dieses Phänomen Augendominanz. Zellen, die vom rechten Auge dominiert werden, sind durch weiße Streifen wiedergegeben, Zellen, die vom linken Auge dominiert werden, liegen in den schwarzen Streifen. Zu dieser Anordnung kam es, als David noch ein kleiner Splitter im Rohblock war. Zu dieser frühen Zeit seiner Existenz nämlich trugen seine Augen einen heftigen Konkurrenzkampf um die Zellen der Sehrinde aus.

I
II
III
IV
V
VI
vom linken Auge dominierte Zellen
vom rechten Auge dominierte Zellen

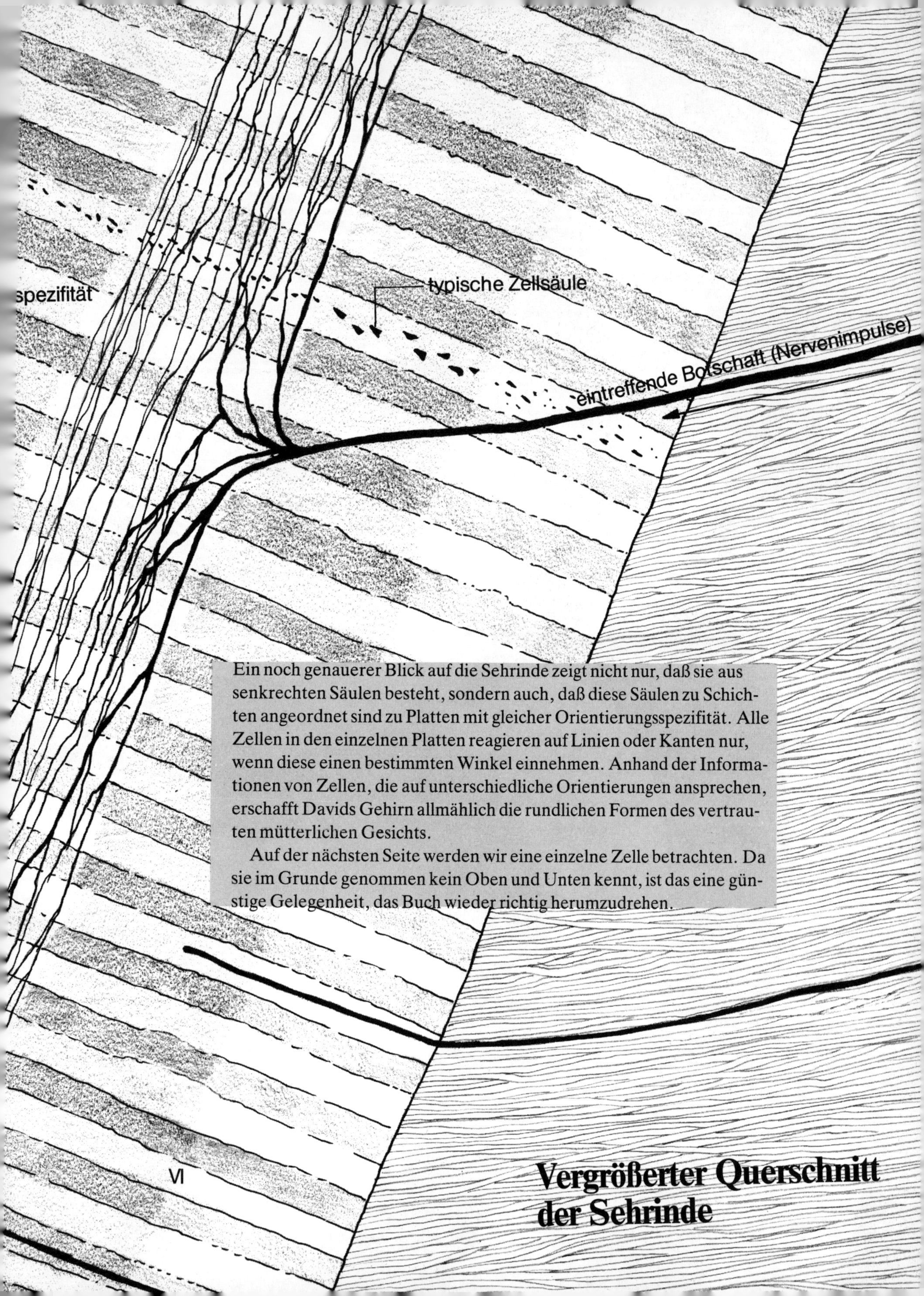

Ein noch genauerer Blick auf die Sehrinde zeigt nicht nur, daß sie aus senkrechten Säulen besteht, sondern auch, daß diese Säulen zu Schichten angeordnet sind zu Platten mit gleicher Orientierungsspezifität. Alle Zellen in den einzelnen Platten reagieren auf Linien oder Kanten nur, wenn diese einen bestimmten Winkel einnehmen. Anhand der Informationen von Zellen, die auf unterschiedliche Orientierungen ansprechen, erschafft Davids Gehirn allmählich die rundlichen Formen des vertrauten mütterlichen Gesichts.

Auf der nächsten Seite werden wir eine einzelne Zelle betrachten. Da sie im Grunde genommen kein Oben und Unten kennt, ist das eine günstige Gelegenheit, das Buch wieder richtig herumzudrehen.

Vergrößerter Querschnitt der Sehrinde

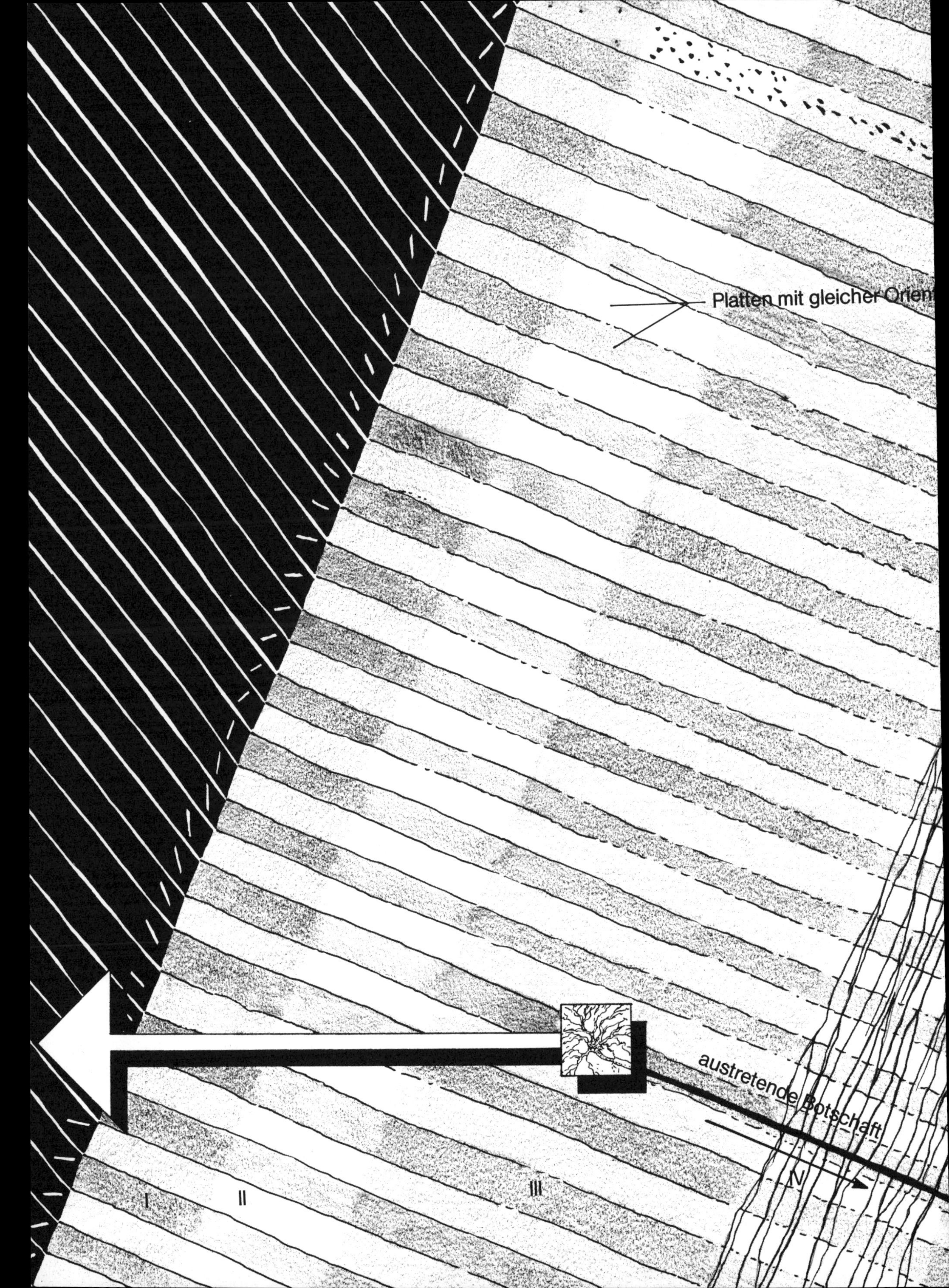
Platten mit gleicher Orien
austretende Botschaft
I
II
III
IV

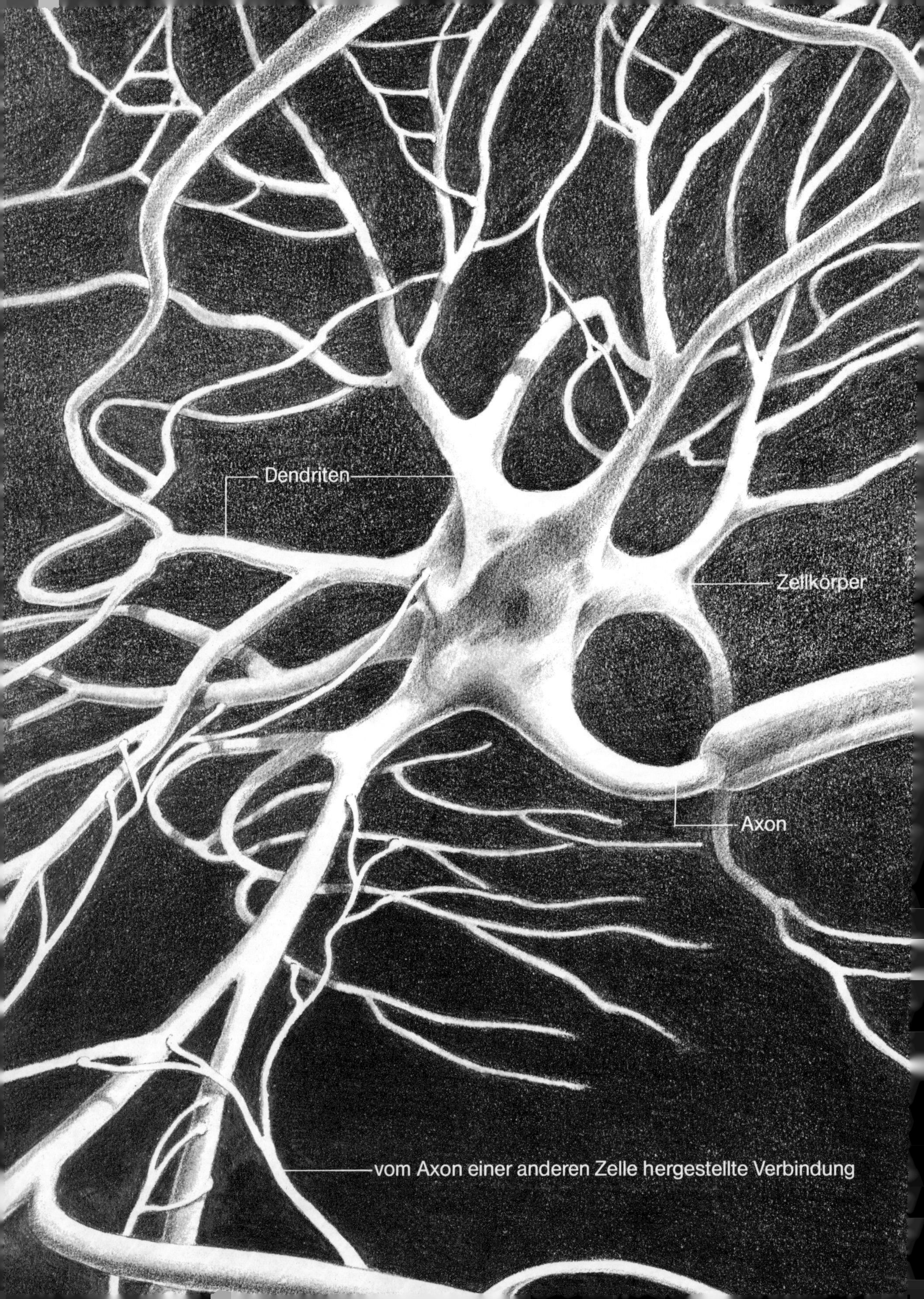

Dendriten
Zellkörper
Axon
vom Axon einer anderen Zelle hergestellte Verbindung

Eine typische Zelle

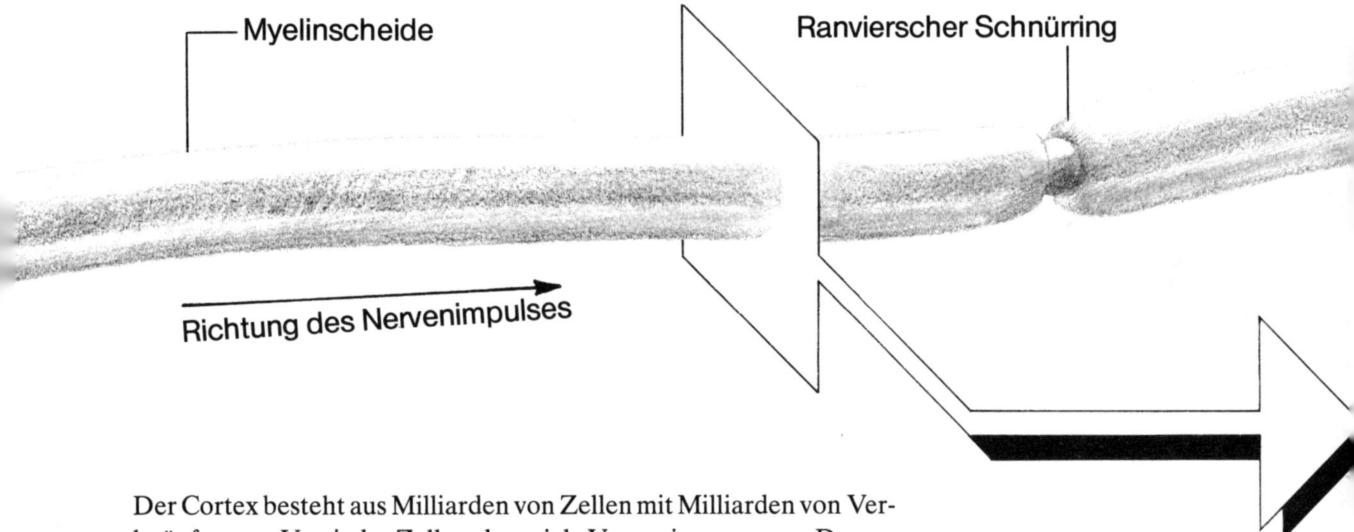

Der Cortex besteht aus Milliarden von Zellen mit Milliarden von Verknüpfungen. Von jeder Zelle gehen viele Verzweigungen aus. Der größte Zweig ist das Axon, das die vom Zellkörper fortführenden Botschaften überträgt. Alle anderen Verzweigungen heißen Dendriten. Sie nehmen Botschaften von den Axonen anderer Zellen entgegen.

Die Haut oder Membran, die jede Nervenzelle umschließt, hat winzige Löcher, sogenannte Kanäle, die nur bestimmte Moleküle durchlassen. Die Botschaft beziehungsweise der Nervenimpuls wandert durch das Axon, weil sich Abschnitt für Abschnitt elektrisch geladene Teilchen (Ionen) durch die Kanäle bewegen.

Myelinscheide
Axonmembran

Sobald sich die Kanäle in unmittelbarer Nachbarschaft des Zellkörpers öffnen und Ionen ins Axon hineinlassen, hat der Nervenimpuls seinen Anfang genommen. Auf einem begrenzten Abschnitt verändern die eindringenden Ionen für sehr kurze Zeit das elektrische Gleichgewicht zwischen dem Inneren und dem Äußeren des Axons. Wenn das ursprüngliche elektrische Gleichgewicht wiederhergestellt ist, haben sich die nächstgelegenen Kanäle geöffnet, und der Nervenimpuls ist in diesen neuen Abschnitt gelangt. Die Kettenreaktion setzt sich bis zum Ende des Axons fort, wobei sie stets die Botschaft mit sich führt.

Wenn ein Axon mit einer Myelinscheide überzogen ist, die wie eine Isolierung wirkt, so können die Ionen nur in den Abschnitten zwischen den Myelinsegmenten, an den Ranvierschen Schnürringen, ins Innere des Axons gelangen. Infolgedessen pflanzt sich der Nervenimpuls in einem myelinisierten Axon sehr viel rascher fort. Das ist nicht unwichtig, wenn wir bedenken, daß einige Axone im menschlichen Körper bis zu einem Meter lang sind. Wenn der Nervenimpuls das Ende des Axons erreicht, löst er eine Reaktion in den vielen synaptischen Endknöpfchen aus, die die Verbindung zu den Dendriten der Empfängerzellen (Zielzellen) herstellen.

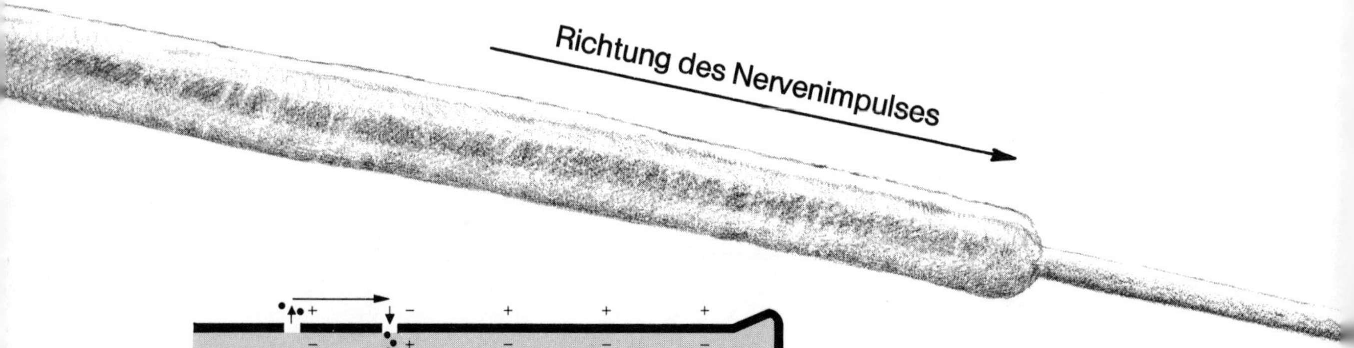

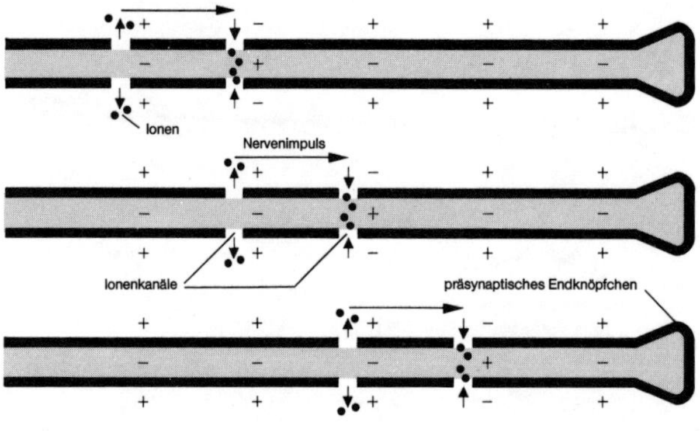

Fortleitung des Nervenimpulses über ein nichtmyelinisiertes Axon

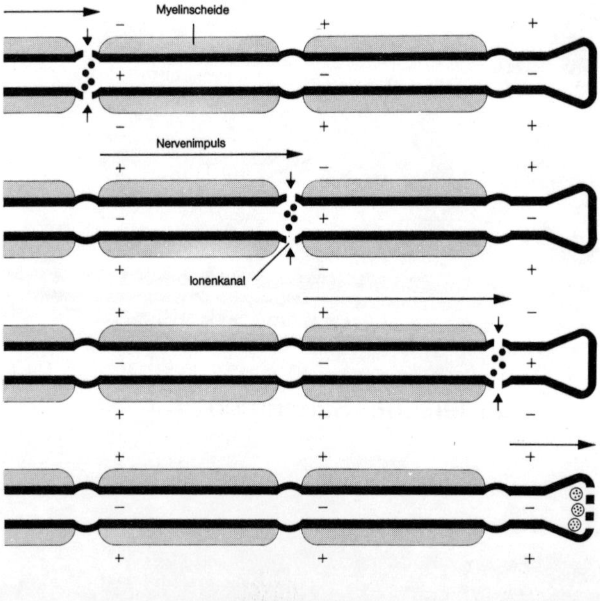

Fortleitung eines Nervenimpulses über ein myelinisiertes Axon

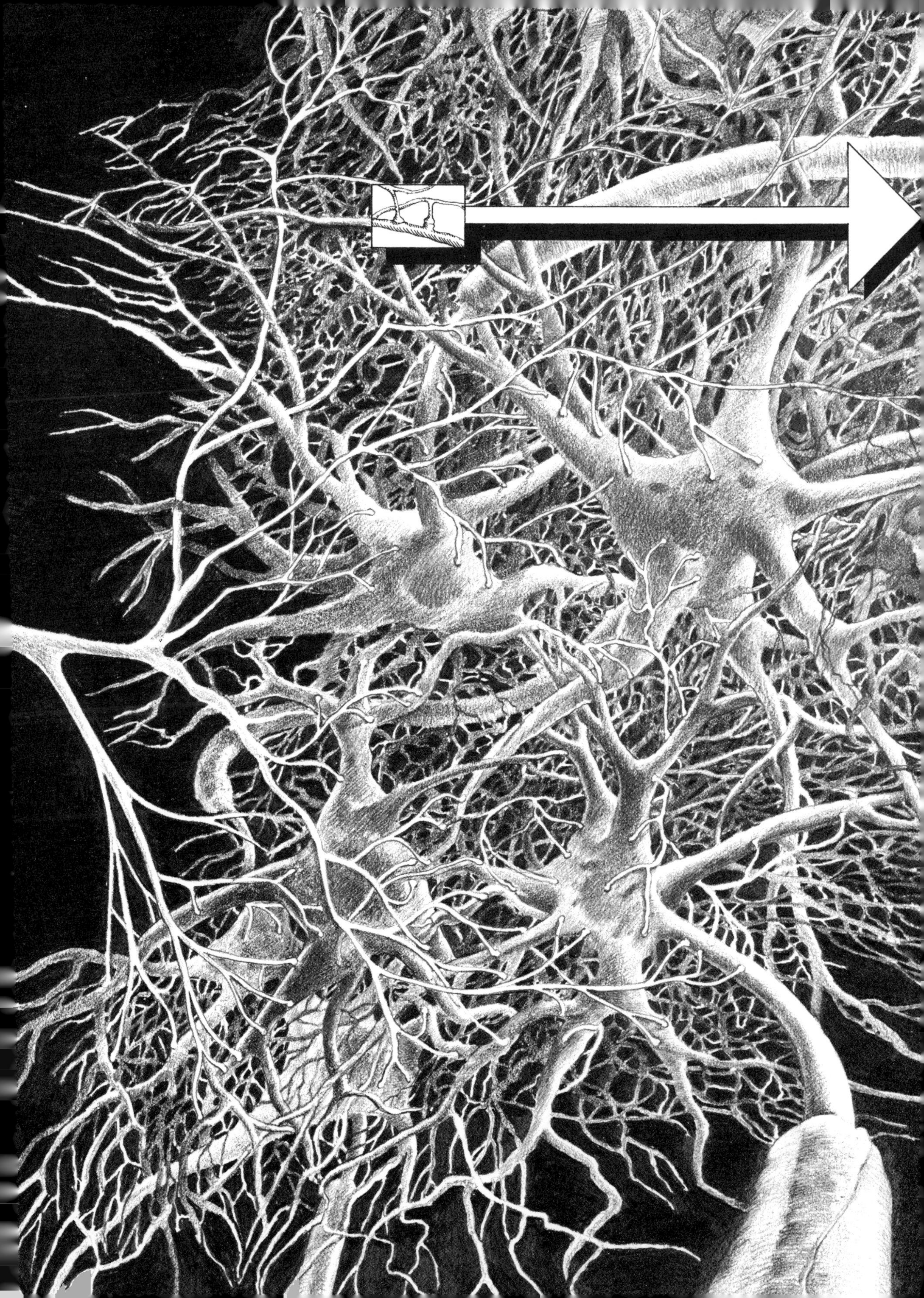

Vergrößert: zwei Synapsen

Jede Verbindung heißt Synapse und ist Schauplatz der synaptischen Übertragung. Einige synaptische Verbindungen werden direkt zwischen dem Endknöpfchen und der Membran des Dendriten hergestellt. In anderen Fällen ist das Endknöpfchen mit einem kleinen Dorn verbunden, der von dem Dendriten ausgeht. Immer aber liegt ein kleiner Zwischenraum, der synaptische Spalt, zwischen Endknöpfchen und Empfängerzelle (Zielzelle).

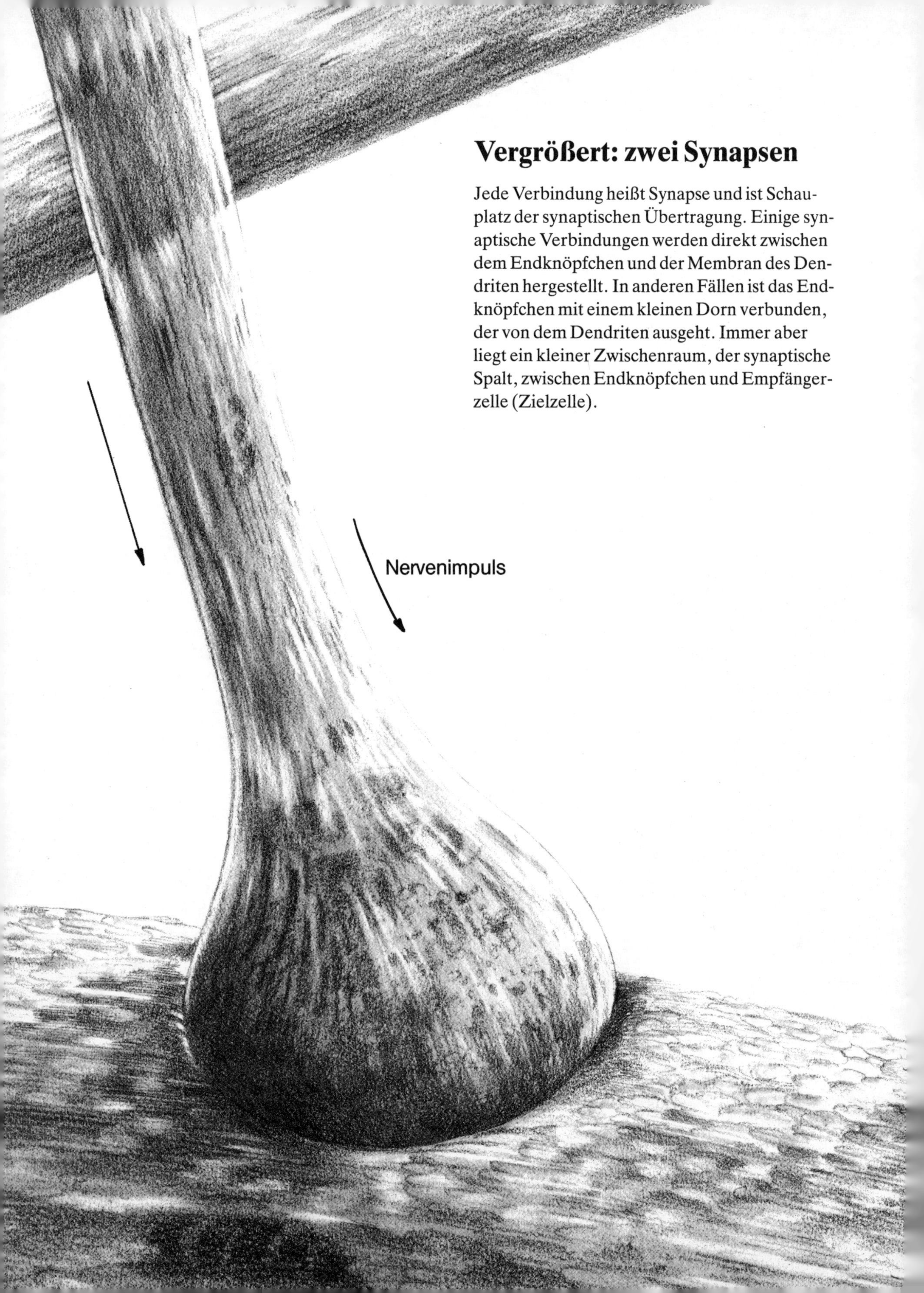

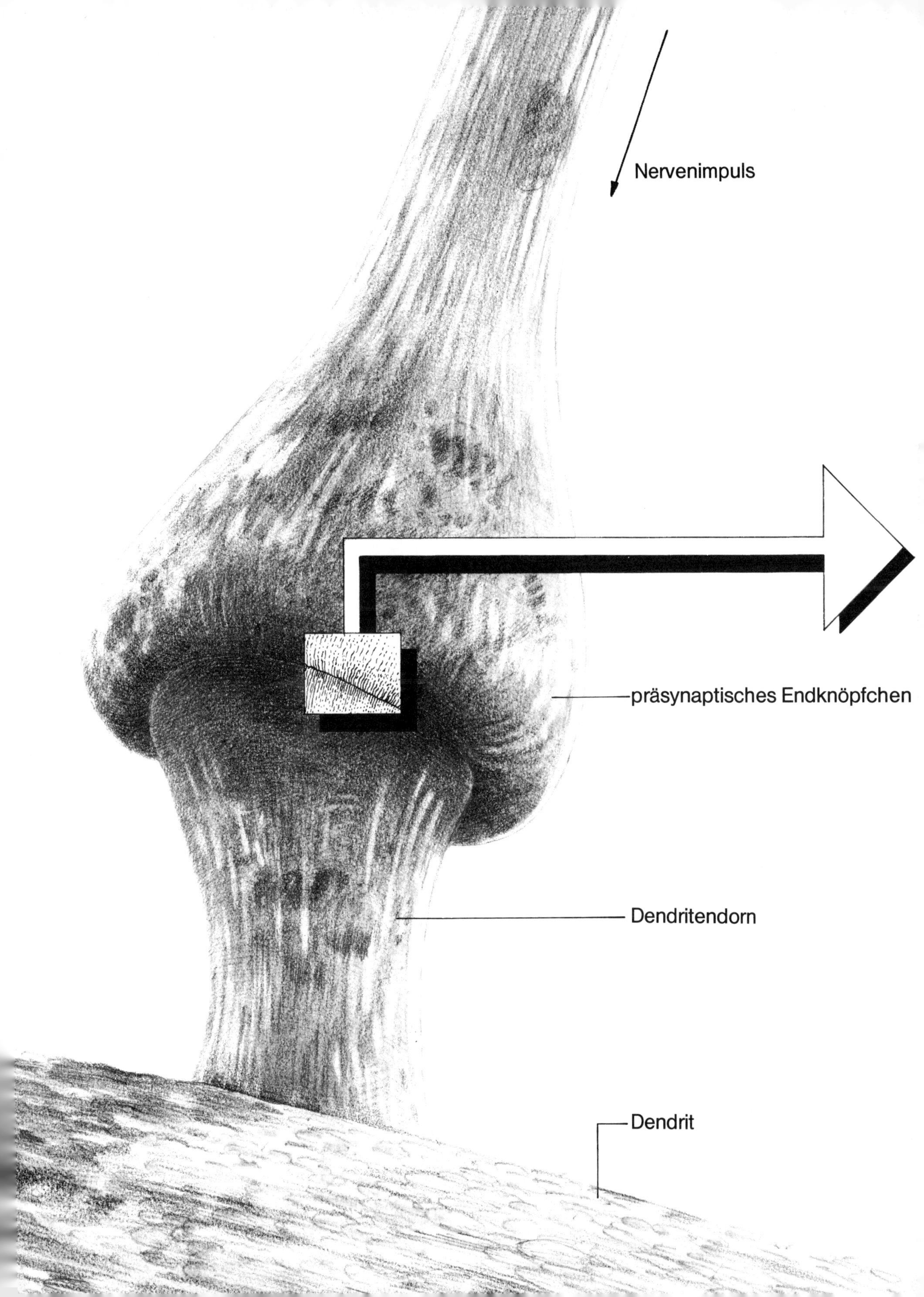
Nervenimpuls
präsynaptisches Endknöpfchen
Dendritendorn
Dendrit

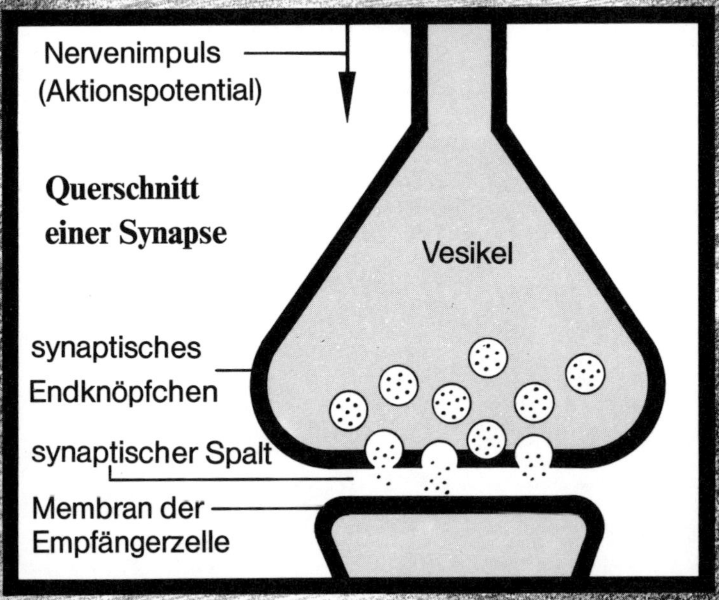

Im Inneren des synaptischen Spaltes

Jedes synaptische Endknöpfchen enthält Bläschen, die sogenannten Vesikel, die mit Neurotransmittermolekülen gefüllt sind. Wenn bei der synaptischen Übertragung der Nervenimpuls des Axons die Synapse erreicht, bewirkt er eine Verschmelzung der Vesikel mit der Wand des Endknöpfchens, das an den synaptischen Spalt grenzt. Daraufhin schütten die Vesikel ihren Neurotransmitter in den synaptischen Spalt und auf die Oberfläche der Zielzelle (Empfängerzelle) aus. Die Festsetzung der Neurotransmittermoleküle an den Rezeptoren der Zielzelle stört das elektrische Gleichgewicht dieser Zelle, weil nun bestimmte Ionen durch ihre Membran eingelassen werden. Dies wiederum beeinflußt die Ionenverteilung an dem Membranabschnitt der Zielzelle, an dem das Axon den Zellkörper verläßt, wodurch in diesem Axon ein Aktionspotential ausgelöst werden kann.

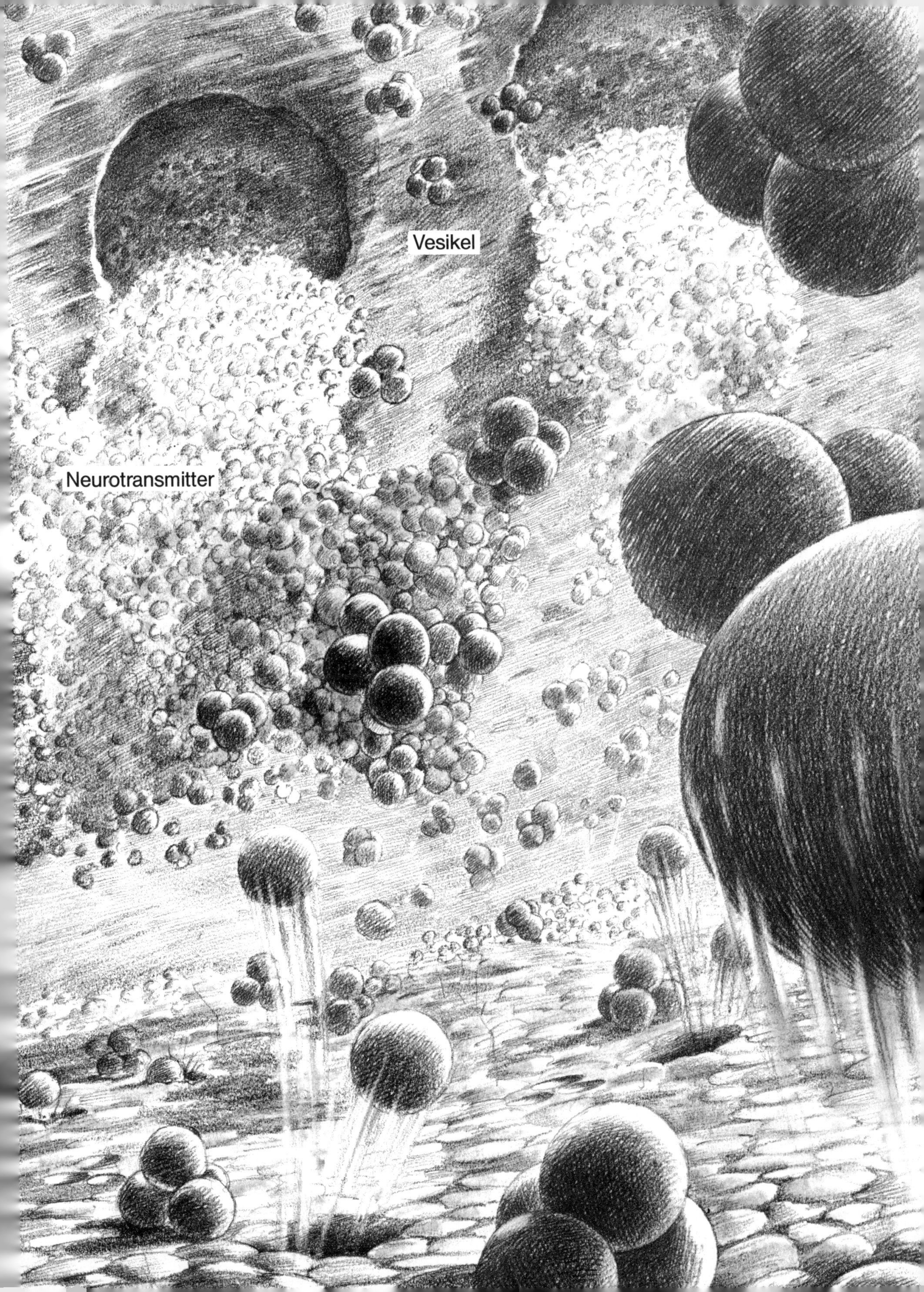
Vesikel
Neurotransmitter

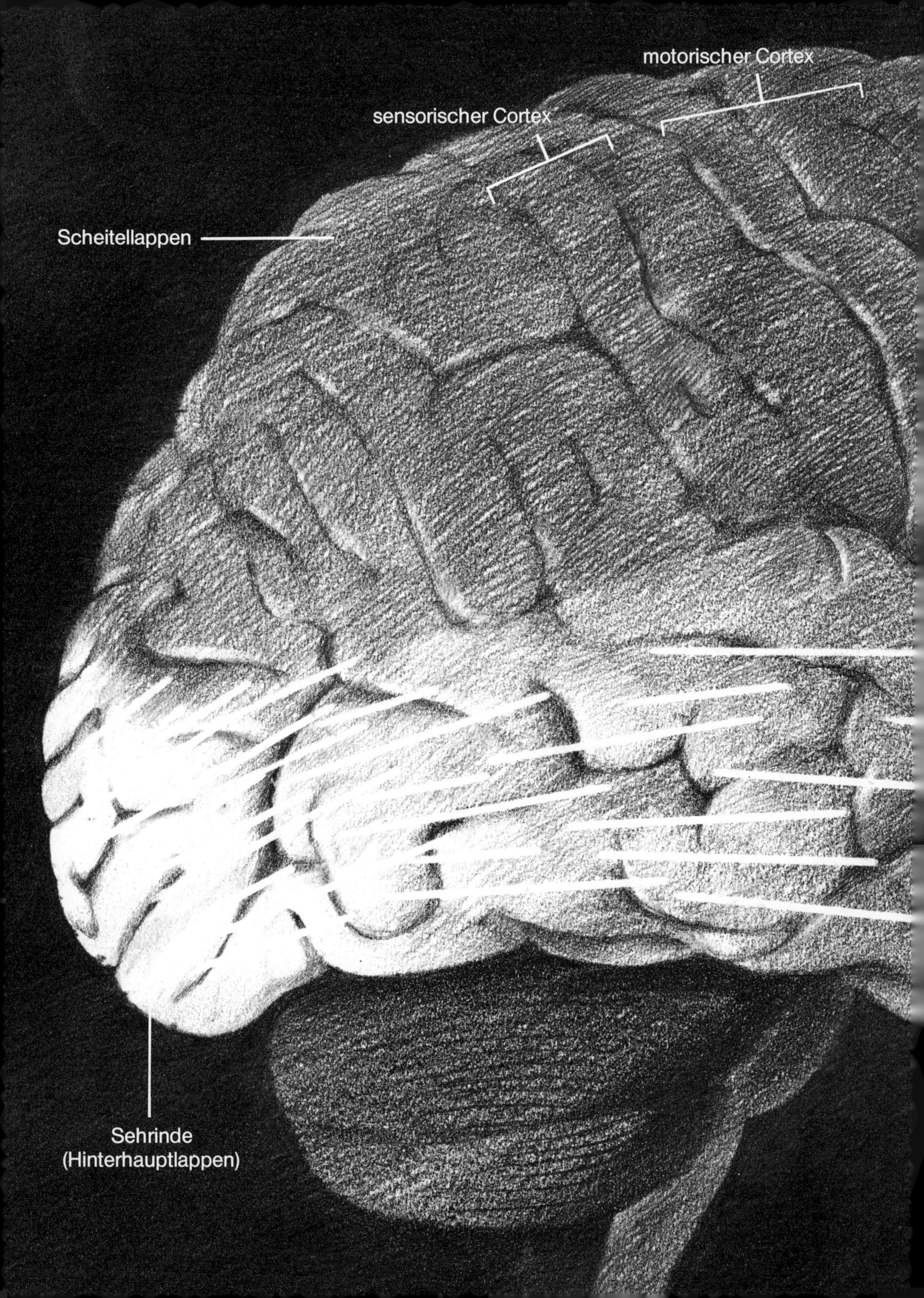
motorischer Cortex
sensorischer Cortex
Scheitellappen
Sehrinde
(Hinterhauptlappen)

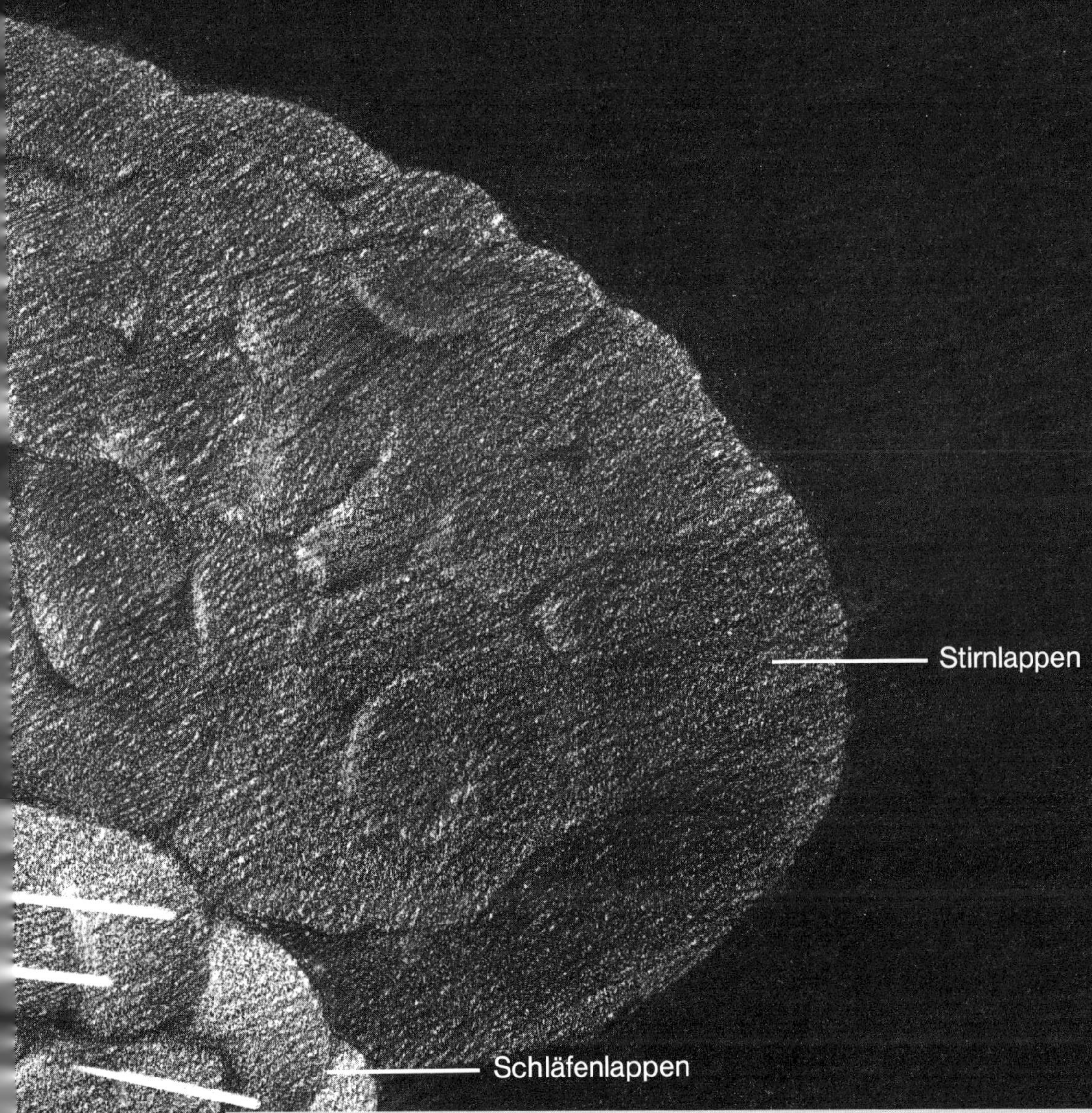

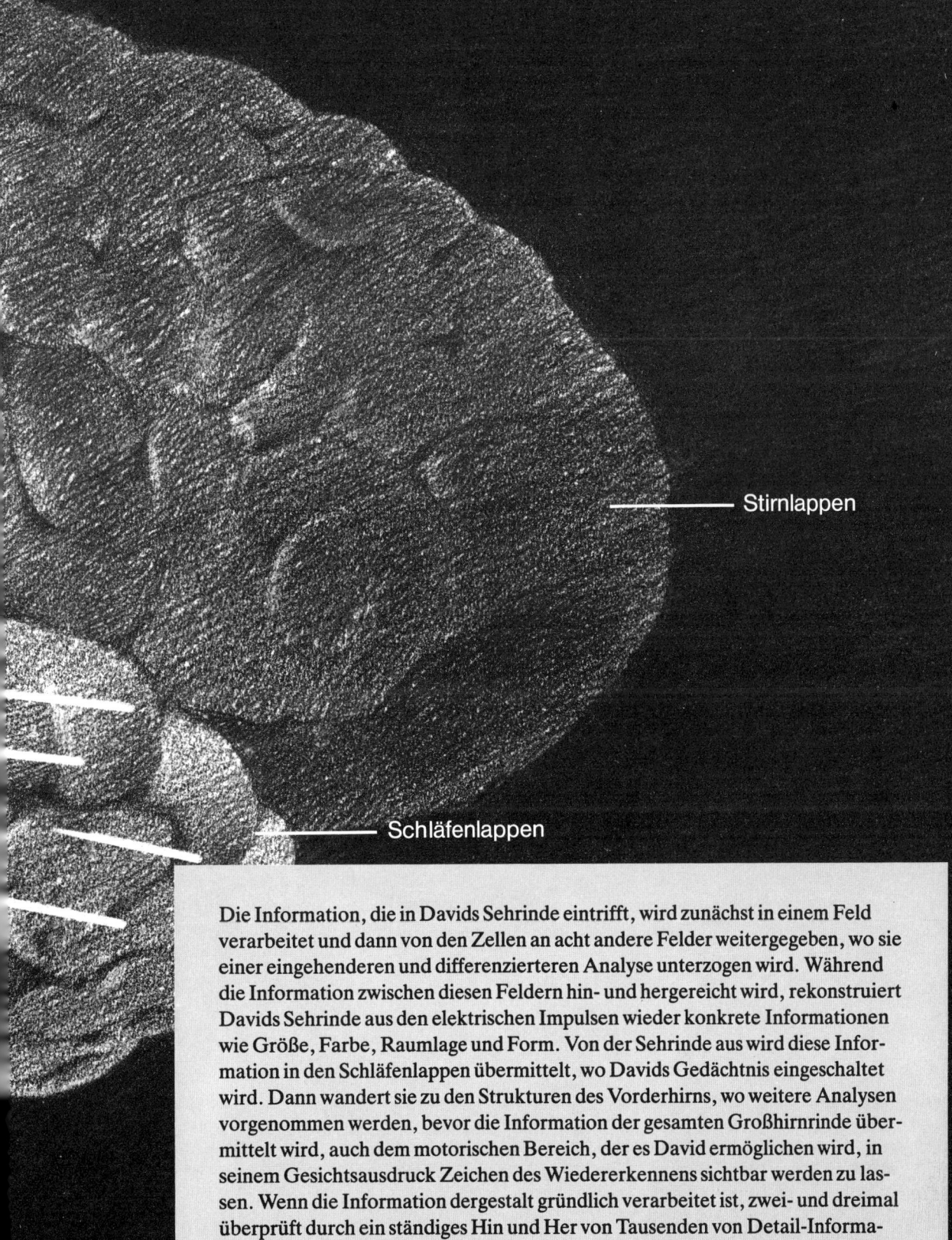

Die Information, die in Davids Sehrinde eintrifft, wird zunächst in einem Feld verarbeitet und dann von den Zellen an acht andere Felder weitergegeben, wo sie einer eingehenderen und differenzierteren Analyse unterzogen wird. Während die Information zwischen diesen Feldern hin- und hergereicht wird, rekonstruiert Davids Sehrinde aus den elektrischen Impulsen wieder konkrete Informationen wie Größe, Farbe, Raumlage und Form. Von der Sehrinde aus wird diese Information in den Schläfenlappen übermittelt, wo Davids Gedächtnis eingeschaltet wird. Dann wandert sie zu den Strukturen des Vorderhirns, wo weitere Analysen vorgenommen werden, bevor die Information der gesamten Großhirnrinde übermittelt wird, auch dem motorischen Bereich, der es David ermöglichen wird, in seinem Gesichtsausdruck Zeichen des Wiedererkennens sichtbar werden zu lassen. Wenn die Information dergestalt gründlich verarbeitet ist, zwei- und dreimal überprüft durch ein ständiges Hin und Her von Tausenden von Detail-Informationen in den Schaltkreisen seines Gehirns, ist David in der Lage, die Mutter auf die ihm eigene Weise zu erkennen.

MAMA!

Diese grob vereinfachte Darstellung einer unglaublich komplexen Ereigniskette hat den Leser unendlich viel mehr Zeit gekostet, als die tatsächlichen Geschehnisse im Gehirn benötigen.

II

Das Gehirn und der Geist und die Welt, die sie erschaffen und erinnern

5

Erinnerung: Das wandelbare Gehirn

Die Fähigkeit des menschlichen Geistes, zu lernen – Information zu speichern und abzurufen –, ist eine Erscheinung sondergleichen im lebenden Universum. Alles, was unsere Besonderheit als Menschen ausmacht – Sprache, Denken, Erkenntnis, Kultur –, ist das Ergebnis dieser außergewöhnlichen Fähigkeit.

Erinnerungen werden zwischen den Neuronen des Gehirns in relativ dauerhafter Form als physische Spuren gespeichert, die wir Gedächtnisspuren (Engramme) nennen. Würden wir den Code kennen, so könnten wir alle Erfahrungen und alles Wissen des Lebens aus diesen Spuren im Gehirn herauslesen. Das Verständnis der Erinnerungsspeicherung im Gehirn ist die vielleicht größte Herausforderung in den Neurowissenschaften.

Als sehr aufschlußreich für unser Verständnis der Gedächtnissysteme des Gehirns erwies sich vor einigen Jahren der Fall des Patienten H. M., der wegen einer schweren epileptischen Erkrankung einer Gehirnoperation unterzogen worden war. Der Eingriff beseitigte zwar die Epilepsie, hatte aber so schwerwiegende Nebenwirkungen, daß man ihn nicht wiederholt hat.

Stellen Sie sich vor, Sie sind ein Fachmann/eine Fachfrau für die Funktionen und das Verhalten des menschlichen Gehirns – eine Psychologin oder ein Psychiater – und sind als Berater zur Behandlung von H. M. hinzugezogen worden. Sie wissen daß er einem gehirnchirurgischen Eingriff unterzogen wurde, und sollen herausfinden, ob seine geistigen Fähigkeiten in irgendeiner Weise beeinträchtigt sind. Sie wissen außerdem, daß die Operation vor einigen Jahren stattgefunden und den Patienten von seiner Epilepsie geheilt hat. Nehmen wir an, Sie werden in sein Krankenzimmer gebracht und mit ihm bekanntgemacht. Das Gespräch mit ihm könnte etwa wie folgt verlaufen:

SIE: Guten Morgen, Herr M. Ich freue mich, Sie kennenzulernen. Mein Name ist Dr. X.

H. M.: Guten Morgen, Dr. X.

SIE: Wie geht es Ihnen heute?

H. M.: Sehr gut, danke.

Sie plaudern ein paar Minuten mit H. M., um ihm alle Befangenheit zu nehmen. Dann:

SIE: Hätten Sie etwas dagegen, mir ein paar Fragen zu beantworten?

H. M.: Nicht im geringsten. Ich lasse mich gern befragen. Dann habe ich wenigstens das Gefühl, daß ich etwas für meinen Lebensunterhalt tue. (In der Tat hat er viele Jahre hindurch Geld dafür bekommen, daß er Forschern als Versuchsperson zur Verfügung stand.)

SIE: Wer war Präsident der Vereinigten Staaten während des Zweiten Weltkriegs?

H. M.: Zunächst Franklin Roosevelt, dann Harry Truman.

SIE: Erinnern Sie sich, was Präsident Truman tat, als das Land kurz vor einem allgemeinen Eisenbahnstreik stand?

H. M.: Ich glaube, er hat die Eisenbahn verstaatlicht. Entweder das, oder er hat es angedroht.

In ähnlicher Weise geht es noch eine Zeitlang weiter mit Frage und Antwort. Sie lassen H. M. auch einige einfache Aufgaben lösen und unterziehen ihn einem kurzen Intelligenztest. Die Ergebnisse sind alle völlig normal. H. M. ist offenbar überdurchschnittlich intelligent und im Vollbesitz seiner geistigen Fähigkeiten. Sie fragen sich allmählich, ob man Sie vielleicht zum falschen Patienten gebracht hat.

Dann wird Ihr Gespräch mit H. M. unterbrochen. Es klopft, und man teilt Ihnen mit, daß Sie in einem Flur am anderen Ende des Korridors dringend am Telefon verlangt werden. Sie entschuldigen sich bei H. M. und gehen zum Telefon. Es ist ein Kollege, der einige Fragen zu einem Ihrer Patienten hat. Das Telefongespräch dauert ungefähr zehn Minuten. Daraufhin kehren Sie in H. M.s Zimmer zurück.

SIE: Entschuldigen Sie bitte, Herr M., daß es solange gedauert hat.

H. M.: Pardon! Kenne ich Sie? Ich kann mich nicht erinnern, daß ich Ihnen schon einmal begegnet bin.

Plötzlich wird Ihnen klar, wie tiefgreifend H. M.s Gedächtnis beeinträchtigt ist. Er kann sich nicht an die eigenen Erlebnisse erinnern. Sie fragen nach und stellen fest, daß er keine Erinnerung an das Gespräch mit Ihnen hat, keine Erinnerung an die Fragen und Aufgaben, die Sie ihm gestellt haben. Bereitwillig unterzieht er sich dem Test ein zweites Mal und schneidet ebenso gut ab.

Infolge seiner Gehirnoperation hat H. M. die Fähigkeit, neue Dinge zu lernen, auf Dauer eingebüßt. Vor allem kann er sich die eigenen Erlebnisse nicht mehr merken. Dieser Gedächtnisverlust reicht ungefähr bis zum Zeitpunkt seiner Operation zurück, genauer: bis zu einem Abschnitt seines Lebens, der einige Monate vor dem Eingriff beginnt. Sein Gedächtnis davor – die Erinnerung an die Erlebnisse, die vor diesem Ereignis liegen – ist unbeeinträchtigt und normal. H. M.s gravierende Gedächtnisstörung wurde von der Neuropsychologin Brenda Milner ein paar Wochen nach der Operation entdeckt.

Überraschenderweise gibt es andere Aspekte von H. M.s heutiger Gedächtnisleistung, die nicht beeinträchtigt sind. Er hat ein normales Kurzzeitgedächtnis. Er kann sich eine neue Telefonnummer kurzfristig ebenso gut merken wie Sie. Doch wenn Sie aufgefordert werden, sich die Nummer einzuprägen, so sind Sie dazu in der Lage, indem Sie die Nummer des öfteren wiederholen oder sich eine Hilfsassoziation, eine Eselsbrücke, einfallen lassen, die Ihnen die Erinnerung erleichtert. Das kann H. M. nicht. Er ist sehr geschickt im Ersinnen von Hilfsassoziationen, mit denen er sich bestimmte Dinge einzuprägen versucht. Leider helfen sie ihm nur so lange, wie er sie sich ständig wiederholt. Sobald er abgelenkt wird, vergißt er alles – die Telefonnummer und die Hilfsassoziation. Sie gelangen nie in sein Langzeitgedächtnis.

Ferner hat H. M. ein normales Gedächtnis für motorische Fertigkeiten. Er kann eine komplexe Bewegungsfolge wie etwa das Tennisspielen so gut lernen wie die meisten anderen Menschen. Aber stellen Sie sich vor, Sie wären H. M.s Tennislehrer! Sie müßten sich am Anfang jeder Stunde erneut vorstellen! Nehmen Sie an, Sie hätten H. M. einen Slice-Aufschlag beigebracht und er hätte vor seiner Operation nicht gewußt, wie man ihn ausführt und wie man ihn nennt. Jede Stunde müßten Sie ihm von neuem erklären, was ein Slice-Aufschlag ist. Aber Sie müßten ihm nicht noch einmal die Bewegungen beibringen, ihm nicht noch einmal zeigen, wie man ihn ausführt. Die eigentliche motorische Fertigkeit würde er erlernen – und sein Slice-Aufschlag würde sich mit zunehmender Spielpraxis verbessern. Er würde ihn so wenig verlernen wie Ihre anderen Schüler. Er könnte sich lediglich nicht daran erinnern, wie dieser Schlag heißt oder was Sie ihm darüber erzählt haben, auch nicht daran, wer Sie sind. Insofern wären Sie für ihn mit jeder neuen Tennisstunde, die begänne, ein Unbekannter in einer fremden Umgebung.

Es ist nur schwer vorstellbar, was das heißt, ewig in der Gegenwart zu leben. H. M. brachte es einmal in einem Gespräch treffend zum Ausdruck: «Ich weiß nie, ob ich nicht etwas Falsches gesagt oder getan habe. Verstehen Sie, im Moment habe ich überhaupt keine Schwierigkeiten. Aber was ist vorher passiert? Das beunruhigt mich. Es ist, als erwachte man aus einem Traum. Ich kann mich einfach nicht erinnern.»

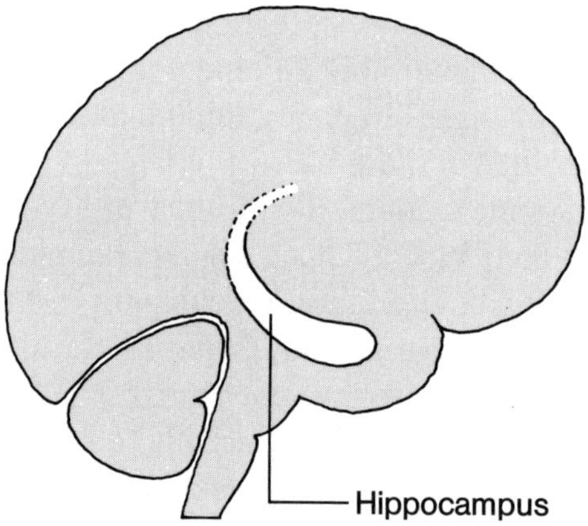

In der betreffenden Operation war H. M. ein Teil des Hippocampus entfernt worden (das Wort kommt aus dem Lateinischen und bedeutet «Seepferdchen», denn der Hippocampus des Menschen hat eine ähnliche Form wie dieses Meerestier). Wie von fast allen Strukturen im Gehirn gibt es auch vom Hippocampus zwei Exemplare – eines in jedem Schläfenlappen. Die Entfernung *eines* Hippocampus, gleich auf welcher Seite, scheint die Gedächtnisfähigkeit nicht zu beeinträchtigen. Doch bei H. M. wurden beide entfernt.

Der Hippocampus gehört zum limbischen System, jener älteren Gehirnstruktur, die die höchste Hirnregion der primitiven Wirbeltiere, etwa der Krokodile, darstellt. Bei den Säugetieren dehnt sich die Großhirnrinde (der Cortex) aus und bedeckt den Hippocampus, bis sie schließlich zum bei weitem größten Teil des Gehirns wird. Bei der Ratte ist der Hippocampus fast so groß wie die Großhirnrinde, beim Affen und Menschen indessen ist die Großhirnrinde erheblich größer. Trotzdem ist der Hippocampus von entscheidender Bedeutung für das Lernen und das Gedächtnis aller Säugetiere, auch des Menschen, was H. M.s Fall beweist.

Wie erwähnt, erinnerte sich H. M. an die Erlebnisse, die er vor der Operation hatte. Die Entfernung des Hippocampus zerstörte diese Erinnerungen nicht, sondern sie hinderte den Patienten nur daran, nach der Operation neue Erinnerungen zu speichern. Die Erinnerung an unsere Erlebnisse werden nicht im Hippocampus aufbewahrt, aber diese Struktur spielt offensichtlich eine wichtige Rolle beim Prozeß der Gedächtnisspeicherung. Wir vermuten – sehr vorläufig –, daß die Erinnerung an unsere Erlebnisse in bestimmten Regionen der Großhirnrinde gespeichert wird.

Neue Erkenntnisse über die Art und Weise, wie das Gehirn Erinnerungen speichert, sind vielleicht von den Forschungsarbeiten Mortimer Mishkins zu erwarten, eines Neurophysiologen am National Institute of Mental Health in Bethesda, Maryland. Er beschäftigt sich mit dem visuellen Gedächtnis von Affen. Ihr visuelles System weist eine weitgehende Ähnlichkeit mit dem des Menschen auf, und auch das visuelle Gedächtnis scheint bei Mensch und Affe gleich zu funktionieren, wenn auch die visuelle Gedächtniskapazität des Menschen wohl sehr viel größer ist.

Man unterzieht die Affen einer einfachen visuellen Wiedererkennungsaufgabe, die das Kurzzeitgedächtnis anfragt. Zunächst bietet man dem Versuchstier ein Tablett dar, auf dem ein Bauklotz oder ein Spielzeug einen Futterspender mit einer Erdnuß verdeckt. Der Affe schiebt den Gegenstand beiseite und bekommt die Erdnuß. Das Tablett wird den Blicken des Affen entzogen. Wenn es ihm abermals vorgehalten wird, befindet sich darauf neben dem alten Gegenstand ein neuer. Beide verdecken sie einen Futterspender. Doch nur unter dem neuen Gegenstand liegt eine Erdnuß. Der Affe muß den *alten* Gegenstand erinnern und wiedererkennen, um sich für den *neuen* Gegenstand entscheiden und die Erdnuß bekommen zu können. Beim nächsten Versuchsdurchgang werden ganz andere Gegenstände verwendet. Der Affe muß ein Prinzip lernen: Er hat stets das neue Objekt auszuwählen und sich natürlich an das alte zu erinnern. Die Versuchstiere lernen diese Aufgabe sehr rasch. Sie kommt ihrer angeborenen Wißbegier entgegen.

Bei der Beschäftigung mit dem «sensorischen Gehirn» im zweiten Kapitel haben wir erörtert, wie Linien, Formen und Objekte in der Sehrinde kodiert werden. Einige Neuronen sprechen auf einfache Merkmale wie Grenzlinien

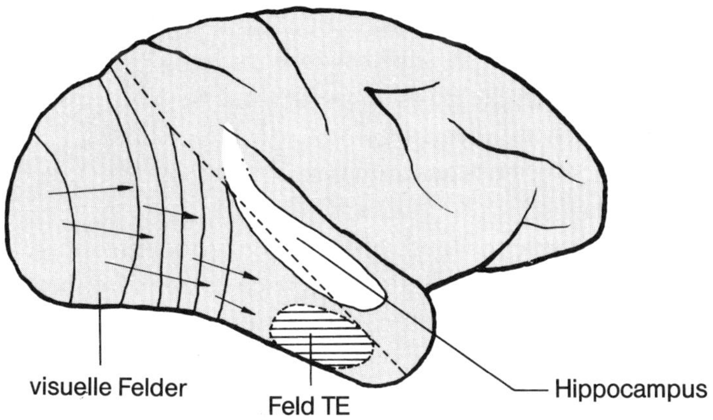

Wege der visuellen Information im Affenhirn

und Orientierung an, andere scheinen kompliziertere Eigenschaften wie Form und Farbe zu kodieren, vor allem die Neuronen in den sekundären visuellen Feldern. Diese Felder schicken ihrerseits die einander ergänzenden Informationen über die Eigenschaften des betrachteten Gegenstandes an die Neuronen im visuellen Feld TE, jenem Feld im Schläfenlappen, in dem man die «Affenhand-Zelle» entdeckt hatte.

Mishkin hat herausgefunden, daß der Affe die Fähigkeit zur visuellen Wiedererkennung verliert, wenn das Feld TE in beiden Gehirnhälften entfernt wird. Er kann sich nicht mehr erinnern, welches Objekt er vorher gesehen hat. Das Prinzip – jeweils den neuen Gegenstand auszuwählen – ist ihm noch präsent, er kann sich nur nicht mehr daran erinnern, welches der alte Gegenstand war. Solche Tiere können die Unterschiede zwischen den Gegenständen erkennen. Man kann ihnen beibringen, diesen und nicht jenen Gegenstand auszuwählen. Die Wahrnehmung von Objekten scheint normal zu sein. Lediglich die Fähigkeit, sich auch nur kurzzeitig an das zu erinnern, was sie gesehen haben, ist verlorengegangen.

Auch durch die Zerstörung von Teilen des limbischen Systems, einschließlich des Hippocampus in beiden Gehirnhälften, wird die Fähigkeit des Affen, zuvor gesehene Dinge wiederzuerkennen, erheblich beeinträchtigt. Das führt uns zu H. M. zurück. Mishkin meint, daß es einen Schaltkreis von der primären Sehrinde über das visuelle Feld TE zum Hippocampus und wieder zurück gibt. Möglicherweise spielen bei Affen und Menschen der Hippocampus und andere Regionen des limbischen Systems auch eine wichtige Rolle für die Gedächtnisspeicherung visueller Objekte im Cortexfeld TE.

Der Aufbau oder die Architektur des Gedächtnisses im Gehirn ist so gut wie unbekannt. Sie ist eines der großen ungelösten Geheimnisse, obwohl es faszinierende Hinweise in der gegenwärtigen Forschung gibt. Das Gedächtnis muß eine dauerhafte organische Basis im Gehirn haben. Vor einigen Jahren hat Karl Lashley, ein Pionier auf diesem Gebiet, zur Bezeichnung der physischen Gedächtnisspur im Gehirn das aus dem Griechischen hergeleitete Wort Engramm (Spur) vorgeschlagen.

Wie speichern Nervenzellen Erinnerungen? Gut eingeprägte Erinnerungen sind von Dauer. Folglich muß die Zellspeicherung auf dauerhaften Veränderungen in den Neuronen beruhen. Die Natur dieser Speicherprozesse ist uns noch nicht bekannt, aber wir wissen, daß chemische Veränderungen beteiligt sein müssen. Wenn die Speicherung mit Wachstum oder morphologischen Veränderungen in den Synapsen zu tun hat, müssen Proteine hergestellt werden. Tatsächlich läßt sich durch Präparate, die die Eiweißsynthese im Gehirn verhindern, auch die Bildung neuer Langzeiterinnerungen bei Tieren unterbinden. Allerdings haben diese Präparate auch gravierende Nebenwirkungen, da viele normale Funktionen des Organismus auf die Eiweißsynthese angewiesen sind.

H. M. leidet unter einer sehr speziellen Form der Amnesie – er kann sich an keine neuen Erlebnisse erinnern. Sehr viel häufiger ist der Verlust älterer Erinnerungen, wie wir ihn aus den vielen Geschichten über Leute kennen, die sich nach einer Kopfverletzung nicht mehr an ihr früheres Leben erinnern können. Diese Erscheinung gehört durchaus nicht in das Reich der Fiktion, sondern ist sehr real und kann außerordentlich ernst sein. Bei einer Elektroschockbehandlung werden Gehirnkrämpfe mittels elektrischen Stromes erzeugt, der auf Kopfhaut und Schädel übertragen wird. Dies führt zu einem vorübergehenden Gedächtnisverlust, von dem sich der Patient im Laufe der Zeit vollständig erholt, abgesehen von der Erinnerung an Ereignisse, die unmittelbar vor der Schockbehandlung liegen, wie Larry Squire von der University of California in San Diego gezeigt hat.

Die gleiche Art vorübergehender Amnesie läßt sich auch bei Ratten durch Elektroschockbehandlung hervorrufen, was 1949 von Carl Duncan entdeckt wurde. James McGaugh von der University of California in Irvine hat sich viele Jahre lang mit diesem Phänomen beschäftigt. Das Versuchstier lernt, eine einfache Aufgabe zu bewältigen – sagen wir, es wird auf eine kleine Plattform gesetzt und erhält jedesmal einen elektrischen Schlag, wenn es versucht, auf den Gitterboden hinabzusteigen. Wenn die Ratte das einmal erlebt hat, wird sie, wenn man sie ein zweites Mal auf die Plattform setzt, nicht wieder versuchen hinunterzusteigen. Sie hat im ersten Versuchsdurchgang gelernt, daß das Hinuntersteigen unangenehme Folgen hat. Das bleibt ihr viele Tage lang im Gedächtnis.

Nun erhalten verschiedene Tiere zu verschiedenen Zeiten nach dem ersten Versuchsdurchgang eine Elektroschockbehandlung. Wird der Schock unmittelbar nach der Lernerfahrung verabreicht, verliert das Tier jede Erinnerung daran. Wird es später auf die Plattform gesetzt, steigt es sofort hinab. Läßt man jedoch zwischen dem ersten Versuchsdurchgang und dem Elektroschock einen Zeitraum von einer Stunde verstreichen, so erinnert sich das Tier später ganz genau an sein erstes Erlebnis mit der Plattform und unternimmt keinen Versuch hinunterzusteigen.

Offensichtlich gibt es einen großen Unterschied zwischen alten und neuen Erinnerungen. Diese Beobachtungen führten McGaugh und andere Forscher zu der Vorstellung von der Gedächtniskonsolidierung. Neu gebildete Erinnerungen sind ziemlich anfällig und leicht zu löschen, während ältere Erinnerungen eigentlich nur durch massive Hirnschädigungen beeinträchtigt werden können. Es hat den Anschein, als brauchten neue Erinnerungen einige Zeit, um sich einzuprägen oder um sich als Gedächtnisspuren von Dauer zu konsolidieren. Vielleicht benötigen die Neuronen diese Zeit, um die Proteine aufzubauen, die an der Speicherung ins Langzeitgedächtnis beteiligt sind.

Vor einigen Jahren meinte man, daß die Erinnerungen selbst in komplexen Eiweißmolekülen kodiert seien, den sogenannten Gedächtnismolekülen. Deshalb vermutete man, das Gedächtnis könnte von einem Menschen auf den anderen übertragen werden – man brauchte nur die Eiweiß-Gedächtnismoleküle aus einem «Spenderhirn» gewinnen und einem anderen Gehirn injizieren, um die Erinnerungen des Spenderhirns auf das andere zu übertragen. In einem Fernsehfilm injizierte man einer Agentin den Gehirnextrakt eines ermordeten Kollegen, so daß sie mit Hilfe der in ihm aufbewahrten Erinnerungen den Fall lösen konnte.

An einem sehr primitiven Plattwurm, der Planarie, wurden einige reichlich phantasievolle Studien vorgenommen, die angeblich darauf schließen ließen, daß Erinnerungen übertragbar seien. Die «dressierten» Planarien wurden an undressierte verfüttert (diese kleinen Geschöpfe haben eine unappetitliche Neigung zum Kannibalismus), und es hieß im Untersuchungsbericht, die Tiere hätten das «Gedächtnis» der anderen übernommen. Man hat sogar ein – allerdings sehr schlecht angelegtes – Experiment mit Ratten durchgeführt, das zu einem ähnlichen Resultat zu kommen schien. Den Ratten, die zu Spendern bestimmt waren, wurde eine einfache Vorrichtung beigebracht – die Annäherung an einen Futternapf. Dann tötete man sie. Ihre Gehirne wurden zermahlen und den untrainierten Ratten injiziert. Im Bericht wurde behauptet, die untrainierten Ratten hätten sich daraufhin an die Aufgabe erinnern können. Doch dieses Versuchsergebnis konnte nicht wiederholt werden, selbst von den Forschern nicht, die zunächst darüber berichtet hatten. Schließlich konnten auch die Experimente mit den Planarien nicht wiederholt werden. Es gibt keine Beweise für eine Gedächtnisübertragung von einem Gehirn auf das andere. Erinnerungen werden offenbar nicht in Form von Eiweißmolekülen gespeichert. Doch die bloße Möglichkeit einer solchen Gedächtnisübertragung veranlaßte die Zeitschrift *Time* zu einem höchst heimtückischen Vorschlag: Man sollte doch einfach die Gehirne verstorbener Professoren zermahlen und an ihre Studenten verfüttern.

Vielleicht verblüfft es Sie, zu hören, daß alle Menschen praktisch vollkommene fotografische Gedächtnisse haben. Leider ist diesem fotografischen Gedächtnis nur eine Dauer von ungefähr einer Zehntelsekunde beschieden. Wenn man vor Ihren Augen einen Moment lang die bildliche Darstellung eines Ereignisses oder eine Zusammenstellung von Buchstaben oder Zahlen erscheinen läßt, so bleibt Ihnen die Information dieses Bildes für einen sehr kurzen Zeitraum, für einen Sekundenbruchteil, ganz genau im Gedächtnis haften. Anschließend wird der größte Teil der Information vergessen. Dieses sehr kurzfristige Gedächtnis wird nach dem griechischen Wort für Bild «ikonisch» genannt.

Interessanterweise haben die meisten Kleinkinder ein dauerhafteres ikonisches oder fotografisches Gedächtnis. Das geht jedoch verloren, wenn sie lesen lernen. Die Anthropologen berichten, daß ein dauerhaftes ikonisches Gedächtnis sehr viel häufiger bei Erwachsenen in Kulturen ohne Schriftsprache vorkommt. Die Lesefähigkeit scheint sich aus irgendeinem Grund nicht mit einem fotografischen Erinnerungsvermögen zu vertragen.

Nach einem Blick auf eine neue Telefonnummer können Sie diese gerade so lange behalten, um sie zu wählen. Wenn Sie diese nicht wiederholen, haben Sie sie gewöhnlich nach ein paar Sekunden vergessen. Diese Fähigkeit nennt man oft Kurzzeitgedächtnis oder unmittelbares Gedächtnis. Etwas vereinfacht gesagt, ist es das, was Ihnen zu einem gegebenen Zeitpunkt unmittelbar bewußt ist. Das Kurzzeitgedächtnis hat eine überraschend begrenzte Speicherkapazität für neue Information – nur etwa sieben Einheiten kann es aufnehmen. Wenn Sie neben der neuen Telefonnummer auch noch die Vorwahl behalten müssen, ist Ihr Kurzzeitgedächtnis überfordert. Das unmittelbare Bewußtsein enthält natürlich mehr als nur neue Informationseinheiten. Dazu gehören auch die Sinneserfahrungen aus der jeweiligen Umgebung, Ihre Vorstellungen und Gedanken und gründlich verankerte Erinnerungen. Nur die Fähigkeit, neue Informationen im unmittelbaren Bewußtsein festzuhalten, ist so außerordentlich begrenzt.

Wenn Sie eine neue Telefonnummer öfter wählen – sie immer aufs neue wiederholen –, wird sie Ihnen schließlich zu einer mehr oder minder dauerhaften Erinnerung werden. Die Zahl der Informationseinheiten oder «Bits», die im Gehirn gebildeter Menschen gespeichert wird, ist sehr hoch; sie geht zumindest in die Millionen. Betrachten Sie nur den Umfang Ihres Wortschatzes. Jedes Wort besteht aus mehreren Informationsbits. Mehr noch, nehmen Sie alle Gesichter, die Sie in Ihrem Leben gesehen haben. Sie würden eine große Zahl von ihnen wiedererkennen. Die Fähigkeit des visuellen Gedächtnisses, sich an Gesichter zu erinnern und sie wiederzuerkennen, ist wohl eine besondere Begabung von Menschen und vielleicht auch von anderen Primaten. Primaten sind Tiere mit visuellen Fähigkeiten, die sie zum Leben in sozialen Gruppen besonders befähigen.

Es hat den Anschein, als würde zumindest ein Teil der visuellen Information, zum Beispiel der, der Gesichter und zwischenmenschliche Situationen betrifft, direkt in das Langzeitgedächtnis eingespeist. In einer Studie zu diesem Thema wurden den Studenten eines Seminars mehr als zweitausend Dias gezeigt, eines nach dem anderen, jedes zwei Sekunden lang. Die Dias zeigten «vertraute Bilder» – Darstellungen von Menschen und Situationen. Am folgenden Tag wurden die Dias erneut vorgeführt, diesmal aber je zwei Dias gleichzeitig. Jedes Dia, das am Tag zuvor gezeigt worden war, wurde mit einem neuen Bild gekoppelt. Bei jedem Diapaar mußten die Studenten angeben, welches Bild sie schon am Tag vorher gesehen hatten. Erstaunlicherweise ordneten sie 90 Prozent der Bilder korrekt ein.

Wir sind heute der Meinung, daß diese verschiedenen Erinnerungsaspekte möglicherweise von verschiedenen Gehirnsystemen gespeichert werden. Der Patient H. M. verlor nach der Operation die Fähigkeit, neue Informationen über seine Erfahrungswelt dauerhaft zu speichern, während die ikonischen und kurzzeitigen Funktionen seines Gedächtnissystems normal blieben, ebenso wie die Inhalte seines Langzeitgedächtnisses aus der Zeit vor der Operation. Neuere und noch mit Vorsicht zu betrachtende Arbeiten von Neurochirurgen liefern Hinweise darauf, daß das Kurzzeitgedächtnis in einer ziemlich kleinen Region der linkshemisphärischen Großhirnrinde untergebracht sein könnte. In einer Reihe von Studien wurde das Gehirn unter örtlicher Betäubung freigelegt, so daß sich die Patienten mit den Chirurgen unterhalten konnten. Mit einer kleinen Elektrode wurden verschiedene Stellen der freigelegten Großhirnrinde einem elektrischen Reiz ausgesetzt, um abnormes Gehirngewebe zu lokalisieren (der Grund für den Eingriff). Der elektrische Reiz unterband kurzfristig die Funktion des Rindengewebes, das sich unmittelbar unter der Elektrode befand. Man entdeckte eine ziemlich kleine und begrenzte Region, in der die Reizung die kurzzeitige Gedächtnisfähigkeit der Patienten vorübergehend aufhob.

Das Sprachverständnis – das Langzeitgedächtnis für Wortbedeutungen – liegt in einer Rindenregion der linken Hemisphäre. Unlängst haben neurochirurgische Untersuchungen an zweisprachigen Patienten Hinweise dafür erbracht, daß das Gedächtnis für die Wörter der beiden Sprachen an verschiedenen Orten des Sprachzentrums in der linken Hemisphäre untergebracht ist.

Den neurochirurgischen Studien zufolge, die Wilder Penfield längere Zeit am Montreal Neurological Institute durchgeführt hat, aktiviert die elektrische Reizung bestimmter Stellen des Schläfenlappens sehr spezielle Erinnerungen. Ein Patient sah sich plötzlich in die Kindheit zurückversetzt und durchlebte auf

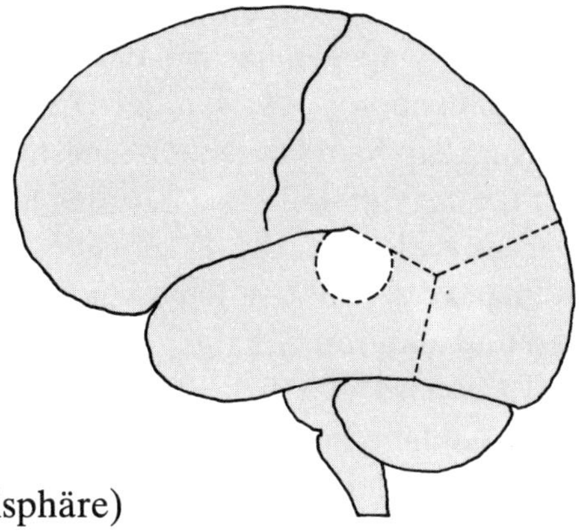

Sprachzentrum
(nur in der linken Hemisphäre)

höchst intensive Art eine bestimmte Kindheitserinnerung. Zwar handelt es sich hier um einen sehr auffälligen Befund, doch da die untersuchten Patienten unter Hirnanomalien litten, die schwere Epilepsie verursachten, können wir nicht sicher sein, ob sich spezielle Erinnerungen dieser Art entsprechend auch bei normalen Menschen hervorrufen ließen.

Alle diese neurochirurgischen Untersuchungen lassen zumindest den Schluß zu, daß bestimmte Aspekte des Langzeitgedächtnisses an bestimmten Orten im Gehirn untergebracht sein könnten. Leider aber wissen wir noch viel zuwenig darüber.

Einige Wissenschaftler glauben, daß bestimmte Formen von Erinnerungen nicht an bestimmten Orten des Gehirns gespeichert sind, sondern weithin über das Gehirn, vor allem die Großhirnrinde, verteilt sind. Karl Pribram von der Stanford University bedient sich als Analogie des Hologramms – eines dreidimensionalen Bildes, das durch Laserstrahlen hervorgerufen wird. Wenn ein Teil der holografischen Platte abgeschnitten wird, so entfällt der entsprechende Teil des Bildes nicht, wie es bei einer gewöhnlichen Fotografie der Fall wäre. Vielmehr bleibt das gesamte Hologramm auf dem Restteil der Platte gegenwärtig. Es ist nur etwas verschwommener. Je mehr von der holografischen Platte abgeschnitten wird, um so verschwommener wird das Bild, stets aber bleibt es vollständig. Das ist natürlich nur eine Analogie – es gibt bislang keinen Hinweis dafür, daß das Gehirn Hologramme enthielte.

Für den Menschen immer wichtiger wird die Frage, wie sich das Älterwerden auf das Gedächtnis auswirkt. Noch ist unser Verständnis der Alterungsprozesse äußerst begrenzt. Die durchschnittliche Lebenserwartung in hochentwickelten

Ländern wie den Vereinigten Staaten hat ständig zugenommen und liegt heute bei siebzig Jahren. Dagegen hat sich die maximale Lebenszeit nicht verlängert und beträgt nach wie vor etwa hundert Jahre. Nebenbei bemerkt: Die Menschen leben von allen Säugetieren am längsten.

Wenn sich die maximale Lebenszeit des Menschen nicht verlängert hat, so darf man daraus schließen, daß es eingebaute Alterungsfaktoren gibt. Lange Zeit meinte man, das Problem liege vor allem in Verschleißerscheinungen in Herz, Nieren und anderen Organen. Heute wissen wir, daß das nicht die ganze Wahrheit ist. Leonard Hayflick vom Children's Hospital Medical Center im kalifornischen Oakland hat Kulturen von normalen Körperzellen angelegt, die er Menschen verschiedenen Alters entnommen hatte. Die Zellen eines menschlichen Embryos verdoppeln sich etwa fünfzigmal, bevor sie sterben. Zellen, die von einem Menschen mittleren Alters stammen, teilen sich ungefähr zwanzigmal, bevor sie absterben.

Der Steuermechanismus der Zellalterung könnte in der DNS des Kerns oder im Zellkörper außerhalb des Kerns untergebracht sein. Hayflick tauschte die Kerne embryonaler und erwachsener Zellen aus und stellte fest, daß sich der primäre Steuerungsmechanismus im Kern befindet. Gleichgültig, ob die Zellkörper vom Embryo oder vom Erwachsenen stammten – wenn der Kern aus der Erwachsenenzelle kam, teilte sich die Zelle nur ungefähr zwanzigmal. Stammte der Kern vom Embryo, teilte sich die Zelle ungefähr fünfzigmal.

Der Abbau der geistigen Kräfte, zu dem es beim normalen Alterungsprozeß kommt, wurde früher sehr übertrieben dargestellt. Das lag zum großen Teil an einer Verwechslung zwischen normalem Altern und einer schwerwiegenden klinischen Alterserscheinung, die man Alzheimersche Krankheit nennt. Donald Hebb ist eine Autorität auf dem Gebiet der Hirnmechanismen, die an Lernprozessen beteiligt sind. Mit 74 Jahren veröffentlichte er einen sehr persönlichen Bericht über das, was mit uns geschieht, wenn wir alt werden: «On Watching Myself Act Old».

Die ersten Anzeichen des Alterungsprozesses entdeckte Hebb mit 47. Er las einen wissenschaftlichen Artikel und dachte während der Lektüre: «Dazu muß ich mir Notizen machen.» Dann blätterte er um und sah auf der nächsten Seite eine Randnotiz in der eigenen Handschrift. Es war ein schlimmer Schock. Er hatte nicht die geringste Erinnerung daran, daß er den Artikel schon einmal gelesen hatte. Damals hatte Hebb umfangreiche Verpflichtungen in Forschung und Lehre – er veröffentlichte, leitete ein neues Labor und war Vorsitzender des psychologischen Fachbereichs der McGill University. Nun trat er etwas kürzer und gab die Arbeit in den Abendstunden auf. Daraufhin stellte sich bald wieder die «normale Leistungsfähigkeit» seines Gedächtnisses ein. Das ist ein wichtiger Punkt, der häufig übersehen wird: Viele Menschen übernehmen, wenn sie ins mittlere Alter kommen, immer mehr und mehr Verantwortung. Sie sind im wahrsten Sinne des Wortes überlastet. Ihr Gedächtnissystem beginnt nicht nachzulassen, sondern es stößt ganz einfach an seine Grenzen. Dessen Kapazität ist zwar sehr groß, aber nicht unendlich.

Im Alter von 74 Jahren stellte Hebb noch mehr Veränderungen an sich fest. Sein Gang und sein Gleichgewichtsgefühl waren ein wenig unsicherer geworden, seine Sehschärfe hatte abgenommen, und er war etwas vergeßlicher geworden. Er stellte auch fest, daß sein aktiver Wortschatz zurückging und daß seine Denkmuster zu Wiederholungen neigten – Anzeichen eines «langsamen und unvermeidlichen Verlustes an kognitiver Kapazität», wie Hebb schreibt. Diese Verluste fallen anderen jedoch nicht auf. Ein Redakteur der Zeitschrift, in der der Artikel erschien, meinte dazu: «Wenn Dr. Hebbs Fähigkeiten in der von ihm beschriebenen Weise weiterhin abnehmen, so könnte es sein, daß er am Ende des nächsten Jahrzehnts nur noch doppelt so intelligent und eloquent ist wie wir Normalbürger.»

Bei Untersuchungen der Gedächtnisfähigkeit älterer Menschen, die nicht unter Senilität leiden, hat sich ergeben, daß das Alter keine große Einbuße des Erinnerungsvermögens mit sich bringt. Das ikonische Gedächtnis ist überhaupt nicht beeinträchtigt, möglicherweise aber die Fähigkeit, die Aufmerksamkeit auf zwei oder mehr sensorische Eingaben gleichzeitig zu richten, wie es etwa auf einer Cocktailparty der Fall ist, bei der man dem Gast zuhört, mit dem man gerade spricht, und außerdem noch mit einem Ohr der Unterhaltung nebenan folgt. Es gibt keine erkennbaren Auswirkungen der Alterungsprozesse auf das Kurzzeitgedächtnis – die Fähigkeit, eine Information im unmittelbaren Bewußtsein festzuhalten. Nur das Langzeitgedächtnis, die Fähigkeit, neue Informationen dauerhaft zu speichern, zeigt mit zunehmendem Alter einen deutlichen Rückgang, aber auch erst frühestens in den Sechzigerjahren.

10 bis 15 Prozent der Menschen über 65, heißt es, leiden unter leichten bis schweren Symptomen der Senilität oder Dementia senilis (senile Demenz) – eine prozentuale Angabe, die man so nicht akzeptieren kann. Die Alzheimersche Krankheit galt früher als schwere Senilität, die sich früh, vor dem 65. Lebensjahr, entwickelt. Nun sind die Symptome aber bei jüngeren und älteren Menschen völlig gleich, so daß man heute auch die Senilität, die sich nach dem fünfundsechzigsten Lebensjahr, entwickelt, der Alzheimerschen Krankheit zurechnet oder, fachlich ausgedrückt, der Dementia senilis vom Alzheimer-Typ. Mehr als die Hälfte der Menschen, die Anzeichen von Senilität erkennen

lassen, leidet unter dieser Krankheit – allein in den Vereinigten Staaten etwa zwei Millionen Menschen.

Zu den Symptomen der Alzheimerschen Krankheit zählen deutliche Beeinträchtigungen der Denk- oder kognitiven Prozesse, des Gedächtnisses, der Sprache und der Wahrnehmungsfähigkeiten. Bei einigen Patienten entwickelt sich die Krankheit langsam, bei anderen ist der Verlauf ziemlich rasch. Das erste und auffälligste Symptom ist der Verlust des Langzeitgedächtnisses für jüngere und jüngste Ereignisse – die Unfähigkeit, sich an Erlebnisse und Dinge zu erinnern, die noch nicht lange zurückliegen.

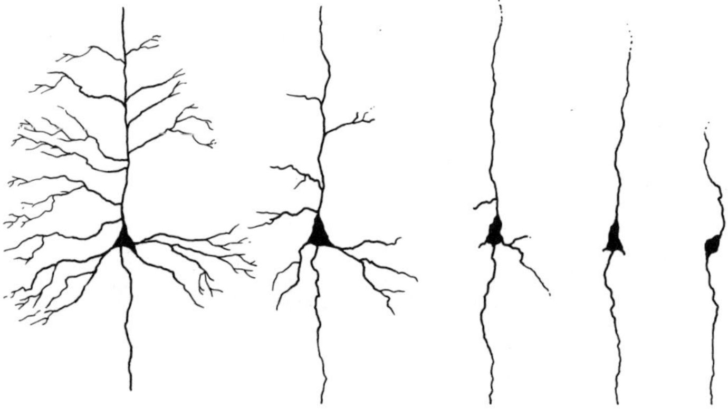

Verkümmerung der Nervenzelldendriten bei der Alzheimerschen Krankheit

Die Gehirnanomalien, die in Verbindung mit der Alzheimerschen Krankheit auftreten, kennt man seit geraumer Zeit: Drusen oder Altersplagues (Proteinklumpen, umgeben von Ansammlungen entarteter Zellen), Verfilzung der Neurofibrillen im Inneren der Nervenzellen, Verkümmerung der Dendriten und Neuronenverlust. Diese Veränderungen zeigen sich vor allem im Hippocampus und in bestimmten Regionen der Großhirnrinde, also in den Gehirnsystemen, die am intensivsten mit kognitiven Prozessen und Gedächtnisfunktionen befaßt sind.

Einige sensationelle Ergebnisse aus der gegenwärtigen Forschung könnten zu einem entscheidenden Fortschritt bei der Vorbeugung und Behandlung der Alzheimerschen Krankheit führen. Es geht dabei um das Acetylcholin (ACh), den Neurotransmitter in den neuromuskulären Verbindungen zwischen allen Motoneuronen und Muskelfasern des Bewegungsapparats. Der Nervenimpuls bewirkt die Ausschüttung der ACh an der Endigung des motorischen Nervs. Das ACh aktiviert die Muskelfasern, wodurch die Kontraktion der Muskeln veranlaßt wird. Anschließend wird es von dem Enzym Acetylcholinesterase (AChE) in seine chemischen Bestandteile Essigsäure (Acetat) und Cholin zerlegt. Eine Form des Acetats ist in allen Zellen vorhanden, während Cholin in vielen Nahrungsmitteln enthalten ist.

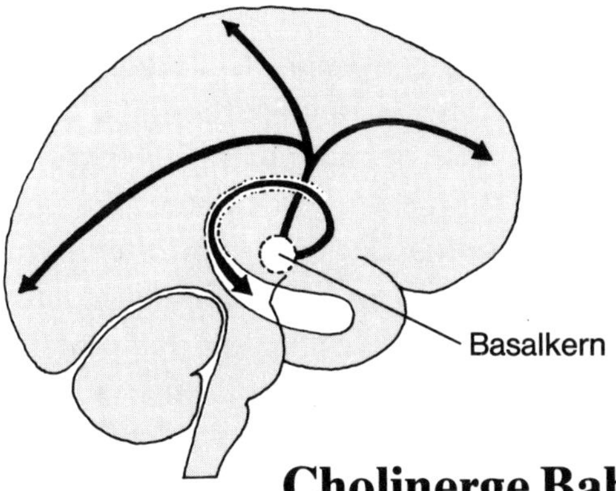

Cholinerge Bahnen

ACh dient auch als Neurotransmitter eines Gehirnsystems. Die Nervenzellen liegen in der Nähe des Hypothalamus, in Richtung der Gehirnbasis in einer Struktur, die Nucleus basalis (Basalkern) heißt. Die ACh-Neuronen dort projizieren auf die Großhirnrinde und den Hippocampus. (Neuronen, die ACh freisetzen, heißen cholinerge Neuronen.) Vor einigen Jahren stellte man in Tierversuchen fest, daß Präparate, die den ACh-Gehalt des Gehirns erhöhen, die Gedächtnisleistung zu verbessern scheinen.

Die jüngsten Fortschritte im Verständnis der Alzheimerschen Krankheit verdanken wir der Arbeit von Joseph T. Coyle und seinen Mitarbeitern an der medizinischen Fakultät der Johns Hopkins University. Das Team untersuchte die Gehirne von zahlreichen verstorbenen Patienten, die an der Alzheimerschen Krankheit gelitten hatten, und fand in allen Fällen einen massiven Zellverlust im Basalkern. Außerdem sind in der Großhirnrinde und im Hippocampus der Alzheimer-Patienten weit geringere Mengen der chemischen Substanzen vorhanden, die am ACh-System beteiligt sind.

Es ist noch nicht bekannt, ob der Verlust an ACh-Neuronen der einzige Grund oder auch nur die Hauptursache der Alzheimerschen Krankheit ist. Genausowenig wissen wir, ob es eine ursächliche Beziehung zwischen Faktoren wie Altersplagues, Neuronenverlust in Cortex und Hippocampus und dem deutlichen Rückgang der ACh-Neuronen im Basalkern gibt. Doch mit dem Nachweis der auffälligen Korrelation zwischen Alzheimerscher Krankheit und ACh-Neuronenverlust lassen sich diese Fragen gezielter angehen.

ACh-Präparate können die Gedächtnisleistung von Tieren verbessern und scheinen das gleiche bei jungen Erwachsenen zu bewirken. Doch viele dieser Präparate haben schwerwiegende Nebenwirkungen. Seit man vom ACh-Zellverlust bei Alzheimer-Patienten weiß, sind solche Präparate zu einem wichtigen Bestandteil der Behandlung geworden. Dabei wird von Erfolgen bei Patienten berichtet, die unter leichten Formen der Senilität litten. (Eine risikolose Behandlung ist eine Diät, die reich an cholinhaltigen Nahrungsmitteln wie Lezithin und Eigelb ist.) Anderen Forschungsberichten läßt sich entnehmen, daß sich das beeinträchtigte Langzeitgedächtnis sehr alter Mäuse bessert, wenn man sie mit Cholin füttert. Doch das hat sich bei Menschen nicht als sehr erfolgreich erwiesen, zumindest nicht bei Alzheimer-Patienten. In neueren Forschungsarbeiten verbindet man eine Lezithindiät mit der Verabreichung eines Präparats namens Physostigmin, das die Wirkung des Enzyms AChE blockiert und deshalb zu einem höheren ACh-Gehalt im Gehirn führt. Aus den Testberichten geht hervor, daß eine solche Behandlung den Alzheimer-Patienten zumindest in den Anfangsstadien helfen könnte.

Aus den Aufzeichnungen eines Wissenschaftlers: Die Suche nach dem Ort des Gedächtnisses im Gehirn (Richard F. Thompson)

Die Gehirnmechanismen, die der Kodierung und Speicherung von Erinnerungen dienen, bilden das Hauptforschungsgebiet eines der Autoren – Richard F. Thompsons. Das Grundproblem war die Lokalisierung der Engramme, der Gedächtnisspuren im Gehirn. Die zellulare Grundlage des Gedächtnisses – wie Neuronen Erinnerungen kodieren und speichern – läßt sich nicht untersuchen, bevor nicht die beteiligten Orte und Neuronen gefunden sind. Wir hatten unlängst das Glück, eine winzige Gehirnregion zu entdecken, wo möglicherweise Erinnerungen eines bestimmten Typs gespeichert werden.

Unsere Suche nach den Engrammen begannen wir vor einigen Jahren, wobei wir in unseren Forschungsarbeiten Wegbereitern wie Iwan Pawlow und Karl

Lashley folgten. Wir wählten eine sehr einfache Form des Lernens aus, von der man weiß, daß sie bei Menschen und Tieren, vor allem Säugetieren, gleich verläuft, da der grundlegende Bau des Gehirns bei der Ratte und beim Kaninchen nicht anders ist als beim Menschen, wenn er bei den genannten Tieren auch sehr viel einfacher und kleiner ausfällt. Wir entschieden uns für die Konditionierung des Lidschlußreflexes der Augen: Auf einen kurzen Ton folgt ein Luftstrom, der gegen das Auge gerichtet ist. Wenn man Ton und Luftstrom einige Male in dieser Weise kombiniert hat, schließt sich das Auge, wenn der Ton zu hören ist, noch bevor der Luftstrom erfolgt. Es handelt sich um eine einfache konditionierte Anpassungsreaktion, die erlernt wird, um das Auge zu schützen. Eine solche Lidreaktion im Zusammenhang mit einem Ton wird von Kaninchen und Menschen gleichermaßen gelernt. Man benutzt diese Reaktion vielfach, um die Grundbedingungen einfacher Lernprozesse bei Menschen und Tieren zu untersuchen. Kaninchen sind gelehrig und willig; sie sind geeignete Versuchstiere für Gehirnstudien.

Vieles sprach dafür, daß die Erinnerung an eine solche einfache erlernte Reaktion nicht in den höheren Gehirnregionen wie der Großhirnrinde oder dem Hippocampus gespeichert wird. So können Kaninchen, bei denen man diese Strukturen entfernt hat, die Lidreaktion fast unbeeinträchtigt lernen. Damit stehen aber noch große Bereiche des Gehirngewebes zur Wahl. Wir konnten weitere Möglichkeiten ausschließen – etwa die Motoneuronen, welche die Leidreaktion steuern, und die Hörkerne im Hirnstamm, die dem übrigen Gehirn mitteilen, daß der Ton erklingt.

Wir hatten noch nicht einmal eine Vermutung, wo die Erinnerung an die Lidreaktion gespeichert werden könnte. Deshalb legten wir eine genaue Karte von der Aktivität der Nervenzellen in allen Gehirnregionen an, die für die Gedächtnisspeicherung in Frage kamen. Dazu zeichneten wir die elektrischen Entladungen der Nervenzellen mit einem winzigen Elektrodensystem auf. Das System wird dem Tier in tiefer Narkose am Schädel befestigt. Wenn es sich von der kleinen Operation erholt hat, wird ihm die Lidreaktion beigebracht, und winzige Elektroden werden in das Gehirn eingeführt, um die Aktivität der Nervenzellen zu registrieren. Das Gehirn selbst hat kein Schmerz- oder Tastempfinden, so daß die Tiere nicht merken, wie ihnen die Elektroden ins Gehirn dringen.

Diese langwierige und mühsame Gehirnkartographie zahlte sich schließlich aus. Wir entdeckten eine sehr kleine Region in einem Teil des Kleinhirns, in der die Entladungstätigkeit der Nervenzellen während der Trainingsphase erheblich zunahm. Das Kleinhirn ist eine große Struktur unterhalb des Vorderhirns.

Es hat vor allem mit Bewegungsabläufen zu tun. Deshalb haben einige Forscher auch die Vermutung geäußert, das Kleinhirn sei ein Speicher für die Gedächtnisspuren erlernter Bewegungen. Nach einiger Zeit bildete das Muster der erhöhten neuralen Aktivität in dieser Kleinhirnregion ein «Modell» der erlernten Lidreaktion auf den Ton, nicht aber des Lidreflexes auf den Luftstrom. Die Entdeckung, daß die Neuronen dieser Region an erlernten Reaktionen beteiligt sind, war höchst ermutigend, aber noch kein Beweis dafür, daß hier auch das Gedächtnis lokalisiert ist. Eine andere, viel entscheidendere Region hätte ja auch einfach die neuronale Aktivität, die die erlernte Reaktion betraf, an diese Region weitergeben können.

In einem nächsten Schritt verursachten wir Läsionen in dieser Region – das heißt, wir zerstörten einen kleinen Teil des Gehirngewebes. Nach der Läsion vergaßen die Tiere die Aufgabe vollständig und konnten sie auch nie wieder erlernen. Dagegen blieb die Lidreaktion auf den Luftstrom völlig normal – die Tiere hatten keine Mühe, sie auszuführen. Sie verloren nur die Erinnerung an die erlernte Lidreaktion und konnten sie sich auch nie wieder aneignen. Wir stellten außerdem fest, daß diese Kleinhirnregion entscheidend für eine andere Form der erlernten Reaktion ist, die in vielen Laborversuchen Anwendung findet: das Heben des Beines, um einen elektrischen Schlag in der Pfote zu vermeiden. Hier scheint sich demnach der Sitz des Gedächtnisses für eine ganze Klasse einfacher erlernter Reaktionen zu befinden.

Der entscheidende Ort, an dem die Erinnerung an die erlernte Lidreaktion durch einen Eingriff zerstört werden kann, ist sehr klein. Winzige chemische Läsionen, die nicht mehr als einen Kubikmillimeter Nervenzellen zerstören, vernichten auch das Gedächtnis. Es gibt in unserer laufenden Forschungsarbeit eine Reihe weiterer Hinweise dafür, daß diese winzige Region des Kleinhirns der Sitz des Gedächtnisses ist. Allerdings ließ sich das noch nicht eindeutig beweisen. Doch nachdem wir einen entscheidenden Teil des Gedächtnis-Schaltkreises entdeckt haben, können wir jetzt versuchen, den gesamten Schaltkreis «vom Ohr bis zum Augenlid» nachzuzeichnen, was wir gegenwärtig tun. So werden wir eines Tages die Gedächtnisspur genau lokalisieren können. Dann werden wir uns auch der wichtigsten Frage dieses Komplexes zuwenden können: Wie kodieren und speichern die Neuronen Erinnerungen im Gehirn?

Auf der Zellebene gibt es zwei grundlegende Arten der Informationskodierung oder der Gedächtnisspeicherung. Die eine ist der genetische Code. Bei den höheren Tieren sind buchstäblich Millionen von Informationsbits in der DNS der Zelle, dem genetischen Gedächtnis, kodiert. Es handelt sich um eine ungeheure Informationsmenge, die nicht nur festlegt, ob wir zu Mäusen oder

Menschen werden, sondern auch die Basis der unzähligen Eigenschaften ist, die ein Individuum vom anderen unterscheiden.

Im Verlauf der Evolution hat sich noch eine zweite, ganz andere Art der Informationskodierung entwickelt – die zellulare Gedächtniskodierung im Gehirn. Dieser Gedächtniscode ist nicht weniger erstaunlich als der genetische Code. Wie erwähnt, hat ein normal gebildeter Erwachsener buchstäblich Millionen erworbener Informationsbits im Gehirn.

Der grundlegende Unterschied zwischen dem genetischen Code und dem Gedächtniscode liegt natürlich darin, daß jeder Mensch den Inhalt seines Gedächtnisspeichers durch Erfahrung und Lernen erwirbt. Die Besonderheit eines Menschen liegt nicht zuletzt in seinem Gedächtnis, dem biologischen Substrat der Erinnerungen an ein ganzes Leben voller Erfahrungen und Erlebnisse. Eines Tages werden wir wissen, welche genetische Grundlage die Gedächtnisfähigkeit des Gehirns hat. Doch niemals werden wir aus der Untersuchung der Gene auf die konkreten Gedächtnisinhalte schließen können. Dazu müssen wir das Gehirn untersuchen.

Die Lernfähigkeit ist offensichtlich eine Eigenschaft des Zellgewebes. Die Fähigkeit an sich ist ohne Frage genetischen Ursprungs. Sie hängt ab von der strukturellen und funktionellen Organisation des Gehirns – seiner Architektur – und von den Speicherprozessen der Zellen. Es wäre auch keine sehr große Überraschung, wenn das genetische Material selbst eine Rolle im Lernprozeß spielen würde. Schließlich kann die Aktivität der Nervenzellen an den Synapsen das Innere der Neuronen einbeziehen und sogar die DNS beeinflussen.

6

Das geteilte Gehirn

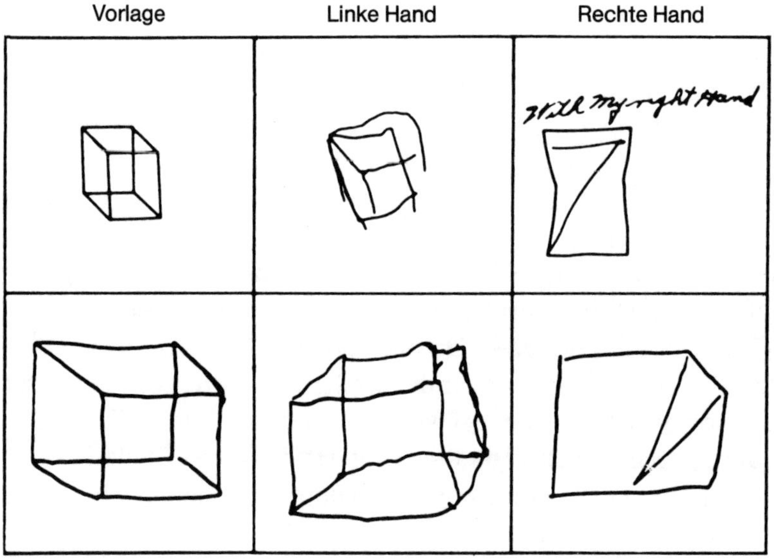

Man kann mit ihnen spazierengehen, schwimmen, essen, ja sogar getrost mit ihnen Auto fahren, wenn sie am Steuer sitzen. Es ist nichts Auffälliges festzustellen. Man fragt sich, was das denn für ein radikaler Eingriff in Gehirn gewesen sein soll. Sie erscheinen normal: Die Koordination ihrer Bewegungen ist einwandfrei, ihr logisches Denkvermögen unbeeinträchtigt, sie können gehen, tanzen, sogar singen. Einer von ihnen kann besser Töne auf dem Klavier nachspielen als der Wissenschaftler, der ihn befragt. Und doch sind diese Menschen wegen epileptischer Leiden einer schwerwiegenden Operation unterzogen worden, in deren Verlauf ihr Gehirn in zwei Teile gespalten wurde. Dieser Eingriff und die daran anschließenden Untersuchungen haben sehr wesentlich zu unserem Verständnis des höchstentwickelten Teils unseres Gehirns beigetragen.

Nur unter besonderen Umständen werden die Unterschiede zwischen den

Hemisphären erkennbar, nur wenn man besondere Anstrengungen unternimmt, sie ausfindig zu machen. Betrachten Sie die Zeichnungen auf der Vorseite. Sie stammen alle von einer Person, einem der «Split brain»-Patienten, bei denen die Verbindung zwischen den Hirnhemisphären durchtrennt wurde. Obwohl die Patienten nach der Operation relativ unbeeinträchtigt erscheinen, ist der Unterschied in diesen Zeichnungen sofort ersichtlich: Bei der einen ist fast überhaupt nicht zu erkennen, was sie darstellt; die andere ist die einfache Wiedergabe eines Würfels, schlecht ausgeführt, aber trotzdem erkennbar. Wie es zu dieser Operation kam und was sich im Anschluß daran ereignete, ist ein Geschehen, dessen Anfänge jetzt fast anderthalb Jahrhunderte zurückliegen – einer der längsten Abschnitte in der Geschichte der Hirnforschung.

Gehen wir zurück zu den Anfängen: 1834/35 begann sich der französische Arzt Marc Dax mit den Krankengeschichten von Menschen zu beschäftigen, die infolge einer Hirnschädigung ihre Sprachfähigkeit verloren hatten – ein Zustand, der als Aphasie bezeichnet wird. Dax stellte fest, daß bei allen die linke Gehirnhälfte geschädigt war. Er sah die einschlägige Literatur durch und befragte seine Kollegen nach ihren Erfahrungen – denn er war ein gewöhnlicher Arzt (ein Arzt für Allgemeinmedizin, würde man heute sagen) und kannte sich nicht sonderlich in der Neurologie seiner Zeit aus. Soweit er feststellen konnte, gab es keinen Fall von Aphasie, an dem nicht die linke Hemisphäre beteiligt gewesen wäre, wenn natürlich auch bei einigen Patienten zusätzlich die rechte Hemisphäre in Mitleidenschaft gezogen war.

1836 unterbreitete Dax auf einer medizinischen Tagung in Südfrankreich seine sorgfältig belegte These: Es gebe, verkündete er, einen engen Zusammenhang zwischen Schädigungen der linken Hemisphäre und Sprachverlust. Die Reaktion war alles andere als überwältigend. Dax fand keine Beachtung, und seine Theorie schien in Vergessenheit zu geraten. Doch es erging ihr wie vielen wichtigen wissenschaftlichen Erkenntnissen: Sie wurde wiederentdeckt.

Im 19. Jahrhundert setzte sich immer mehr die Auffassung durch, daß das Gehirn nicht nur ein amorpher Gewebeklumpen ist, wie die alten Griechen dachten, sondern daß die verschiedenen Bereiche des Gehirns möglicherweise verschiedene Funktionen wahrnehmen. Man fand immer mehr Beweise für die Richtigkeit dieser Annahme, und sie hätte sich noch leichter durchgesetzt, hätte man aus ihr nicht falsche Schlüsse gezogen. Denn die Verfechter der Lehre von der «Gehirnlokalisation», wie man sie damals nannte, waren zugleich Vertreter der Phrenologie.

Zu den Lehren der Phrenologie gehörte auch die Behauptung, daß sich in den Höckern auf der Oberfläche des Schädels die Größenunterschiede des

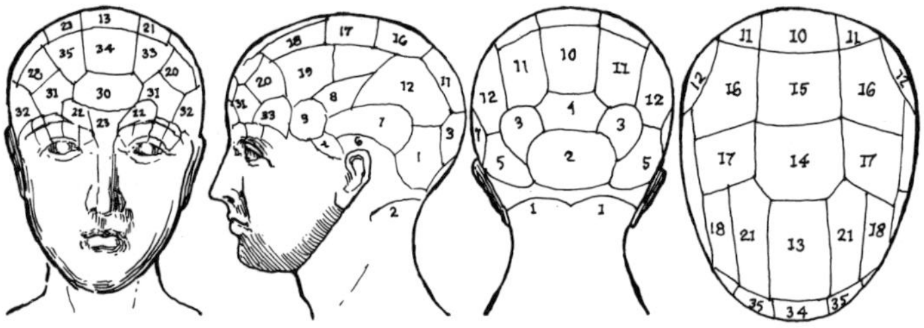

Abbildungen auf einem Plakat aus dem Jahre 1829, auf dem Vorträge über Phrenologie angekündigt wurden

darunterliegenden Gehirngewebes widerspiegelten, so daß man am Schädel ablesen könne, über was für ein Gehirn der betreffende Mensch verfüge. Verschiedenen Bereichen des Gehirns wurden verschiedene Funktionen und Schädelmerkmale zugeschrieben. Die Theorie hatte zwei fatale Nachteile: Sie ließ sich leicht überprüfen – und sie war falsch. So wurde der Gedanke, daß die Hirnhemisphären verschieden seien, zusammen mit der offensichtlich falschen phrenologischen Theorie begraben. Ein zweiter Rückschlag.

Klarheit schuf erst der französische Neurologe Pierre Paul Broca – etwa ein Vierteljahrhundert, nachdem Dax seinen sorgfältigen Bericht vorgelegt hatte. Gegen seinen Willen in die Kontroverse um die Phrenologie hineingezogen, hatte Broca damit begonnen, die Gehirne verstorbener Aphasie-Patienten zu untersuchen. Er veröffentlichte einen Bericht über acht sehr sorgfältig unter-

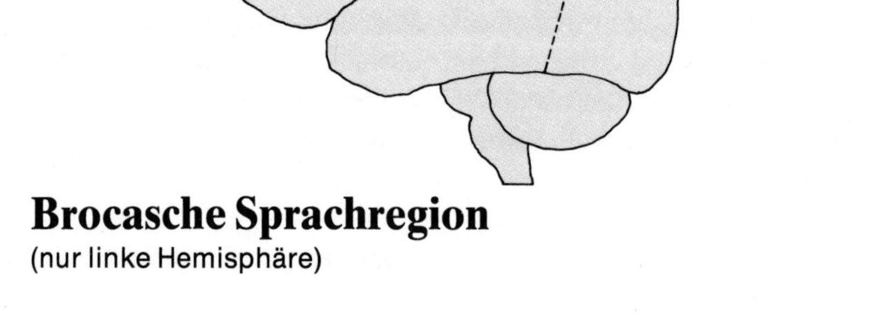

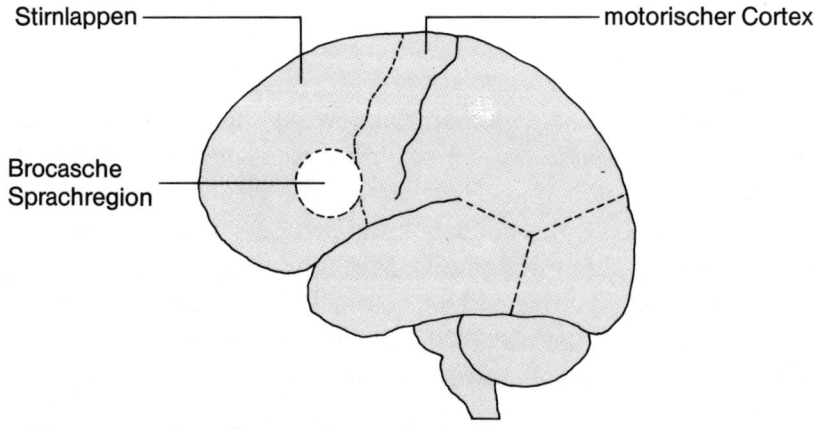

Brocasche Sprachregion
(nur linke Hemisphäre)

suchte und dokumentierte Fälle. In allen lag Sprachverlust vor, und in allen war ein bestimmter Teil des linken Stirnlappens geschädigt. Dieser Bereich wurde als Brocasche Sprachregion bekannt. Es handelt sich um eine der Gehirnregionen, die an der Spracherzeugung beteiligt sind. Damit lag der erste allgemein akzeptierte Beweis für eine Asymmetrie des Gehirns vor, sehr zum Kummer von Dax' Sohn, der alle Hebel in Bewegung setzte, um das Prioritätsrecht seines Vaters geltend zu machen. Doch es war Broca, der mit seiner sorgfältigen Arbeit ein ganzes Forschungsgebiet begründete. Seit mehr als einem Jahrhundert beziehen wir die neurologischen Erkenntnisse aus der Untersuchung von Menschen, deren Gehirn durch Unfall oder Krankheit geschädigt ist, oder aus den Operationen, denen sie unterzogen werden. So dürfen wir also von der klinischen Neurologie und der Neurochirurgie auch weitere Aufschlüsse über die Spezialisierung der Hemisphären erwarten.

1864 kam der große britische Neurologe J. Hughlings Jackson nach der Lektüre von Brocas Arbeiten zu dem Schluß, die linke Hemisphäre sei der Sitz der «Ausdrucksfähigkeit». Über eine Patientin mit einem Tumor in der rechten Hemisphäre berichtet er: «Sie erkannte keine Gegenstände, Personen und Orte.» Inzwischen haben viele Neurologen, Neurochirurgen und Psychiater bestätigt, daß in den beiden Hirnhemisphären des Menschen zwei unterschiedliche Denkweisen untergebracht zu sein scheinen.

In Tausenden von klinischen Fällen hat sich gezeigt, daß eine Schädigung der linken Hemisphäre das Sprachvermögen beeinträchtigen und gelegentlich ganz ausschalten kann. Eine Verletzung der rechten Hemisphäre beeinträchtigt die Sprachfähigkeit in den meisten Fällen *nicht*, kann aber zu erheblichen Störungen in der räumlichen Wahrnehmung, in der Musikalität, im Personengedächtnis und in der Warhnehmung des eigenen Körpers führen. Zum Beispiel können sich einige Patienten mit rechtshemisphärischen Schädigungen nicht richtig anziehen, obwohl Sprechen und Denken keine Beeinträchtigungen zeigen.

In eingehenden neuropsychologischen Studien hat Brenda Milner mit ihren Mitarbeitern versucht, die Störung bestimmter Kategorien von Aufgaben bestimmten Gehirnbereichen zuzuordnen. Beispielsweise läßt die Fähigkeit eines Menschen, aus einem Labyrinth herauszufinden, erheblich nach, wenn der rechte Schläfenlappen entfernt wird, während eine ähnlich starke Schädigung des linken Schläfenlappens diese Fähigkeit kaum beeinträchtigt. Die Forschungsgruppe berichtet auch, daß die Schädigung bestimmter Gehirnregionen zur Störung bestimmter Sprachfunktionen führt: Eine Schädigung im vorderen Teil des linken Schläfenlappens geht einher mit einer Verschlechterung des Wortgedächtnisses. Sprachstörungen scheinen auf eine Schädigung des hinteren Abschnitts des linken Schläfenlappens zurückzuführen zu sein. Auf weit schwächeren empirischen Füßen steht die Behauptung des russischen Physiologen A. R. Luria, daß durch Läsionen der linken Gehirnhälfte auch die mathematischen Fähigkeiten in Mitleidenschaft gezogen würden. Milner und ihre Mitarbeiter stellten fest, daß das Wiedererkennen eines gehörten Tons zu den Funktionen der rechten Hemisphäre zu gehören scheint. Andere Forscher bringen die Unfähigkeit, Gesichter wiederzuerkennen, mit einer Schädigung des hinteren Abschnitts der rechten Hemisphäre in Zusammenhang.

Die klinisch-neurologische Forschung ist deshalb so faszinierend, weil sie einen Zusammenhang zwischen verschiedenen Funktionen und bestimmten Schädigungen der Hirnhemisphären herstellt. Besonders spektakulär ist die Arbeit Roger W. Sperrys und seiner Mitarbeiter, vor allem Joseph Bogens, am California Institute of Technology. Für seine Arbeit hat Sperry 1981 den Nobelpreis erhalten. Wie gezeigt, stehen die beiden Hirnhemisphären über den Balken (Corpus callosum) in Verbindung, der gewissermaßen eine anatomische Brücke zwischen beiden Hälften darstellt. Sperry und seine Mitarbeiter hatten jahrelang in Tierexperimenten den Balken durchtrennt, um die Hemisphären unabhängig voneinander trainieren zu können. Auf Grund dieser Forschungsarbeiten entschlossen sich Philip Vogel und Joseph Bogen vom California College of Medicine zu einer Radikalbehandlung in einigen Fällen von schwerer Epilepsie.

Die Behandlungsmethode sah an den menschlichen Patienten einen ähnlichen Eingriff vor, wie ihn Sperry an seinen Versuchstieren vorgenommen hatte – die Durchtrennung der Verbindungen zwischen beiden Hirnhemisphären, wodurch beide Hälften voneinander isoliert wurden. Man nannte diesen Eingriff «Split brain»-Operation. Ihr lag die Hoffnung zugrunde, daß bei Patienten mit schwerer Epilepsie die Übertragung eines Anfalls von einer Hemisphäre auf die andere unterbunden und so die Schwere des Anfalls insgesamt gemindert werden könne. Die Operation bewährte sich, und in den meisten Fällen besserte sich der Zustand der Patienten so weit, daß sie das Krankenhaus verlassen konnten.

In alltäglichen Situationen ließen diese «Split brain»-Patienten so gut wie keine Anomalien erkennen – was einigermaßen überraschend ist, wenn man bedenkt, wie schwerwiegend der Eingriff war, dem sie unterzogen worden waren. Doch Sperry und Bogen entwickelten einige einfallsreiche und präzise Tests, die deutlich zeigten, daß durch die Operation die speziellen Funktionen der beiden Hirnhemisphären getrennt worden waren.

Wenn der Patient beispielsweise einen Bleistift in der rechten Hand hielt, ohne daß er ihn sehen konnte, so vermochte er ihn ganz normal zu beschreiben. Dazu war er jedoch keineswegs fähig, wenn er den Bleistift in der linken Hand hielt. Erinnern wir uns, daß die linke Hand die rechte Hemisphäre, die nur über begrenzte Sprachfähigkeiten verfügt, mit Informationen versorgt. Wenn der Balken durchtrennt ist, steht die sprachliche (linke) Hemisphäre nicht mehr mit der rechten in Verbindung, die für die linke Hand zuständig ist. Wenn man dem Patienten jedoch eine Reihe von Gegenständen vorlegte – einen Schlüssel, ein Buch, einen Bleistift und so fort – und ihn aufforderte, den zuvor erhaltenen Gegenstand mit der linken Hand auszuwählen, so war er dazu in der Lage, obwohl er noch immer nicht sprachlich zum Ausdruck bringen konnte, was er tat. Eine sehr ähnliche Situation würde entstehen, wenn man mir heimlich den Auftrag geben würde, eine bestimmte Handlung auszuführen, und Sie diese Handlung kommentieren müßten, ohne daß man Ihnen irgend etwas darüber mitgeteilt hätte.

Wenn wir etwas über das Wissen eines anderen Menschen erfahren wollen, so lassen wir uns bei der Bestimmung der Grenzen normalerweise von seinem Sprachvermögen leiten – das heißt, wir reduzieren das «Wissen» dieses Menschen auf das, was er darüber berichten kann. Das oben beschriebene Beispiel zeigt, daß wir damit möglicherweise einen schwerwiegenden Fehler begehen. *Wir wissen mehr, als wir sprachlich zum Ausdruck bringen können.*

In einem anderen Experiment wurde mit einer geteilten visuellen Eingabe die Spezialisierung der beiden Hemisphären untersucht. Die rechte Hälfte eines jeden Auges schickt ihre Botschaft an die rechte Hemisphäre, die linke Hälfte an die linke Hemisphäre. In diesem Experiment zeigte man dem Patienten sehr kurzfristig das Wort *heart* (Herz), und zwar so, daß das *he* (er) im

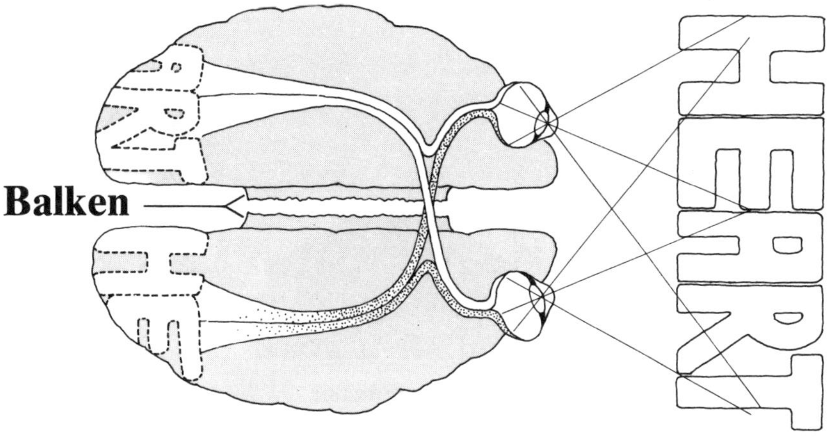

Fixpunkt des linken Auges und das *art* (Kunst) im Fixpunkt des rechten Auges lag. Würde man einen normalen Menschen fragen, was geschehen ist, so würde er antworten, daß er das Wort *heart* gesehen hat. Doch die «Split brain»-Patienten gaben unterschiedliche Antworten, je nach dem, welche Hemisphäre angesprochen war. Wenn der Patient aufgefordert wurde, das Wort zu wiederholen, das man ihm gerade gezeigt habe, so erwiderte er *art*, weil dieser Wortbestandteil auf seine linke Hemisphäre projiziert worden war, die die Frage beantwortete. Wenn dem Patienten jedoch zwei Karten gezeigt wurden – eine mit dem Wort *he* und die andere mit dem Wort *art* – und wenn man ihn bat, mit der linken Hand das Wort zu zeigen, daß er gesehen habe, so wies er auf das *he*. Bei diesen Patienten schienen die in beiden Hemisphären gleichzeitig stattfindenden Ereignisse ihre Besonderheit und Unabhängigkeit zu bewahren. Die sprachliche Hemisphäre gab eine Antwort, die nichtsprachliche eine andere.

Ein besonders spektakuläres Beispiel für die Überlegenheit der rechten Hemisphäre wurde von Roger Sperry und einem seiner Mitarbeiter in einem Film festgehalten. Der «Split brain»-Patient erhält einige Bauklötze, die auf jeder Seite rote und weiße Flächen in unterschiedlicher Anordnung aufweisen. Nun wird er aufgefordert, mit den Bauklötzen ein vorgegebenes Muster nachzulegen. Mit der linken Hand hat der Patient keine Schwierigkeiten. Er legt immer schwierigere Muster. Dann wird er aufgefordert, sie mit der rechten Hand zu legen.

Die meisten Menschen würden sicherlich annehmen, es müßte ganz leicht sein, die gleichen Muster mit der anderen Hand zu legen. Schließlich hat sich der Patient doch unmittelbar zuvor bei der Ausführung der Aufgabe selbst beobachtet. Trotzdem hat die rechte Hand große Schwierigkeiten. Selbst bei ein-

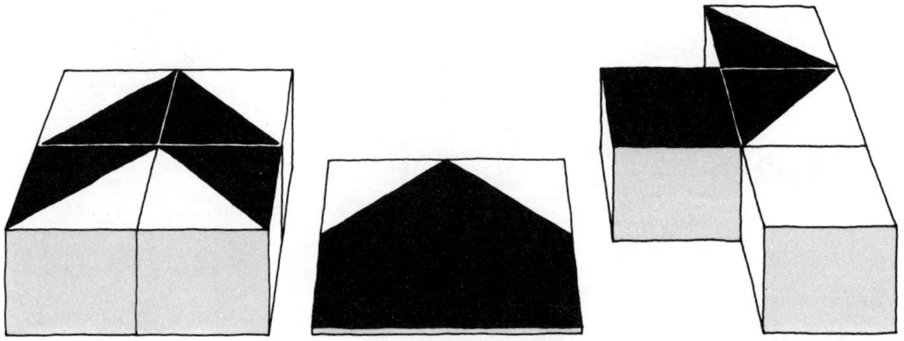

Linke Hand (Rechte Hemisphäre) — Vorgegebenes Muster — Rechte Hand (Linke Hemisphäre)

fachsten Mustern schiebt sie die Klötze scheinbar ziellos hin und her. Einmal sieht man in Sperrys Film, wie der Patient einen Klotz umdreht und damit ein Muster vollendet, doch dann dreht er ihn weiter und zerstört es zur großen Enttäuschung des Zuschauers wieder. Doch hier zeigt sich der interessanteste Aspekt: Auch die linke Seite des Patienten ist entsetzt. Die linke Hand taucht seitlich auf und versucht, den Fehler der rechten zu korrigieren, wird aber vom Versuchsleiter daran gehindert.

Joseph Bogen, einer der Chirurgen, die diesen Eingriff vorgenommen haben, untersuchte die Auswirkungen der Operation auf die Zeichenfähigkeit der Patienten (Zeichnungen aus diesen Tests sind am Anfang des Kapitels abgebildet). In einer anderen Untersuchung forderte Bogen einen der Patienten auf, ein Kreuz und einen Quader abzuzeichnen. Auf der untenstehenden Abbil-

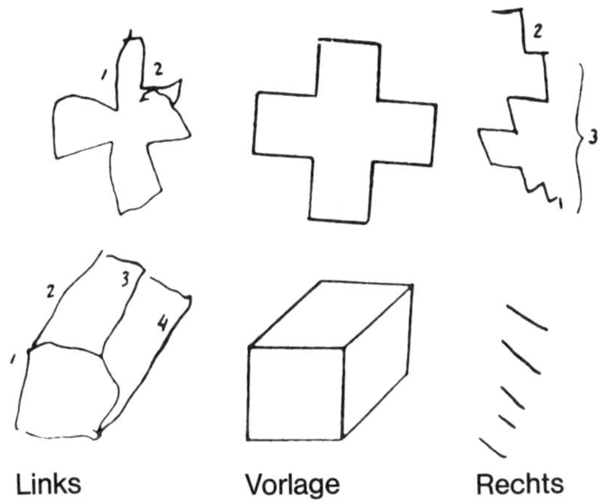

dung sind die Zeichnungen der rechten und der linken Hand zu sehen. Die mit der linken Hand (der rechten Hemisphäre, wie wir uns erinnern) ausgeführten Zeichnungen geben die Vorlagen recht gut wieder; die zeichnerische Qualität der Figuren, die mit der rechten Hand angefertigt wurden, ist etwas besser, aber die Formwiedergabe ist miserabel: Wie auf den Zeichnungen am Anfang des Kapitels sind die Ursprungsformen kaum zu erkennen. Die Teile des Ganzen werden sozusagen nur «aufgelistet». «Alles, was uns zu Augen kam», schreibt Sperry, «läßt darauf schließen, daß der Eingriff den Geist dieser Menschen in zwei separate Hälften aufgespalten hat, das heißt in zwei unabhängige Bewußtseinssphären.» Und, so ist hinzuzufügen, diese «Sphären» sind völlig verschieden: Die eine scheint sich in Worten ausdrücken zu können, die andere in Zeichnungen und räumlichen Beziehungen. Es bleibt die Frage: Ist dies auch bei normalen Menschen so – oder ist die Spaltung der Hirnfunktionen ein besonderes Phänomen, hervorgerufen durch eine bestimmte Operation?

Über diese spektakulären, durch die «Split-brain»-Patienten und Läsionen möglich gewordenen Untersuchungen hinaus liegen inzwischen noch andere Hinweise auf die physiologische Dualität im Bewußtsein vor. Im allgemeinen ist große Vorsicht angezeigt, wenn man nur aufgrund von pathologischen und chirurgischen Fällen auf normale Funktionen schließt. Wir dürfen nicht vergessen, daß wir es hier mit gestörten, nicht mit normalen Funktionen zu tun haben und daß möglicherweise nur eine schwache Analogie zu den normalen Funktionen vorliegt. In Fällen von Hirnschädigung läßt sich nie mit Sicherheit entscheiden, ob nicht eine Hemisphäre infolge der Läsion eine Funktion von der anderen in ungewöhnlichem Maße übernommen hat. Bei den neurochirurgischen Patienten sind die Funktionen aufgrund der schweren Epilepsie per definitionem atypisch.

Um zu einem endgültigen Urteil zu kommen, braucht man deshalb mehr Daten über Menschen mit normalen geistigen Funktionen, auch wenn diese Daten notgedrungen etwas indirekter ausfallen müssen, da wir diesen Menschen nicht im Gehirm herumstochern können. Dennoch konnten in neueren Forschungsarbeiten mit normalen Versuchspersonen viele der aufgrund neurochirurgischer Eingriffe gewonnenen Erkenntnisse bestätigt werden. Die Daten stammen aus vielen Quellen – aus Tests des Gesichtssinns, der Augenbewegungen, der Reaktionszeit, der Ohrenpräferenz und aus den elektrischen Anzeichen für die Asymmetrie des Gehirns.

Aus den Aufzeichnungen eines Wissenschaftlers: Die Spezialisierung des Cortex (Robert Ornstein)

Vor dem Hintergrund dieser Forschungsergebnisse hat einer der Autoren, Robert Ornstein, versucht, mit Hilfe einer einfachen Methode zu untersuchen, ob sich auch das normale Gehirn der «Lateralisierung» bedient, die sich nach der chirurgischen Spaltung zeigt. Das Gehirn wurde vom Hirnstamm aus «aufgebaut», so daß jede Schicht des «baufälligen Hauses» über der zeitlich vorhergehenden zu liegen kam. Daraus folgt, daß sich die interessanten Teile des Gehirns – die verschiedenen Regionen des Cortex – direkt unter dem Schädelknochen befinden und daß sich die Aktivität des Gehirns mittels empfindlicher Elektroden an der Kopfhaut erfassen läßt.

Diese Aufzeichnung heißt Elektroenzephalogramm oder EEG, wie man der Einfachheit halber sagt: Das EEG mißt die durch die Spannungsänderungen bedingten Gehirnströme an der Schädeloberfläche. Es handelt sich um sehr niedrige Spannungen – in der Größenordnung von ein paar Millionstel Volt. Das EEG liefert ein ziemlich grobes Maß, etwa so, als würde man den generellen Geräuschpegel einer Stadt festhalten. Bei einer solchen Messung würde man vermutlich feststellen, daß es von neun bis siebzehn Uhr ein hohes Geräuschaufkommen in der Stadtmitte gäbe, nach Eintritt der Dunkelheit stärkere Geräuschentwicklung in den Außenbezirken und kaum noch Geräusche nach Mitternacht. Man würde dieses generelle Geräuschaufkommen aber kaum dazu benutzen, differenziertere Aussagen zu machen, etwa über die voraussichtliche Entscheidung der Einwohner bei der nächsten Wahl. Aus dem gleichen Grund können wir der Aufzeichnung der Gehirnwellen lediglich entnehmen, ob ein Teil des Gehirns «Geräusche» entwickelt, also aktiv ist.

Wir gingen in unseren Experimenten von der Vermutung aus, daß im Gehirn eines normalen Menschen beim Denken verschiedene Hemisphären aktiviert würden. Durch EEG-Aufzeichnungen von beiden Hemisphären einer normalen Person, die mit kognitiven Aufgaben beschäftigt ist, müßten – so meinten

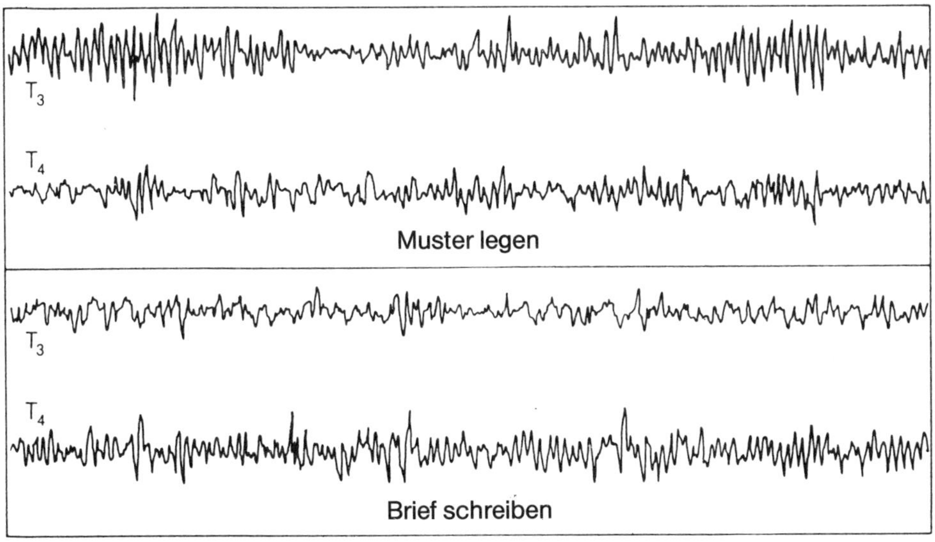

EEG-Aufzeichnungen bei zwei verschiedenen kognitiven Aufgaben

wir – Anzeichen für die selektive Aktivierung und Ausschaltung der Hemisphären zu entdecken sein.

Mit seinem Kollegen David Galin überprüfte Ornstein diese Überlegungen an einem Medizinstudenten, der sich ihnen einen Sommer lang für Untersuchungen zur Verfügung stellte. Er wurde links und rechts an den Schläfen und Scheitelbereichen des Schädels mit EEG-Elektroden versehen. Dann ließ man ihn bestimmte sprachliche und räumliche Aufgaben ausführen: einen Brief schreiben und mit farbigen Bauklötzen ein vorgegebenes Muster nachlegen.

Die Resultate stellten sich sofort ein und waren sehr auffällig: Beim Schreiben (vermutlich einer linkshemisphärischen Aufgabe) zeigten sich im EEG über der rechten Hemisphäre Alpha-Wellen (Wellen von ungefähr 10 Hertz) mit großer Amplitude, über der linken Hemisphäre dagegen Wellen von weit geringerer Amplitude. Diese Verteilung kehrte sich beim Musterlegen um. Nun dominierte der Alpha-Rhythmus über der linken Hemisphäre, während er über der rechten schwächer ausgeprägt war. Der Alpha-Rhythmus gilt im allgemeinen als Indiz für einen Rückgang der Informationsverarbeitung in dem betreffenden Bereich (vergleichbar mit dem Abnehmen des Geräuschpegels in einer Stadt).

Wir schienen gefunden zu haben, wonach wir suchten – ein Maß für die Aktivität der beiden Hemisphären bei einer normalen Versuchsperson. Die linke Hemisphäre wurde «stiller», als der Student mit den Bauklötzen hantierte. Die rechte Hemisphäre wurde stiller, als er schrieb. Wir setzten die Tests mit ihm den ganzen Sommer hindurch fort und warben noch weitere Versuchspersonen an. Auch bei ihnen fielen die Ergebnisse ähnlich aus: Ihr EEG zeigte (bei jeder Aufgabe), daß der Gehirnbereich, der *nicht* gebraucht wurde, teilweise «abgeschaltet» war.

Betrachten wir die EEGs auf der vorigen Seite, die aufgezeichnet wurden, während normale Versuchspersonen den geschilderten kognitiven Aktivitäten nachgingen. Zu beachten ist das Auftreten der hohen Amplituden des Alpha-Rhythmus in der linken Hemisphäre (als T_3 bezeichnet) bei der Beschäftigung mit dem räumlichen Problem und die größeren Alpha-Wellen in der rechten Hemisphäre (T_4) bei der Auseinandersetzung mit sprachlichen und arithmetischen Aufgaben.

Diese Ergebnisse vor Augen, überlegten wir, warum andere Forscher so viele Schwierigkeiten gehabt hatten, EEG-Daten auf Intelligenz, Erkenntnis und Bewußtsein zu beziehen. Glücklicherweise hatten wir einige Faktoren berücksichtigt, die man in der Vergangenheit übersehen zu haben schien:

1. Wir zeichneten jedes EEG auf, während die Versuchsperson eine Auf-

gabe ausführte, statt den Versuch zu unternehmen, ein «ruhendes» EEG oder ein gemitteltes «evoziertes» Potential auf eine nachfolgende Leistung zu beziehen.

2. Wir wählten kognitive Aufgaben aus, die nach klinischen Berichten mehr in die Zuständigkeit einer Hemisphäre fielen und deshalb einer vorhersagbaren Verteilung der Gehirnaktivität zugeordnet werden konnten.

3. Wir brachten die EEG-Elektroden nach anatomischen Gesichtspunkten an.

Es gibt viele Indizien dafür, daß die Schläfen- und Scheitelbereiche des Gehirns in ihren Funktionen am asymmetrischsten sind, während in den beiden Hinterhauptbereichen weitgehende Übereinstimmung festzustellen ist. Unglücklicherweise hat man in der Vergangenheit meist EEG-Aufzeichnungen aus dem Hinterhauptbereich verwendet, vermutlich weil sie für Störungen durch Muskeln und Augen weniger anfällig sind.

Wir warben zehn neue Versuchspersonen für eine methodisch strenge Untersuchung dieses Phänomens an. Die Personen wurden aufgefordert, einen Brief zu schreiben, mit Holzbauklötzen ein Muster nachzulegen und außerdem diese Aufgaben im Geiste auszuführen (mentales Briefeschreiben und mentales Musterlegen). Das Ergebnis ermittelten wir als Verhältnis der gesamten rechtshemisphärischen Leistung zur linkshemisphärischen Leistung, bezogen zum einen auf die Schläfenbereiche, zum anderen auf die Scheitelbereiche. Höhere Leistung im EEG interpretierten wir als größeren Ruhezustand. Ein hoher Quotient bedeutete folglich größere rechtshemisphärische Ruhe und aktivere Beteiligung der linken Hemisphäre an einer Aufgabe. Entsprechend ließ ein geringer Quotient auf größere Aktivität der rechten Hemisphäre schließen. Die Ergebnisse zeigten, daß beim Musterlegen und bei den mentalen Ausführungen die Quotienten um 10 bis 20 Prozent niedriger lagen als bei den sprachlichen Aufgaben. Dies deutet auf eine stärkere Beteiligung der linken Hemisphäre an sprachlichen Aufgaben und auf größere rechtshemisphärische Aktivität bei räumlichen Aufgaben hin.

Neuere Studien, die mit diesem Quotienten arbeiten, zeigen, daß entscheidend für die Hemisphärenspezialisierung *nicht* die Informationsart ist (Wörter und Bilder einerseits, Laute und Formen andererseits), sondern die Art und Weise, wie das Gehirn die Information verarbeitet. Vor kurzem wurde in einer Untersuchung die Gehirnaktivität von Versuchspersonen bei der Lektüre zweier verschiedener Textarten verglichen: von technischen Beschreibungen und Volkssagen. Das Aktivitätsniveau in der linken Hemisphäre veränderte sich nicht. Doch die rechte Hemisphäre wurde stärker aktiviert, wenn die Versuchspersonen die Sagen las. Technische Beschreibungen wenden sich fast ausschließlich an das logische Denken. Geschichten dagegen zeichnen sich durch Gleichzeitigkeit aus: Viele Dinge geschehen zur gleichen Zeit. Die Bedeutung der Geschichte erschließt sich aus einer Kombination von Stil, Handlung sowie den beim Leser hervorgerufenen Vorstellungen und Gefühlen. Sprache *in Form von Geschichten* scheint also rechtshemisphärische Aktivität auszulösen.

In einem anderen Experiment wurde die Gehirnaktivität aufgezeichnet, während die Versuchspersonen eine Anordnung von Schachteln in ihrer Vorstellung drehen mußten. Normalerweise wurde diese Leistung von der rechten Hemisphäre ausgeführt. Forderte man Versuchspersonen jedoch auf, die Aufgabe analytisch zu lösen, durch Zählen der Schachteln, so schalteten die Versuchspersonen meist auf ihre linke Hemisphäre um. Die Menschen können ihre Hemisphären also unterschiedlich zur Problemlösung heranziehen.

Eine wichtige Weiterführung dieses Forschungsansatzes bedeutet die Arbeit, die Richard Davidson und seine Mitarbeiter in den letzten Jahren an der State University of New York in Purchase durchgeführt haben. Wenn eine Versuchsperson aufgefordert wird, die Erinnerung an ein heftiges Gefühlserlebnis wachzurufen, so hängt es von dem Wesen des Gefühls ab, welche Hemisphäre aktiviert wird. Es gibt einen weitverbreiteten – wenn auch ziemlich jungen – Mythos, der besagt, daß die rechte Hemisphäre an allem beteiligt ist, was gut ist. Tatsächlich scheint jedoch die *linke* Hemisphäre an glücklichen und angenehmen Gefühlserlebnissen beteiligt zu sein, während die rechte für negative Gefühle wie etwa den Ärger zuständig ist. Noch verblüffender wird dieser Befund durch eine weitere Studie von Davidson: Bei der Untersuchung zehn Monate alter Säuglinge bestätigen sich diese Resultate – die rechte Hemisphäre ist stärker an Gefühlen wie Ärger und Zorn, die linke mehr an Glück und Wohlgefühl beteiligt.

Eine befriedigende Erklärung dafür gibt es zwar noch nicht, doch man vermutet folgendes: Die linke Hemisphäre könnte die fein abgestimmten Bewegungen steuern, die rechte Hemisphäre die gröberen und kraftvolleren Bewegungen wie Laufen und Werfen. Möglicherweise hat es sich im Laufe unserer Stammesgeschichte als vorteilhaft erwiesen, die Kontrolle der großen Bewegungen in der Nähe des Zentrums für negative Gefühle unterzubringen, so daß in Fällen, in denen rasches Handeln angezeigt war – zum Beispiel Laufen oder Schlagen –, keine unnötige Zeit verging. Wie dem auch sei, es handelt sich auf jeden Fall um höchst wichtige Entdeckungen, die uns weiteren Aufschluß darüber geben werden, wie die Funktionen in unserem Gehirn untergebracht sind.

Diese Untersuchungen an «Split brain»-Patienten und normalen Probanden haben uns zu einem neuen Verständnis von der Erkenntnis, dem Bewußtsein und der Intelligenz des Menschen geführt. Wir können nicht alles, was wir wissen, in Worten zum Ausdruck bringen, und doch beruht unsere Erziehung fast ausschließlich auf dem gesprochenen oder geschriebenen Wort. Für die Schwierigkeit, unser Konzept von Erziehung und Intelligenz entsprechend zu erweitern, ist möglicherweise die Tatsache mitverantwortlich, daß wir keine Standardmethode zur Beurteilung des nichtsprachlichen Intelligenzanteils haben.

Die beiden Erkenntnisweisen konkurrieren nicht miteinander, sondern ergänzen sich. Ohne eine zusammenfassende Perspektive bleibt unsere Analysefähigkeit möglicherweise so nutzlos wie die rechte Hand des «Split brain»-Patienten. Umgekehrt ist jede intuitive Einsicht verloren, wenn wir sie nicht zum Ausdruck bringen können. Viele Menschen, die wir als «unintelligent» oder «zurückgeblieben» einstufen, verfügen vielleicht über eine andere Art von Intelligenz und könnten der Gesellschaft wertvolle Dienste leisten.

Der Neurologe Norman Geschwind hat das Dilemma wie folgt beschrieben: «Man darf nicht vergessen, daß wir praktisch alle unter einer nicht unbeträchtlichen Zahl von speziellen Lernbehinderungen leiden. Ich bin zum Beispiel völlig unmusikalisch und kann keinen einzigen Ton halten. Wir leben nun zufälligerweise in einer Gesellschaft, in der ein Kind, das Mühe mit dem Lesenlernen hat, in Schwierigkeiten gerät. Wir alle haben legasthenische Kinder erlebt, die wesentlich besser zeichneten als Kontrollpersonen, das heißt, die entweder über bessere visuell-perzeptive oder bessere visuell-motorische Fähigkeiten verfügten. Ich vermute, daß ein solches Kind in einer Gesellschaft ohne Schriftsprache kaum Schwierigkeiten hätte oder mit seinen überlegenen visuell-perzeptiven Fähigkeiten sogar besser zurechtkommen würde, während viele von uns, die wir uns hier so gut bewähren, möglicherweise eine schlechte Figur machen würden in einer Gesellschaft, in der eine ganz andere Zusammenstellung von Begabungen erforderlich ist, um Erfolg zu haben. Wird sich eine neue Gruppe minimal Hirngeschädigter herausbilden, wenn sich die Bedürfnisse der Gesellschaft verändern?»*

* *Scientific American* 226 (4), S. 76–83.

7

Das individuelle Gehirn

Es schien eine sehr einfache Aufgabe zu sein. Robert Ornstein, einer der Autoren, tat nichts anderes, als die Cortexgröße in verschiedenen Gehirnen zu messen, um eine Vorstellung von der Größe der verschiedenen Felder des Gehirns unterhalb des Schädels zu bekommen. Er hatte keine Ahnung, wieviel es nur dadurch, daß man sich richtige Gehirne genau ansah, zu entdecken gab. Was vor allem auffiel: Wie die meisten seines Faches bezog der Autor seine Vorstellungen über das Gehirn aus anatomischen Zeichnungen, den Modellen, die er gesehen, und den wenigen Gehirnen, die er seziert hatte. Doch als er dann Tag für Tag im Labor arbeitete, wurde ihm klar, daß jedes Gehirn anders war. Eines hatte hier charakteristische Ausbuchtungen, das andere dort, eines hatte einen großen Hinterhauptlappen, ein anderes einen kleinen Schläfenlappen. Es stellte sich heraus, daß die Gehirne der Menschen so verschieden sind wie ihre Gesichter.

Natürlich haben Gesichter auch gewisse Gemeinsamkeiten: Die Augen liegen über der Nase, die Nase über dem Mund und beide über dem Kiefer. Doch innerhalb dieser Grenzen gibt es eine große Variationsbreite: Einige Gesichter haben große Nasen, einige kleine Augen. Genauso verhält es sich mit dem Gehirn. Die verschiedenen Gehirne haben ihre besonderen Merkmale. Wie sich das Gehirn entwickelt, wie es im Leben eines Menschen wächst und sich formt, ja welchen Veränderungen es im Laufe eines Tages unterworfen ist – das ist ein Gebiet, das es noch zu erforschen gilt. Möglicherweise werden wir nicht mehr lange von *dem* Gehirn reden, als hätten alle Menschen das gleiche. Einige der jüngsten Erkenntnisse, von denen wir hier berichten wollen, werden das wohl ausschließen.

Im ersten Kapitel haben wir berichtet, daß Menschen außerordentlich unreif geboren werden und daß sich das menschliche Gehirn weitgehend außerhalb des Mutterleibs entwickelt. Aus diesem Grunde spielen die Umweltbedingungen für die Entwicklung des menschlichen Gehirns eine größere Rolle als für das irgendeines anderen Primaten.

Man nimmt allgemein an, daß die Neuronen bei der Geburt untereinander

Verbindungen herzustellen beginnen und daß die Zahl dieser Verbindungen mit wachsendem Alter und wachsender Erfahrung zunimmt. Es scheint jedoch das Gegenteil der Fall zu sein: Möglicherweise gibt es mehr Verbindungen und Nervenzellen im Gehirn des Säuglings als in dem des Erwachsenen. In der Entwicklung scheint es eher um die «Beschneidung» dieser ursprünglichen Verbindungen als um die Ausbildung neuer zu gehen. Nehmen wir die frühe Lautbildung des Säuglings als Beispiel: In den ersten Lebenswochen stößt ein Baby fast jeden Laut jeder bekannten Sprache aus. Später verliert der Säugling die Fähigkeit, Laute zu bilden, die nicht der erlernten Sprache angehören. Uns scheint bei der Geburt eine Riesenauswahl an Lautmustern zur Verfügung zu stehen, doch wir lernen nur einen kleinen Teil davon. Das Gehirn ist vielleicht für viele verschiedene Dinge «ausgestattet» – etwa für die Tausende von Sprachen, die der Menschheit zur Verfügung stehen –, es lernt aber nur eine oder ein paar von ihnen.

Allerdings hängt das Wachstum des Gehirns von einer angemessenen frühen Umwelt ab. Schwere Unterernährung kann zu einer Störung der Gehirnentwicklung führen, zu einem Gehirn, das kleiner als normal ist, und zu schwerer geistiger Zurückgebliebenheit. In einer langen Reihe von Experimenten zeigten Ratten, die in den ersten Lebenswochen unter Nahrungsentzug litten, Fehlentwicklungen. Es kam sogar zu Schrumpfungen bestimmter Hirnstrukturen. Zellen von «Entzugstieren» sahen verschrumpelt aus im Vergleich zu normalen Zellen. Das Gehirn ist also mit einem Muskel zu vergleichen: Es wächst in Reaktion auf bestimmte Erfahrungen – die Neuronen selbst werden größer.

Einige der revolutionärsten Erkenntnisse stammen aus einer Reihe von Studien, die seit etwa zwanzig Jahren an der University of California in Berkeley durchgeführt werden. Initiator dieser Experimente war Mark Rosenzweig, heute werden sie von Marion Diamond geleitet. Dabei werden Rattengehirne untersucht, deren genetischer Hintergrund genauestens bekannt ist. Ratten haben eine ziemlich kurze Tragezeit – 21 Tage –, und sie haben, was in diesem Zusammenhang höchst vorteilhaft ist, eine glatte Großhirnrinde. Das Gehirn des Hundes ist gefaltet, das der Katze ist gefaltet, das Rattenhirn jedoch nicht, ein Umstand, der es in so hohem Maße für chemische und anatomische Messungen geeignet macht. Bei einer glatten Großhirnoberfläche können wir mit gleichförmigen Gewebestücken arbeiten.

An allen Tieren werden erste Messungen unter der Versuchsbedingung «Standardkolonie» vorgenommen, das heißt, jeweils drei Ratten befinden sich in einem kleinen Käfig und erhalten Wasser und Nahrung. Neben den Standardkolonien sieht das Experiment auch «angereicherte» Umgebungen vor, die

«Spielzeug» enthalten oder Gegenstände, die zum Spielen geeignet sind, sowie Umgebungen mit reduzierten Bedingungen, in denen es kaum Stimulationen gibt und in denen die Bewegungsmöglichkeiten durch die Käfiggröße weitgehend eingeschränkt sind. Unter «angereicherten» Versuchsbedingungen leben zwölf mit Spielzeug versorgte Ratten zusammen. Täglich wechseln die Versuchsleiter die Gegenstände aus einem Standardfundus aus. Wenn das nicht geschieht, beginnen sich die Tiere zu langweilen, genauso wie es uns ergeht, wenn wir zu lange dem gleichen Reiz ausgesetzt sind. In der Umgebung mit reduzierten Bedingungen dagegen lebt jede Ratte allein und ohne Spielzeug. Sie kann die anderen Ratten sehen, riechen und hören, aber nicht mit ihnen spielen.

In der Regel sucht Diamond drei männliche Ratten aus einem Wurf aus. Eine wird der angereicherten Umgebung zugewiesen, eine der Standardkolonie und eine der verarmten Umgebung. Selbst bei einjährigen Tieren führt die angereicherte Umgebung zu einer Gewichtssteigerung des Gehirns – in den meisten Fällen von ungefähr 10 Prozent. Zunächst mochte die Fachwelt nicht an diese Resultate glauben, doch die Untersuchungsdaten werden heute praktisch uneingeschränkt anerkannt.

Darüber hinaus wollten Diamond und ihre Mitarbeiter feststellen, ob sich diese Ergebnisse auch in den Gehirnen sehr alter Ratten erzielen lassen. Sie steckten vier sehr alte Ratten zu acht der jungen Tiere in einen Käfig und überprüften, ob die stimulierende Wirkung des Zusammenlebens mit den Jungtieren zu meßbaren Veränderungen im Gehirn führte. Es stellte sich heraus, daß die alten Ratten am Zusammenleben mit den jungen mehr Gefallen fanden als die jungen am Zusammenleben mit den alten. Das Gehirnwachstum der alten Ratten war eine Bestätigung der zuvor erzielten Ergebnisse. Das Gehirn jeder Ratte wuchs um 10 Prozent, während sie bei den Jungtieren lebte. Dagegen wuchsen die Gehirne der Jungen nicht, solange sie mit den Älteren zusammen waren. Warum aber wuchsen die Gehirne der jungen Ratten nicht? Die Antwort liegt möglicherweise in der unterschiedlichen Reaktion der jungen und der alten Tiere auf die Versuchssituation. Jeden Tag, wenn die Versuchsleiter kamen, um die Spielzeuge auszutauschen, liefen die alten Ratten herbei, um zu sehen, welche Spielzeuge zur Verfügung standen, während die jungen Tiere im hinteren Teil des Käfigs blieben und schliefen. Es scheint sich also, so Diamond, im Zusammenleben junger und alter Ratten eine Art Hierarchie herauszubilden: Die alten dominieren. Scherzhaft meint Marion Diamond, dies sei der Grund, warum Professoren auch im Alter so rege bleiben und hundert Jahre alt werden: Sie leben mit jungen Leuten zusammen, die sich im wesentlichen wie junge Ratten verhalten. Jeder wisse schließlich, daß es die jungen Studenten seien, die in den hinteren Reihen des Hörsaals schliefen.

Eine genaue Untersuchung des Gehirnwachstums zeigte, daß die spezifischen Veränderungen in den Dendriten der Nervenzellen stattfinden. Bei stimulierenden Erfahrungen verdicken sie sich. Es ist, als würde der Wald von Nervenzellen dichter und dichter. Das ist die Ursache der Gewichtszunahme.

Nicht nur bestimmte Erfahrungen können das Gehirnwachstum beeinflussen. Auch Bedingungen wie eine gesteigerte negative Ionisierung der Luft (jene «geladene» Luft, die man auf Bergen, an Wasserfällen und am Meer antrifft), hervorgerufen durch einen negativen Ionengenerator in der Nähe von Diamonds Rattenkolonien, bewirkten gleiche Veränderungen im Gehirn. Also nicht nur Freunde und anregende Erfahrungen machen sich in Kopf und Hirn bemerkbar, sondern auch die frische Luft von Berggipfeln, Wasserfällen und anderen Orten, wo die Ionenkonzentration (die positive wie die negative) erhöht ist. Ionen können auch die chemische Zusammensetzung von Neurotransmittern verändern. Sie können Stimmungen heben oder dämpfen, eine Erfahrung, die jedem vertraut ist, der die euphorischen Zustände im Gebirge und die Niedergeschlagenheit bei Föhn erlebt hat.

Ob die Ernährung das Gehirnwachstum beeinflussen kann, ist noch nicht untersucht worden, doch hat man festgestellt, daß Nahrungsmittel auf das chemische Milieu des Gehirns einwirken. Das Gehirn ist ein kostbares Gewebe und wird deshalb auf besondere Weise vor der Außenwelt geschützt: Der Schädel ist ein solider Schutzschild. Dazu gibt es auch innere Schranken zum Schutz des Gehirns. Ein spezielles Zellnetz, Bluthirnschranke genannt, verhindert, daß Giftstoffe im Blut das Gehirn erreichen können. Im übrigen macht das Gehirn nur etwas über 2 Prozent des Körpergewichts aus, verbraucht aber 20 Prozent unseres Sauerstoffbedarfs. Man nahm an, das Gehirn würde dank dieser Schutzmechanismen fast völlig isoliert vom Körperzustand oder von Ereignissen in der Außenwelt funktionieren.

Das ist falsch. Die Ernährung wirkt schon vor der Geburt auf uns ein. Harvey Anderson von der University of Toronto hat festgestellt, daß das Futter stillender Ratten die Nahrungspräferenzen ihrer Jungen erheblich beeinflussen kann: Kohlehydratfressende Mütter haben kohlehydratfressende Kinder. Weit schwerwiegendere Konsequenzen werden in einer Studie von Bernard Weiss an der Rochester University erkennbar, der festgestellt hat, daß giftige Nahrungsbestandteile, die man trächtigen Ratten zu fressen gegeben hatte, schon anderthalb Stunden später im Fötus registriert wurden.

Richard Wurtman vom Massachusetts Institute of Technology hat unlängst nachgewiesen, daß die Ernährung verblüffende kurzfristige Veränderungen im chemischen Haushalt des Gehirns hervorrufen kann. Schon in einer früheren Studie hatte man ermittelt, daß die Aufnahme eiweißhaltiger Nahrung die Produktion von Serotonin im Gehirn ankurbelt. Cholinhaltige Nahrungsmittel ließen das Vorkommen des Neurotransmitters ACh im gesamten Gehirn, vor allem aber im Hirnstamm und in der Großhirnrinde, erheblich ansteigen. Cholin ist in Lezithin vorhanden (das als Nahrungszusatz verkauft wird), in Eigelb und, in geringeren Mengen, in Fisch, Getreide und Gemüse, so daß Eier möglicherweise in höherem Maße «Gehirnnahrung» sind als Fisch. Ob sich durch besondere Ernährungspläne Lernen und Gedächtnis aufbessern lassen, ist noch lange nicht bewiesen, aber es wäre töricht, diese Möglichkeit in der Forschung außer acht zu lassen. Auch andere Nahrungsmittel haben ihre besondere Wirkung auf das Gehirn. Bei Aufnahme der Aminosäure Tryptophan werden größere Mengen des Neurotransmitters Serotonin hergestellt, von dem man annimmt, daß er an der Steuerung der Schlaf-Wach-Rhythmen beteiligt ist. Diese faszinierenden, wenn auch vorläufigen Forschungsergebnisse erschließen ein neues und wichtiges Gebiet. Das Gehirn wird durch die Ernährung wichtigen kurzfristigen Veränderungen unterworfen: Ernährungspräferenzen, der Einfluß von Giftstoffen auf das Verhalten, Wachheit, Müdigkeit – alle diese Faktoren werden vielleicht durch die Dinge beeinflußt, die wir essen, denn diese wirken auf die chemischen Prozesse in unserem Gehirn ein.

Ebenso wie sich das Gehirn in Reaktion auf langfristige Umweltbedingungen verändern kann, vermag es sich auch umzustellen, um sich den Folgen eines Unfalls oder veränderten Bedürfnissen anzupassen. Obwohl die Sprache bei den meisten Menschen in der linken Hemisphäre lokalisiert ist, kann man Patienten mit linkshemisphorischer Schädigung dazu bringen, ihre Sprachprozesse in die rechte Hemisphäre zu verlagern, wenn auch diese Flexibilität mit wachsendem Alter abnimmt. Bei Kleinkindern, die eine schwere Schädigung der linken Hemisphäre erleiden, wird die Sprachfunktion von der rechten übernommen. Bei Gehörlosen werden die Bereiche des Schläfenlappens, die normalerweise für die Lautverarbeitung zuständig sind, statt dessen zur Verarbeitung visueller Informationen benutzt.

Ein verblüffendes Beispiel für diese Fähigkeit ist das Erlernen einer Zweitsprache. Aus sehr interessanten Forschungsberichten geht hervor, daß sich beim Erlernen einer zweiten Sprache die Gehirnorganisation gelegentlich verändert: So kann die erste Sprache von der linken in die rechte Hemisphäre hinüberwandern. In anderen Fällen wird die Zweitsprache nur in der rechten Hemisphäre repräsentiert oder sie ist in beiden gespeichert.

Das Gehirn scheint flexibel und anpassungsfähig zu sein, und diese Veränderungsfähigkeit dürfte für die Unterschiede zwischen den Gehirnen verschiedener Menschen verantwortlich sein. Wir wollen uns hier mit drei großen Gruppen beschäftigen: mit Rechts- und Linkshändern, mit Menschen verschiedener Rassen und mit Männern und Frauen. Das Gehirn des Linkshänders unterscheidet sich von dem des Rechtshänders. Es lassen sich drei Formen der Gehirnorganisation bei Linkshändern beobachten. In der ersten Gruppe scheint die gleiche hemisphärische Aufgabenverteilung vorzuliegen wie bei den Rechtshändern, in der zweiten Gruppe ist diese Verteilung umgekehrt, und in der dritten Gruppe sind die sprachlichen und räumlichen Fähigkeiten auf beide Hemisphären verteilt. Ob diese Unterschiede mit Mängeln einhergehen, ist umstritten: Einigen Untersuchungen zufolge sind sowohl die sprachlichen wie die räumlichen Leistungen der Linkshänder beeinträchtigt, andere kommen zu gegenteiligen Ergebnissen. Unbestritten ist, daß sich Linkshänder (und überraschenderweise auch ihre Verwandten) von Hirnschädigungen besser erholen als Rechtshänder, was darauf schließen läßt, daß ihr Sprachvermögen gleichmäßiger über das Gehirn verteilt ist. Unbestritten ist auch das kulturelle Vorurteil gegen die Dinge, die mit der linken Seite zu tun haben. Man denke nur an Ausdrücke wie «linkisch» oder «link».

Ob sich Gehirnunterschiede als Persönlichkeitszüge oder geistige Eigenschaften manifestieren, ist unbekannt. Sicher indessen ist, daß erhebliche Unterschiede bestehen, die möglicherweise auch zu einer abweichenden Regelung der Körperfunktionen führen. So sind Linkshänder beispielsweise anfälliger für Autoimmunkrankheiten als Rechtshänder.

Es gibt eindeutige genetische Unterschiede zwischen Rechts- und Linkshändern, genauso wie natürlich zwischen Männern und Frauen. Doch wie steht es mit den Rassen? Gibt es rassische Unterschiede im Gehirn? Obwohl sich eine endgültige Antwort schwer geben läßt, erscheinen rassische Unterschiede doch höchst unwahrscheinlich. Schon der Rassenbegriff selbst ist zweifelhaft – die Gene, die Hautfarbe und Augenfalten festlegen, scheinen in keiner besonders engen Beziehung zu den Genen zu stehen, die für die Persönlichkeitsmerkmale und die geistigen Fähigkeiten zuständig sind. Überdies bekommen Menschen die Gene von ihren Eltern, nicht aus irgendeinem rassischen Genpool. Ferner sind die Anhaltspunkte für «Intelligenz» (ganz gleich, wie man sie definiert) und «Rasse» so vielfältig, daß kein vernünftiges Urteil möglich ist. Und sollte es solche Rassenunterschiede tatsächlich geben, so lassen sie sich durch Ausbildung und Erziehung leicht überwinden. Anders verhält es sich mit den Geschlechtern.

Hier kommen wir zu dem umstrittensten Punkt. Ohne Zweifel gibt es tiefgreifende Unterschiede zwischen den Gehirnen von Männern und Frauen – Unterschiede, die vielfach schon vor der Geburt vorhanden sind. In den letzten Jahren wurden viele Forschungsdaten vorgelegt, die Unterschiede in Verhalten und bestimmten Fähigkeiten belegen: Mädchen sind sprachlich gewandter als Jungen, ihre Feinmotorik ist besser, und sie sind weniger aggressiv. Jungen koordinieren die großen Muskeln besser, sie sprechen stärker auf Bewegung an, und sie sind aggressiver. Neu ist die Erkenntnis, daß es zu diesen Verhaltensunterschieden organische Entsprechungen im Gehirn gibt. Bei Jungen setzt die rechtshemisphärische Entwicklung früher ein als bei Mädchen. Sandra Witelson von der McMaster University forderte Jungen und Mädchen im Alter von drei bis dreizehn Jahren auf, Gegenstände, die sie in der Hand hielten, visuell dargebotenen Formen zuzuordnen. Mit fünf Jahren vermochten die Jungen die Aufgabe mit der linken Hand besser als mit der rechten auszuführen. In der Grundschule schneiden Mädchen bei linkshemisphärischen Aufgaben besser ab als Jungen.

Abgesehen von den Unterschieden in der Reifung der Hemisphären sind diese bei Männern auch spezialisierter als bei Frauen. Das analytische und schlußfolgernde Denken läßt sich bei Männern eindeutiger der linken Hemisphäre zuweisen als bei Frauen, und auch die räumlichen Fähigkeiten sind bei Männern eindeutiger lateralisiert. So sind Männer bei einer Schädigung der linken Hemisphäre stärker in ihren sprachlichen Fähigkeiten beeinträchtigt, und bei einer Schädigung der rechten Hemisphäre sind wiederum die Männer weitreichender in ihren räumlichen Fähigkeiten gestört als die Frauen.

Erst vor kurzem ist man zu wichtigen Erkenntnissen über die Unterschiede zwischen männlichen und weiblichen Gehirnen gekommen. Als Christine DeLacoste und ihre Mitarbeiter in Berkeley damit begannen, bei einer größeren Zahl von Gehirnen den Balken zu untersuchen, stellten sie schon bald fest, daß sie sie auf den ersten Blick als männlich und weiblich einstufen konnten, genauso wie Robert Ornstein individuelle Gehirne erkennen konnte, als er sie wiederholt zu Gesicht bekam. Die bisher untersuchten männlichen und weiblichen Balken sind so verschieden («dimorph», wie es im Fachjargon heißt) wie die Arme von Männern und Frauen: Ein geübter Beobachter braucht sie nur anzusehen, um sie als weiblich oder männlich einzustufen. Bei Frauen ist der Balken größer, und er verbreitert sich zum hinteren Teil des Gehirns hin. Dieser Gehirnbereich übermittelt die Informationen über Bewegungen im Raum und über den visuellen Raum. Genau im Bereich des Balkens hätte man den Unterschied auch erwarten können, weiß man doch, daß räumliche Fähigkeiten wie das Werfen bei Frauen weniger lateralisiert sind, daß also beide Gehirnhälften an ihnen beteiligt sind. Dieser Unterschied zeigt sich bereits nach 26 Wochen im Mutterleib. Wir haben es also mit einem angeborenen Unterschied im Hauptsystem der innerzerebralen Kommunikation zu tun.

Ob wir noch mehr Unterschiede entdecken werden, ist eine andere Frage. Immerhin wissen wir aber, daß Gehirne unterschiedlich werden bei unterschiedlichen Erfahrungen, unterschiedlichen Luftverhältnissen, unterschiedlichen Lernsituationen, unterschiedlicher Ernährung, unterschiedlicher Händigkeit und unterschiedlichem Geschlecht. Da sollten sich zumindest einige Teile des Rätsels lösen lassen, warum die Menschen so verschieden voneinander sind. Wahrscheinlich unterscheiden sich die Gehirne der Menschen stärker voneinander als die irgendwelcher anderer Tierarten, da das Menschengehirn den größten Teil seiner Entwicklung in der Außenwelt vollzieht. Wir sind nicht so austauschbar wie andere Tiere, und der Grund dafür ist unser Gehirn. Neurophysiologen können einen präzisen Atlas des Katzengehirns anlegen, so gleichartig sind die Strukturen von einer Katze zur anderen. Stellen wir uns vor, man versuchte das gleiche beim Menschen – sogar der Balken ist bei Männern und Frauen verschieden. Diese Unterschiede sind sicherlich die Ursache für die Faszination, aber auch Irritation, die wir spüren, wenn wir einander begegnen.

8

Das Gehirn – unser Gesundheitsamt

Wir befinden uns im Wettlauf mit uns selbst. Zum Teil findet dieser Wettlauf in unserem Gehirn statt.

Das Leben und das Gehirn des Menschen sind, soweit wir wissen, von denen aller anderen Arten unterschieden. Dieser Unterschied ist sowohl der Ursprung unserer schöpferischen Fähigkeiten als auch der Grund für viele der Probleme, die der Menschheit seit ewigen Zeiten zu schaffen machen. Ursache dieser Unterschiede ist das außergewöhnliche Wachstum des menschlichen Gehirns in den letzten zwei oder drei Millionen Jahren.

Die evolutionären Veränderungen aller Arten dienten dazu, ihnen das Leben in den Grenzen ihres ursprünglichen Lebensraums zu ermöglichen. Tiere vollbrachten erstaunliche Anpassungsleistungen – denken wir nur ans Fliegen oder an den Winterschlaf –, um den besonderen Anforderungen ihrer Umgebungen gerecht zu werden. Anders die Menschen: Wir haben die Grenzen unserer ursprünglichen Umwelt in Ostafrika und im Nahen Osten verlassen. Heute leben wir über den ganzen Erdball verstreut, in überfüllten Städten, bei klirrendem Frost, in Wolkenkratzern und – für kurze Zeiträume – sogar außerhalb des Planeten.

Biologisch haben wir uns in den letzten 20000 Jahren nicht verändert, doch die Veränderungen, denen wir unsere Umwelt unterworfen haben, sind dramatisch. Wir haben uns neue Welten erbaut – Städte, von Flugzeugen ganz zu schweigen, gab es vor 20000 Jahren noch nicht. Die Anforderungen, mit denen wir uns auseinanderzusetzen haben, unterscheiden sich von denen aller anderen Arten. Unsere Umwelt verändert sich immer schneller. Wir Menschen müssen uns jeder Veränderung anpassen, die wir in der Welt hervorrufen, und unsere Fähigkeit, solche Veränderungen zu bewirken, nimmt ständig zu.

Das Problem besteht also darin, daß unsere kreativen Fähigkeiten unserer Anpassungsfähigkeit stets einen Schritt voraus sind und daß wir ständig gezwungen sind, uns an noch nie dagewesene Situationen anzupassen.

Gibt es zu viele Veränderungen in unserem Leben – Tod des Partners, neue und schwierige berufliche Aufgaben, Umzug in eine andere Stadt –, so wird unsere Anpassungsfähigkeit möglicherweise überfordert, mit dem Ergebnis, daß wir krank werden. Zum Teil liegt dies am baufälligen Zustand unseres Gehirns: Manchmal vermag es mit den Anforderungen der Umwelt fertig zu werden, manchmal nicht. Heute wird gern behauptet, daß wir auf Abruf leben, weil unsere Anpassungsfähigkeit schon längst nicht mehr mit unserem Entwicklungstempo Schritt hält. Das ist nur teilweise richtig, denn je mehr wir über das Gehirn in Erfahrung bringen, desto klarer sehen wir, daß dieses Organ noch unter schwierigsten Umständen in der Lage ist, unseren Appetit, unser Gewicht und unsere Gesundheit zu steuern.

Befassen wir uns zunächst mit einigen der Probleme, dann mit dem Happy-end.

Sie sehen einen spannenden Kriminalfilm im Fernsehen. Sie erleben einen ständigen Wechsel von Anspannung und Entspannung. Ihr Herz beginnt zu klopfen, Ihr Mund wird trocken, Ihr Magen revoltiert, und Ihre Hände werden feucht. Dies geschieht mehrfach, und zwar immer, wenn der Mörder wieder ins Bild kommt. Schließlich ist es vorbei, der Mörder ist hinter Schloß und Riegel, und Sie kehren in den Alltag zurück. Was Sie erlebt haben, war die «Notfallreaktion», eine uralte, angeborene biologische Reaktion, die uns auf das Unvermutete vorbereiten soll. Sie führt zu Veränderungen der Pulsfrequenz, der Leber und Milz, der Atmung, der Pupillen und Muskeln. Sie sind bereit zu reagieren. Wenn Sie eine neue Stellung antreten oder zu einer Verabredung gehen, ist Ihre Reaktion ähnlich. Unter den heutigen gesellschaftlichen Verhältnissen aktivieren die Menschen diese Reaktion weit häufiger als früher. Die Reaktion ist prähistorisch, nützlich in Notfällen, nicht aber, wenn wir uns ständigen Veränderungen gegenübersehen. Sie ist so überholt wie die Gänsehaut – der Versuch des Körpers, sich dadurch warm zu halten, daß er durch das Sträuben eines nicht vorhandenen Fells eine Luftschicht festhält.

In der modernen Gesellschaft ist jedoch die Zahl der Veränderungen, die wir erleben, sehr groß, weit größer, als unser «Bauplan» vorsieht. Keiner von uns ist dafür eingerichtet, bis zu seinem fünfzehnten Lebensjahr 15000 Fernsehmorde zu sehen, dem ständigen Lärm oder den wechselnden Bedingungen städtischer Lebensverhältnisse ausgesetzt zu sein. Niemand war dafür eingerichtet, im Laufe eines einzigen Lebens die Entwicklung von der Postkutsche bis zur Raumfähre mitzuerleben. Wir bleiben also verwurzelt in unserer evolutionären Vergangenheit, während uns die Kreativität der recht jungen Teile unseres Gehirns buchstäblich den «Griff nach den Sternen» erlaubt hat. So kommt es mitten auf dem Weg in neue und unerwartete Lebenssituationen häufig zum

Bruch. Man hat herausgefunden, daß mit der Zahl der Veränderungen, denen wir unterworfen werden (Ereignisse in unserem Leben, die Stress bedeuten, wie ein Umzug, eine Scheidung – oder eine Heirat!), die Wahrscheinlichkeit wächst, daß wir krank werden. Obwohl nicht jeder krank wird, der solche Veränderungen erlebt, so ist diese wichtige Erkenntnis doch recht aufschlußreich für unsere Biologie und unsere Gesellschaft: Die heutige Umwelt überschreitet für viele Menschen die Grenzen des biologisch Zumutbaren.

Zuviel Lebensstress kann zu Herzerkrankungen führen. Die auffällige Vermehrung der Herzkrankheiten in unserem Jahrhundert liegt nicht nur an einer veränderten Ernährungsweise, an mangelnder Bewegung, an dem erhöhten Cholesteringehalt unserer Speisen und am Rauchen. Diese Faktoren erklären lediglich die Hälfte der Herzkrankheiten. Sir William Osler, ein Arzt, der um die Jahrhundertwende praktizierte, schrieb, der typische Patient mit einer Erkrankung der Herzkranzgefäße sei «nicht der anfällige, neurotische Mensch . . ., sondern der robuste Mann, stark an Leib und Seele, voller Energie und Ehrgeiz . . . der stets unter Volldampf steht».

Menschen, die Herzanfälle erleiden, wirken nach außen hin häufig gesund, aber sie zeigen eine übertriebene biologische Reaktion auf den Stress in ihrem Leben. Man hat das als Typ-A-Verhalten bezeichnet. Der Typ A, der zu Herzkranzerkrankungen neigende Mensch, ist danach stets in Eile, ungeduldig und reizbar. Er vergräbt sich in seine Arbeit und nimmt Erschöpfung, Müdigkeit und Krankheit nicht zur Kenntnis. Er versucht, mehr und mehr in immer kürzerer Zeit zu schaffen. Die Beziehung zu seinen Kollegen interessiert ihn nicht, aber die Meinung seiner Vorgesetzten liegt ihm sehr am Herzen.

Bei den Vertretern von Typ A sind Herzkrankheiten doppelt so wahrscheinlich wie bei den Menschen des Typ B, die unter Umständen genauso erfolgreich sind wie Typ-A-Menschen, doch in der Regel ruhiger sind, ihr Leben besser im Griff haben, weniger unter Zeitdruck stehen, mehr an der Qualität als der Quantität der Arbeit interessiert und für Enttäuschungen weniger anfällig sind.

Doch wieso verursacht Stress überhaupt Krankheiten? Wir wissen heute einiges über die Mechanismen der allgemeinen physiologischen Reaktionen auf Stress, doch mit dem Verständnis der spezifischeren Reaktionen stehen wir noch am Anfang. Die Notfallreaktion wird vom Gehirn gesteuert. Es beschleunigt den Herzrhythmus und verengt die peripheren Blutgefäße, so daß sich der Blutdruck erhöht. Dafür zuständig sind vor allem die Neurotransmitter Adrenalin und Noradrenalin. Außerdem veranlaßt das sympathische Nervensystem die Ausschüttung großer Mengen von Adrenalin und Noradrenalin, wodurch gewährleistet ist, daß sie die Zielorgane erreichen.

Die Anfälligkeit für Herzkrankheiten ergibt sich also aus der extremen Reaktionsbereitschaft von Typ A. Auf Herausforderungen antwortet Typ A mit einer stärkeren Notfallsreaktion als Typ B. Häufiger und heftiger verfallen die Typ-A-Menschen in die Notfallreakion des erhöhten Blutdrucks und der beschleunigten Herzfrequenz (sowie in die damit einhergehenden Veränderungen). Die ständige Zu- und Abnahme des Blutvolumens kann die Arterienwände schwächen. Das Blut gerinnt schneller während der Notfallreaktion, was der Arteriosklerose, den Ablagerungen an den Wänden der Blutgefäße, Vorschub leistet. Dadurch wird das Blut daran gehindert, den Herzmuskel zu erreichen, und das ist der Beginn jenes Prozesses, der mit dem Herzanfall endet. Abgesehen davon, daß Adrenalin und Noradrenalin die Blutversorgung des Herzens einschränken, können sie einen Herzanfall auch dadurch mitverschulden, daß sie den Herzschlag nicht nur beschleunigen, sondern auch unregelmäßig werden lassen (man spricht dann von Herzrhythmusstörung). Die Steuermechanismen des Gehirns sind eng verknüpft mit vielen Herzkrankheiten.

Eine andere wichtige Entdeckung aus jüngerer Zeit betrifft das Immunsystem, den Schutz des Körpers vor Krankheit und Giften. Wie Jonas Salk darlegte, funktioniert es ganz ähnlich wie das Gehirn. Es ist ein sehr komplexes System, das aus vielen Teilelementen besteht. Viele Wissenschaftler sind heute der Meinung, daß erstens das Gehirn das Immunsystem steuert und daß zweitens, das Immunsystem für die Entstehung von Krankheiten wichtiger ist als der Einfluß von Giften oder Krankheitserregern. Einige Viren, wie zum Beispiel Herpes simplex, sind stets im Körper zugegen, doch sie werden nur aktiv, wenn es zu irgendeiner Störung im Immunsystem kommt. Ständig befinden sich in unserem Blut Zellen, die Krebs auslösen können, doch bei gesunden Menschen werden sie vom Immunsystem routinemäßig beseitigt. Diese «Zellmutanten» können sich nur einnisten, wenn irgendein Einflußfaktor genetischer oder externer Natur das Funktionieren des Immunsystems unterdrückt hat.

Deshalb sind viele Forscher der Auffassung, daß im Immunsystem der Schlüssel zur Heilung oder Vorbeugung des Krebses und vieler anderer Krankheiten, möglicherweise auch der Schizophrenie, liegt.

Heute ist eines der faszinierendsten Forschungsgebiete die Untersuchung, wie sich psychische Prozesse, vor allem der Stress, auf die Funktionen des Immunsystems auswirken. Sowohl Lebensereignisse wie auch Persönlichkeitsmerkmale beeinflussen die Krankheitsanfälligkeit und die Fähigkeit, sich von Krankheiten zu erholen. Beispielsweise hat man vor kurzem nachgewiesen, daß bei Brustkrebs die Einstellung der betroffenen Frau für die Heilung wichtiger ist als die Größe des Tumors oder die Behandlungsmethode.

Dank neuer Techniken kann die Wissenschaft heute Indikatoren für die Funktionen des Immunsystems direkt messen, so daß man damit beginnen kann, Emotionen mit veränderten Reaktionen des Immunsystems zu korrelieren. Beispielsweise zeigten Versuchspersonen zehn Wochen nach dem Tod des Partners eine zehnfache Schwächung in einer bestimmten Reaktion ihres Immunsystems.

Wir beginnen gerade erst zu verstehen, auf welche Weise seelische Zustände wie Trauer das Immunsystem beeinflussen. Dieses System besteht aus vielen Teilen, und jedes hat möglicherweise seine eigene Beziehung zu den psychischen Prozessen, doch die Reaktion wird durch Gehirnprozesse gesteuert, von denen einige veränderbar sind.

Daß wir unter Stress stehen, ist zu offensichtlich, als daß man es in Abrede stellen könnte. Bei Ärzten und Wissenschaftlern herrscht die Auffassung vor, daß wir mit immer schwerwiegenderen Gesundheitsproblemen rechnen müssen, je weiter wir über die Grenzen unseres biologischen Erbguts hinausdringen und je weiter die Welt unserer Kontrolle entgleitet. Doch wer behauptet, das Gehirn vermöge den Stress des modernen Lebens nicht zu bewältigen, der wird seiner erstaunlichen Fähigkeit zur Erhaltung unserer Gesundheit nicht gerecht.

Man sollte vielmehr fragen, wie es uns gelingt, in unserer komplexen Umwelt gesund zu bleiben. Die meisten Menschen, die unter Stress stehen, werden nicht krank, die meisten Menschen, die rauchen, bekommen keinen Lungenkrebs, die meisten Menschen, die einen Trauerfall haben, sterben keines baldigen Todes, die meisten Menschen, die umziehen und einen völlig neuen Lebensabschnitt beginnen, werden nicht krank. Unsere Körpertemperatur bleibt konstant, unser Herz macht im Laufe der Zeit Millionen von Schlägen, unsere Drüsen empfangen die richtigen chemischen Botenstoffen, und Tausende anderer Steuerprozesse laufen fast automatisch ab. Hauptaufgabe des Gehirns ist es, die Körperfunktionen zu steuern und uns gesund zu erhalten. Die zahllosen Erweiterungen der sensorischen Systeme des Gehirns, die inneren nervösen, chemischen und regulatorischen Systeme, sie alle sollen uns vor Störungen schützen. Das Gehirn ist das größte Sekretionsorgan des Körpers – es erzeugt mehr chemische Substanzen als irgendeines unserer anderen Organe –, und es sorgt für unsere Gesundheit, es ist unser inneres Gesundheitsamt.

Neueste Ergebnisse der Hirnforschung vermitteln eine Ahnung davon, wie komplex das Netz unserer Schutz- und Heilmechanismen ist und welche Erfolge die Medizin erzielen könnte, wenn es ihr gelänge, dieses Netz mit Hilfe bestimmter Präparate und Behandlungsmethoden für ihre Zwecke nutzbar zu machen.

In einer sehr interessanten Untersuchung von Jon Levine an der University of California in San Francisco erhielt eine große Zahl von Versuchspersonen vor einer zahnärztlichen Behandlung eines von mehreren zur Verfügung stehenden Medikamenten. In einigen Fällen handelte es sich um übliche Schmerzmittel, in anderen um ein Placebo – ein wirkungsloses Präparat, von dem der Patient aber erwartete, es würde die entsprechenden physiologischen Reaktionen auslösen. Beide Gruppen berichteten von wenig oder keinem Schmerz während der Behandlung, ein Ergebnis, das schon oft und vielfach gefunden wurde: Wirkungslose Substanzen können, wenn sie von den Versuchspersonen für echt gehalten werden, den Körper beeinflussen.

Dieser «Placeboeffekt» ist in medizinischen Fachkreisen oft heruntergespielt worden, als ob da nichts «Wirkliches» geschähe. Eine ähnliche Erfahrung mußte schon Robert Esdaile machen, der als erster die Wirkung der Hypnose vor der englischen Royal Society, dieser angesehenen wissenschaftlichen Gesellschaft, demonstrierte. Vor einem Ausschuß der Gesellschaft sägte Esdaile einem Patienten ohne Narkose ein brandiges Bein ab. Man glaubte ihm nicht. Die Mitglieder der Royal Society behaupteten, er habe einfach einen «hartgesottenen Gauner» angeworben. Genauso wird häufig der Placeboeffekt mißachtet und von denen, die nur an «harten» medizinischen Fakten interessiert sind, als trivial hingestellt.

Levines Experiment unterschied sich allerdings von den bisherigen. Nachdem er das Placebo einigen Patienten verabreicht hatte, machte er etwas völlig Neues: Er gab der Hälfte der Patienten eine Dosis Naloxon, ein Präparat, das, wie wir gesehen haben, die Wirkung der Endorphine blockiert, indem es deren Rezeptoren besetzt, so daß die Endorphine nicht zum Einsatz kommen können. Wenn das Placebo reine Täuschung war, sollte das Naloxon wirkungslos bleiben. Doch wenn das Placebo die Endorphine aktivierte, würde das Naloxon einen meßbaren Effekt hervorrufen. Viele Neurochemiker staunten über die Ergebnisse: Die Patienten, die Naloxon erhalten hatten, zeigten keinen Placeboeffekt. Sie empfanden die zahnärztliche Behandlung als schmerzhaft. Daraus geht hervor, daß der Placeboeffekt, zumindest in diesem Experiment, auf der Produktion von Endorphinen beruhte, angeregt durch die Überzeugung der Patienten, ein wirksames Schmerzmittel erhalten zu haben.

Das Gehirn ist also möglicherweise in der Lage, Schmerzen dadurch zu lindern, daß es bei Bedarf chemische Substanzen herstellt, die die Übertragung der Schmerzsignale blockieren. Man hat Anhaltspunkte dafür gefunden, daß die Endorphinproduktion das Körpergewicht, das Gedächtnis, schizophrenieähnliche Symptome und viele andere Körperfunktionen beeinflussen kann.

Noch faszinierender ist, daß das Immunsystem selbst Endorphinrezeptoren besitzt.

Das Gehirn scheint also Selbstheilungs- und Regenerationskräfte zu besitzen, die weit über das hinausgehen, was sich die Wissenschaft noch vor wenigen Jahren träumen ließ. Es scheint unsere Gesundheit in einem Maße erhalten zu können, das alle bewußt durchgeführten Maßnahmen weit übertrifft: Norman Cousins berichtet, herzliches Lachen habe ihm geholfen, eine geheimnisvolle Krankheit zu überwinden. Augustin de la Peña hat die Hypothese vorgebracht, daß ein übermäßig gelangweiltes Gehirn für einige Krebserkrankungen verantwortlich sein könnte. Alan Frey hat festgestellt, daß Tränen, die durch starke Gemütserregung hervorgerufen werden, möglicherweise Substanzen enthalten, die der Körper ausscheiden muß. Viele neue Vorstellungen über die Kongruenz von «seelischer» und körperlicher Gesundheit sind im Entstehen. Hier wollen wir uns auf ein einziges Thema beschränken: auf das wichtige und ständig ablaufende Programm, mit dem das Gehirn ein angemesssenes Körpergewicht erhält.

Daß viele Menschen den angeborenen Mechanismen nicht unbedingt vertrauen, zeigt die Verbreitung und Beliebtheit von Schlankheitskuren. In dem Bemühen, Gewicht zu verlieren, führen die Menschen oft einen erbitterten Kampf gegen sich selbst. Es ist, wie die jüngste Gehirnforschung zeigt, ein vergeblicher und nutzloser Kampf, da die Menschen Nahrung lieben. Die Suche nach eßbaren und besonders wohlschmeckenden Dingen läßt sich durch die ganze Geschichte hindurch verfolgen und setzt sich fort in den neuen Rezepten, neuen Restaurants und neuen Eßgewohnheiten. In dem Buch ‹*Consuming Passions: The Anthropology of Eating*› schreiben die Autoren Peter Farb und George Armelagos: «Die Menschen verschlingen fast alles, was sie nicht vorher verschlingt. Die Tiere, an denen sie sich gütlich tun, reichen in der Größe von den Termiten bis zu den Walen. Die Bewohner der chinesischen Provinz Hunan essen Hummerkrabben, die sich noch winden, während die Nordamerikaner und Europäer lebende Austern verspeisen. Einige Asiaten mögen ihre Nahrungsmittel am liebsten so verfault, daß der Gestank den ganzen Raum erfüllt. Es gab Zeiten und Orte, da galten die Föten von Nagetieren, Lerchenzungen, Schafsaugen, Aallaich, der Mageninhalt von Walen und die Luftröhren von Schweinen als erlesene Delikatessen.»

Viele angenehme Vorstellungen sind mit dem Essen verknüpft: die liebevolle Gemeinsamkeit einer Familie, die sich um eine Festtagstafel versammelt hat, die sprichwörtliche Liebe, die durch den Magen geht, und bestimmte Nahrungsmittel, die als Aphrodisiaka gelten.

Das hingebungsvolle Interesse, das wir dem Essen entgegenbringen, hatte bis in jüngste Zeit großen Anpassungswert. In Zeiten unregelmäßiger und unzuverlässiger Nahrungsversorgung hatten die Menschen, die sich vollstopften, wenn Nahrung zur Verfügung stand, bessere Überlebenschancen. Außerdem mußten die Handarbeiter zu Zeiten, da die meisten Verrichtungen enormen Kraftaufwand verlangten, riesige Essensportionen zu sich nehmen, um sich mit der erforderlichen Energie zu versorgen. Noch vor kurzem gab es keine Zentralheizungen, so daß man in gemäßigten Klimaten die Wärme von innen erzeugen mußte – mit dem Magen und dessen Inhalt, nicht mit Ofen und Holz.

Der Körper *selbst* arbeitet wie ein Ofen, und das Gehirn arbeitet wie der Thermostat des Körpers. Doch wenn mehr Brennstoff in Form von Kalorien* aufgenommen wird, als an Wärme oder Energie erforderlich ist, so wird sie als Fett gespeichert. Man nimmt also zu, wenn man mehr Kalorien konsumiert, als man verbraucht. Indes, die Gewichtszunahme und -abnahme ist nicht einfach eine Frage der Kalorien, die man zu sich nimmt (wie uns viele Leitfäden zur Idealfigur glauben machen möchten), weil das Gehirn das Gewicht von einem Sollwert aus reguliert, so wie der Thermostat die Temperatur anhand eines Sollwertes reguliert.

Bedenken Sie folgendes: Im Laufe Ihres Lebens nehmen Sie ungefähr 50 Tonnen Nahrung zu sich. Doch sobald Ihr Wachstum abgeschlossen ist, beträgt die Schwankungsbreite ihres Gewichtes beileibe nicht einmal eine Tonne! So gesehen, sind zehn oder fünfzehn Pfund nicht sehr viel. Der Sollwert ist das Körpergewicht, das die verschiedenen Hirnregionen zu erhalten versuchen. Der Hypothalamus zum Beispiel kann Essen, Trinken und Stoffwechselrate steuern, um den Kalorienverbrauch zu heben oder zu senken. Der Sollwert hält das Gewicht in einem vorher festgelegten Bereich. Deshalb ist es schwieriger, als viele Leute annehmen, durch bloßes Kalorienzählen zu- oder abzunehmen.

Der Umstand, daß das Gehirn das Körpergewicht innerhalb bestimmter Grenzen hält, erklärt auch, warum das Abnehmen zu Beginn einer Schlankheitskur leichter fällt als am Ende. Am Anfang haben wir uns noch nicht sehr weit von unserem Sollwertpunkt entfernt. Da ist das Abnehmen noch kein großes Problem. Doch mit jedem weiteren Pfund, das wir abnehmen, wird der Abstand zum Sollwert größer und damit auch jeder weitere Gewichtsverlust schwieriger.

* Eine Kalorie ist ein Maß für die Wärmeerzeugung und wird festgelegt als die Energiemenge, die erforderlich ist, um die Temperatur von einem Gramm Wasser um ein Grad Celsius zu erhöhen.

Betrachten wir die folgenden Entschuldigungen für «Übergewicht»:

1. «Ich habe schon Hunderte von Pfund in meinem Lebn abgenommen» (was heißen soll, daß man sie stets wieder zugenommen hat).

2. «Ganz gleich, wieviel ich esse – ich bin von Natur aus dick.»

3. «Ich nehme schon zu, *wenn ich das Essen bloß ansehe*.»

Neuere Erkenntnisse legen den Schluß nahe, daß die Leute recht haben mit ihren Gemeinplätzen. Wir haben es hier mit einer Tatsache zu tun, die wohl einige Leser traurig stimmen wird: Manchen Menschen ist es in die Wiege gelegt, dick zu sein. Der Teil des Gehirns, der das Gewicht reguliert, ist bei diesen Menschen möglicherweise auf einen höheren Wert eingestellt. Die Gewichtsabnahme unter den Sollwert wird daher schwierig, wenn nicht gar unmöglich.

Das Problem der aus Veranlagung Übergewichtigen liegt darin, daß ihre Körpernormen, bestimmt durch ihren Sollwert, über den gegenwärtigen kulturellen Normen liegen. Die von Natur aus Übergewichtigen stehen also vor einer finsteren Alternative: entweder ständiger Hunger oder der Makel der Übergewichtigkeit. Deshalb gibt es Leute, die ständig zu- und abnehmen, und deshalb haben die meisten Schlankheitskuren keinen Erfolg. Wer abnehmen will, hat es mit einer schwer überwindbaren biologischen Schranke zu tun.

Doch es gibt einen Trost für die Menschen, deren Schicksal es zu sein scheint, dem Schlankheitsideal der Jeanswerbung vergeblich nachzueifern. Seit Jahren glaubt man, dünne Menschen seien gesünder. Zwar geht aus vielen Untersuchungen hervor, daß Ratten, die fast verhungert sind, am längsten leben, doch hat man vor kurzem herausgefunden, daß Menschen eine höhere Lebenserwartung haben, wenn ihr Gewicht deutlich über den geltenden Normen liegt. Menschen jeden Alters und jeder Größe sind am gesündesten, wenn sie ein bißchen fettleibig sind, und das gesundheitliche Idealgewicht nimmt mit dem Alter zu. Diese Steigerung entspricht fast genau der durchschnittlichen Gewichtszunahme. Die automatische Regulierung unseres Gehirns dürfte in diesem Fall erheblich gesundheitsfördernder sein als unser gegenwärtiges Schönheitsideal. Vielleicht ist es deshalb gar nicht so schlimm, Übergewicht zu haben.

Unter anderem fällt das Abnehmen so schwer, weil die Steuermechanismen des Gehirns sofort damit anfangen, den Brennstoffmangel durch Erhaltung der Körperenergie auszugleichen. Wer schon einmal eine Schlankheitskur gemacht hat, wird sich vielleicht erinnern, daß er sich nach ein paar Wochen Diät matt und zerschlagen fühlte und daß der Gewichtsverlust trotz weiterer Kalorieneinschränkungen immer langsamer vonstatten ging. Zu Anfang einer Schlankheitskur, wenn das Gewicht noch nahe am Sollwert liegt, verliert man ziemlich rasch an Gewicht. Doch wenn sich das Gewicht verringert und wenn der Körper immer entschlossener um die Einhaltung seines Sollwertes kämpft, werden die Stoffwechselprozesse verlangsamt, und der Gewichtsverlust verringert sich oder hört ganz auf. Der angeborene Mechanismus, der den Körper vor dem Hungertod beschützen soll, setzt den Sollwert unter Umständen sehr viel höher, als es der Betroffene wünscht. Da sich der Körper während einer Schlankheitskur auf einen niedrigeren Energiebedarf einstellt, nimmt man wahrscheinlich zu, wenn man die Diät absetzt und wieder normal ißt. Das Gewicht wird also in einem empfindlichen Gleichgewicht gehalten, «unbewußt» gesteuert von den angeborenen Mechanismen des Gehirns.

Von den Überlebenden vieler Katastrophen kennen wir Berichte, die interessante Aufschlüsse über die Arbeitsweise dieser Gehirnmechanismen geben. Der folgende Bericht stammt aus den nationalsozialistischen Konzentrationslagern im Zweiten Weltkrieg. Zu den vielen unmenschlichen Experimenten der Nazis gehörte auch der Versuch herauszufinden, wie rasch Menschen verhungern, wenn sie unzureichend ernährt werden. So erhielten die Lagerinsassen nur dreihundert Kalorien pro Tag. In einem Lager starben die meisten Insassen bei dieser Ernährung, während es in einer kleinen Gruppe auffällig viele Überlebende gab. Nach der Befreiung des Lagers wurde der Leiter dieser Gruppe gefragt, warum seiner Meinung nach so viele aus der Gruppe überlebt hätten – was sie getan hätten. Der Leiter antwortete: «Jeden Tag setzten wir uns bei unserer kargen Mahlzeit zusammen und unterhielten uns. Wir erzählten uns von den opulentesten Mahlzeiten, die wir genossen hatten, und von all den wundervollen Essen, die wir noch erleben würden. Wir stellten uns vor, wir würden Braten und Kartoffeln, Kuchen und Wein verspeisen.» Vielleicht kann das Gehirn gewichtsrelevante Informationen auch aus anderen Quellen als der Nahrungsaufnahme beziehen. Auch das könnte ein Grund sein, warum manche Leute beim bloßen Anblick von Essen zunehmen. In einer Studie wurde die Insulinproduktion der Versuchspersonen durch den bloßen Anblick eines brutzelnden Steaks gesteigert. Dadurch wurde wiederum die Fettaufnahme in den Zellen erhöht. Diese Personen würden tatsächlich zunehmen.

Möglicherweise sind Geist und Gehirn in einem Maße an unserer Gesundheit beteiligt, das noch vor wenigen Jahren kein Wissenschaftler für möglich gehalten hätte. Unser letztes Beispiel stammt aus einer jüngeren, sehr breit angelegten Studie zur Gesundheitssituation einer bestimmten Bevölkerungsgruppe. Jana Mossey und Evelyn Shapiro von der University of Manitoba untersuchten dreitausend Menschen im Alter von 65 Jahren und darüber. Jeder Befragte stufte seine Gesundheit selbst nach einer Skala von «schlecht» bis «ausgezeichnet» ein. Gleichzeitig wurde jede Versuchsperson auch nach den vorliegenden ärztlichen Berichten beurteilt. Das verblüffende Resultat: Die Personen, deren Gesundheitszustand objektiv schlecht war, die ihn aber subjektiv als gut einstuften, hatten eine *bessere* Überlebenschance als die Menschen, deren Gesundheit objektiv als gut zu bezeichnen war, aber von ihnen selbst als schlecht beurteilt wurde. Obwohl diese Ergebnisse sicherlich vielen Deutungen offenstehen, scheint doch aus ihnen hervorzugehen, daß das, was wir von uns selbst glauben, uns helfen kann, Schmerz zu überwinden und unser Gewicht zu verändern (und sogar zu überleben). Möglicherweise beeinflußt es auch unsere Krankheitsanfälligkeit. Offensichtlich ist uns die erstaunliche Fähigkeit des Gehirns, auf unsere Gesundheit einzuwirken, noch längst nicht in ihrem vollem Umfang bekannt. Solche Entdeckungen könnten das Gesicht der Medizin und unsere Vorstellung von uns selbst tiefgreifend verändern.

1972 unterbreitete der namhafte Neurochirurg Joseph E. Bogen in einem Artikel des *Bulletin of the Los Angeles Neurological Society* den ernstgemeinten Vorschlag, ein «begehbares Riesengehirn» zu erbauen. Er stellte sich ein Gehirn vor, groß genug, daß Besucher in seinen Räumen, Systemen und Strukturen umhergehen könnten. Nach dem Willen des Autors sollte man dort einen anschaulichen und lebendigen Eindruck vom komplexen Aufbau der inneren Teile des Gehirns bekommen. 1978 wurde Bogens Vorschlag in einem Artikel für die Zeitschrift *Human Nature*, versehen mit Illustrationen von David Macauley, einer breiteren Öffentlichkeit vorgestellt. Es folgt eine erweiterte Fassung dieses Artikels, wobei vor allem deutlich werden soll, wie ein solches «Museum» entworfen und gebaut werden müßte und was die Besucher auf dem Weg durch die verwinkelten Gänge und Räume des Riesengehirns zu erwarten hätten.

Ein höchst bescheidener Vorschlag

oder

Planung, Errichtung und Benutzung eines Riesengehirns zu unserer Erbauung und Unterhaltung

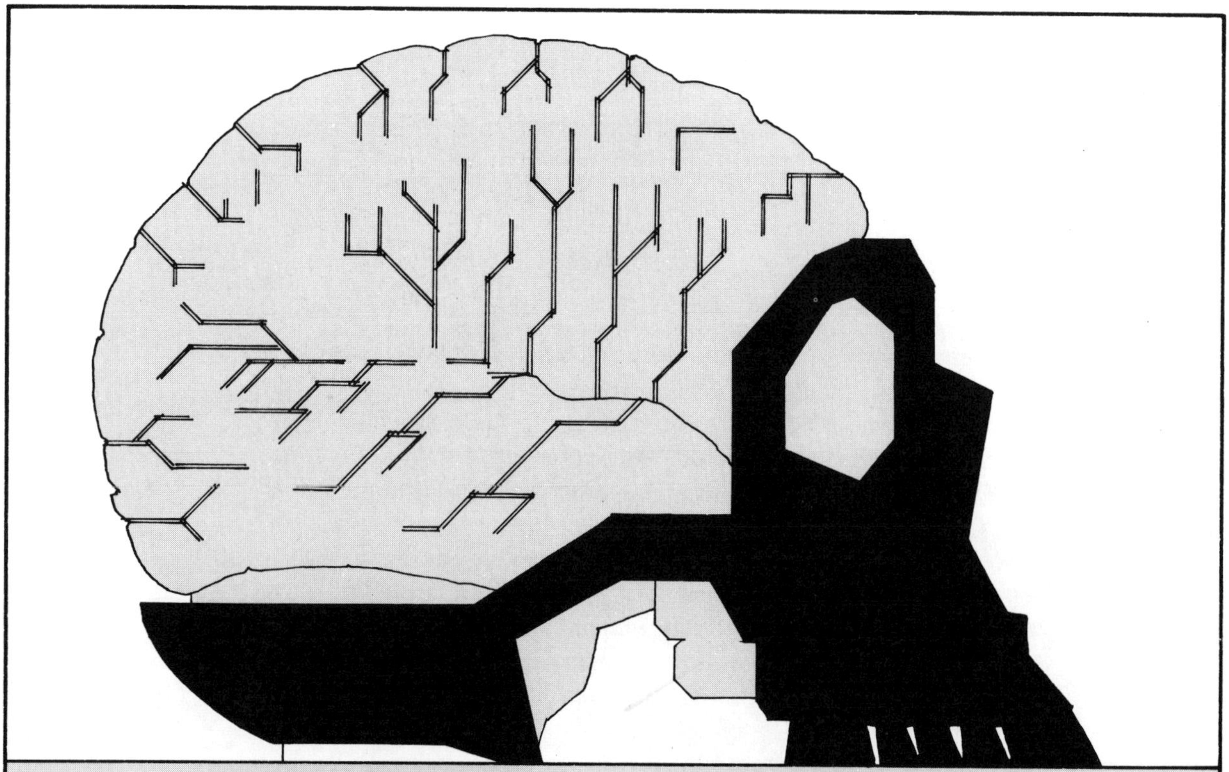

Das Riesenhirnmuseum (Seitenansicht)

Vom Hirnstamm bis zur Cortexspitze wäre das Gehirn rund 150 Meter hoch und fast 140 Meter lang. Teilweise umschlossen und getragen würde es durch eine große Stahlbetonkonstruktion in Form eines Schädels. Ein Großteil der elektrischen und sanitären Installationen des Museums würden an der Außenseite des Gehirns entlanggeführt, ebenso wie die Arterien und Venen, die für die Blutversorgung des lebenden Gehirns sorgen. Einige der größeren inneren Arterien würden Rampen und Fahrstühle enthalten.

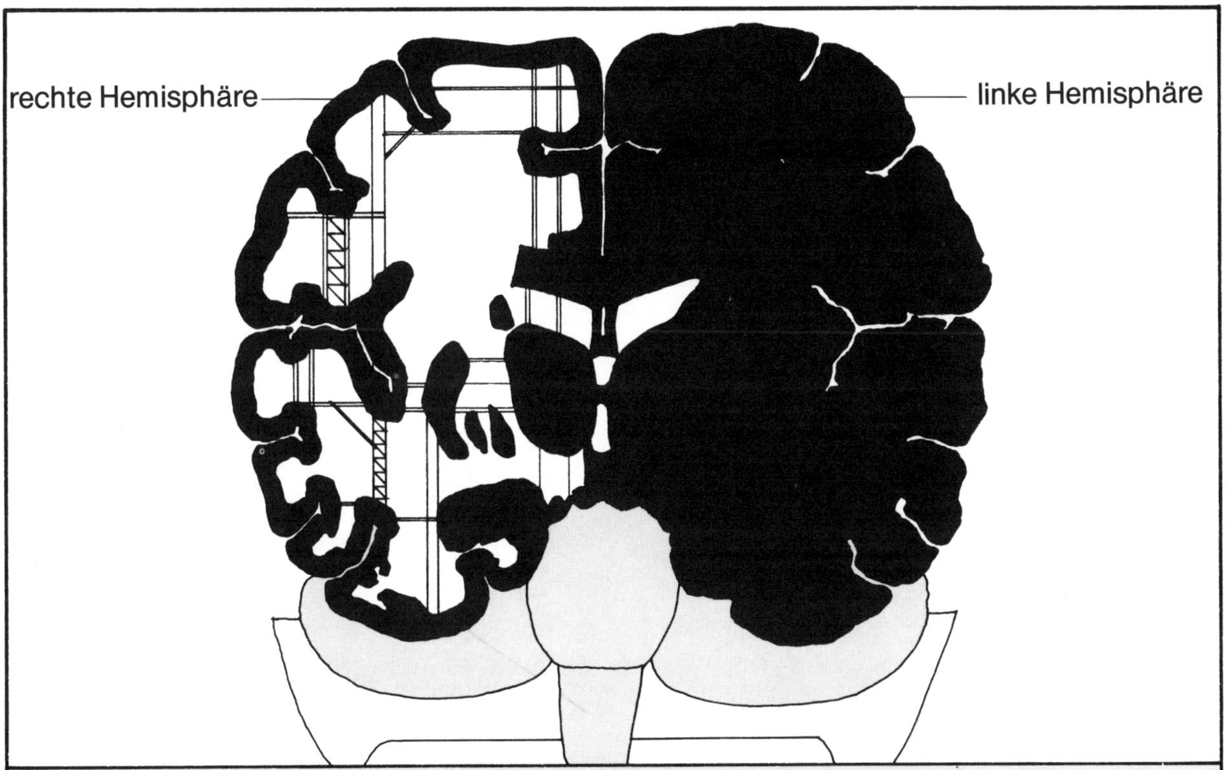

Das Riesenhirnmuseum (Querschnitt)

Die linke Hemisphäre wäre fast massiv, wie die eines lebenden Gehirns. Dort wären verschiedene Ausstellungen, Verwaltungsbüros, Lagerräume und – nahe der Spitze – eine begrenzte Zahl von Luxusapartments untergebracht. Der Erlös aus dem Verkauf der «Cortexapartments» würde einen Teil der Kosten des Museums decken.

Die rechte Hemisphäre wäre sehr viel offener, so als hätte man die weiße Substanz entfernt. Die Besucher könnten die Strukturen der grauen Substanz wie etwa den Thalamus und den Schweifkern (Nucleus caudatus) klarer erkennen und besser verstehen, in welcher Beziehung sie zueinander stehen. In den offenen Räumen über und neben diesen Strukturen würden Laserstrahlen die Assoziations- und Projektionsbahnen darstellen, die für die Verbindung der Cortexfelder sowohl einer wie beider Hemisphären sorgen.

Nachdem man sich unter den vielen Kommunen, die sich um die Ehre stritten, einen geeigneten Standort gewählt hatte, begann man mit der Errichtung der Außenhaut.

Als sich die Schädelkonstruktion ihrer Vollendung näherte, begannen die Arbeiten am Hirnstamm – dem Haupteingang des Museums. Hier beförderten später Spezialaufzüge die Besucher über die Pyramidenbahn zu den verschiedenen Ausstellungen und Rundgängen in beiden Hemisphären. (Im Körper verläuft diese Bahn von der Großhirnrinde bis zum unteren Teil der Wirbelsäule und ist wahrscheinlich zuständig für alle Arten fein abgestimmter Bewegungen.) Gleich hinter dem Hirnstamm wurde der Kleinhirnsaal erbaut. Er war für Einführungsvorträge und spezielle Vorführungen vorgesehen.

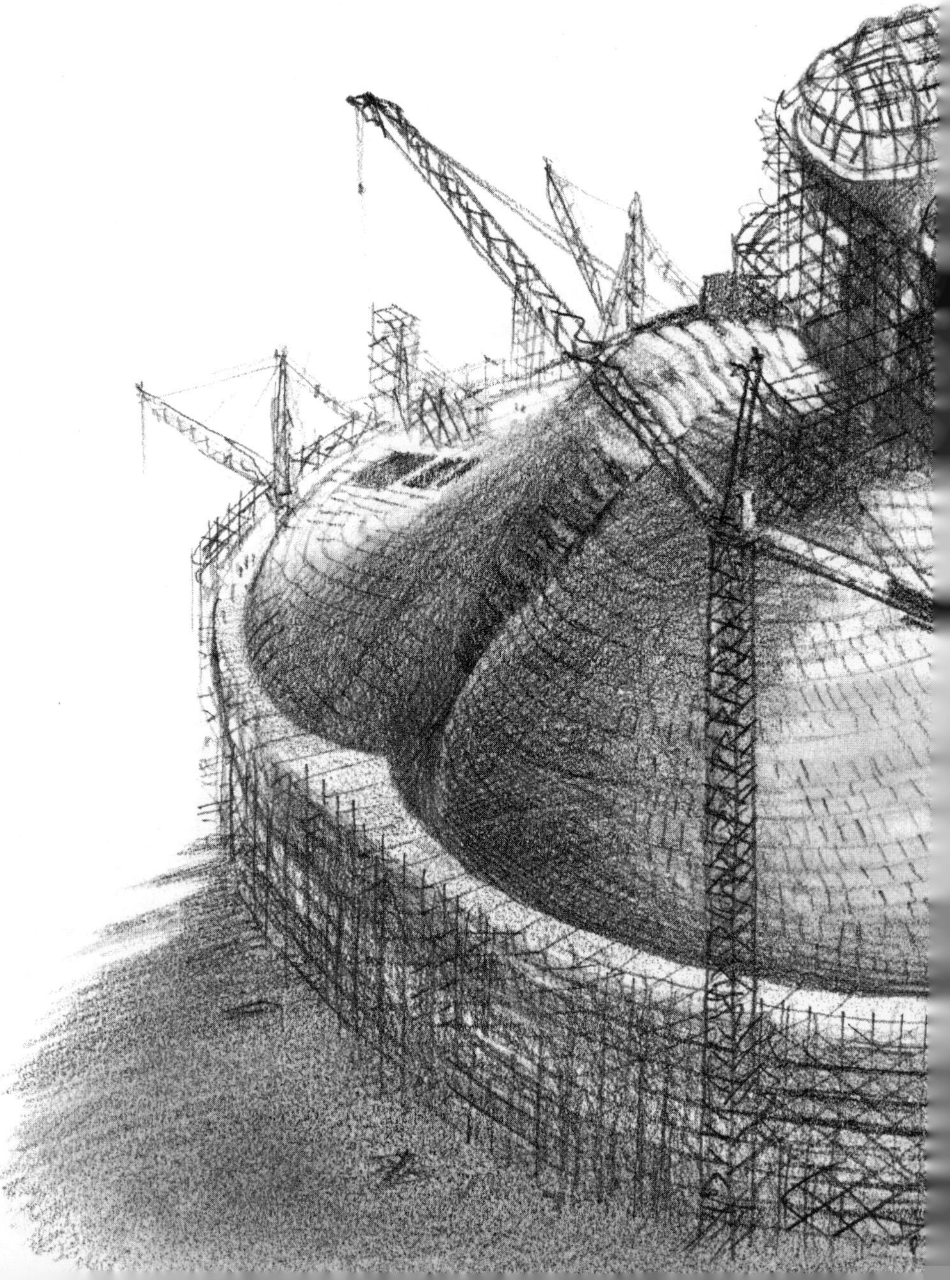

Während man mit dem Bau der Elemente des limbischen und des visuellen Systems der rechten Hemisphäre fortfuhr, wurden die Arbeiten am Cortex der linken Hemisphäre aufgenommen.

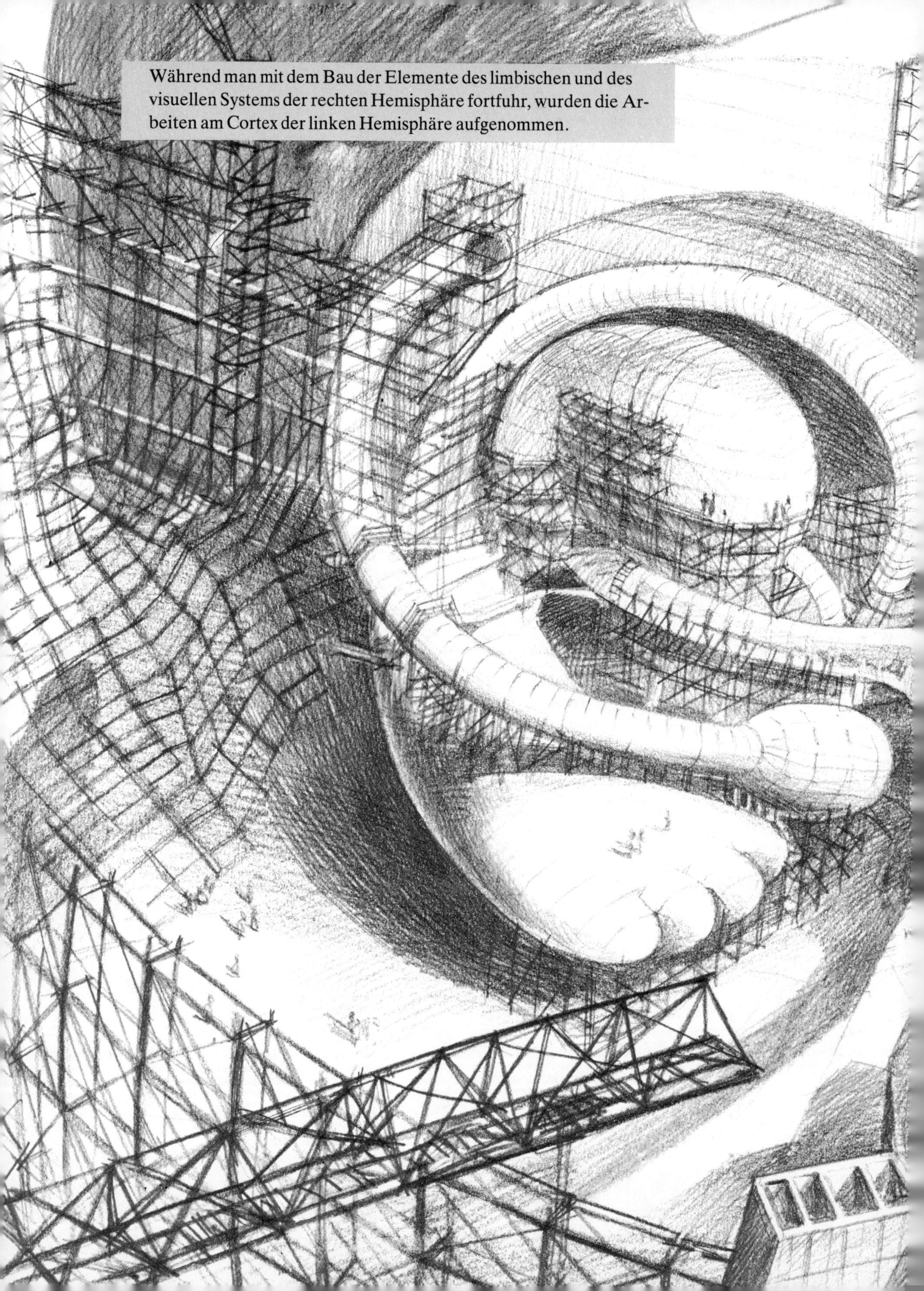

Während der nächsten achtzehn Monate wuchs um die beiden Hemisphären ein dichtes Gerüst auf, überragt von einem Wald von Kränen, deren weit ausgreifende Arme unablässig hin- und herschwenkten.

Allmählich zeichnete sich die silberne Form des Gehirns ab. Der größte Teil des Gerüsts war schon abgebaut. Nur die riesigen Sicherheitsnetze unmittelbar unterhalb der Bauzone blieben an der weitläufigen, vielfach gewundenen Fläche befestigt. Nach einem Jahr waren beide Hemisphären vollständig von der Außenhaut umgeben, so daß sich die Arbeiten größtenteils auf die Innenräume beschränkten.

Im fünften Jahr waren alle Gerüste, Arbeitsgeräte und Baubuden verschwunden, und statt der Armee von Arbeitern reiste jetzt eine noch größere Armee von neugierigen Besuchern an.

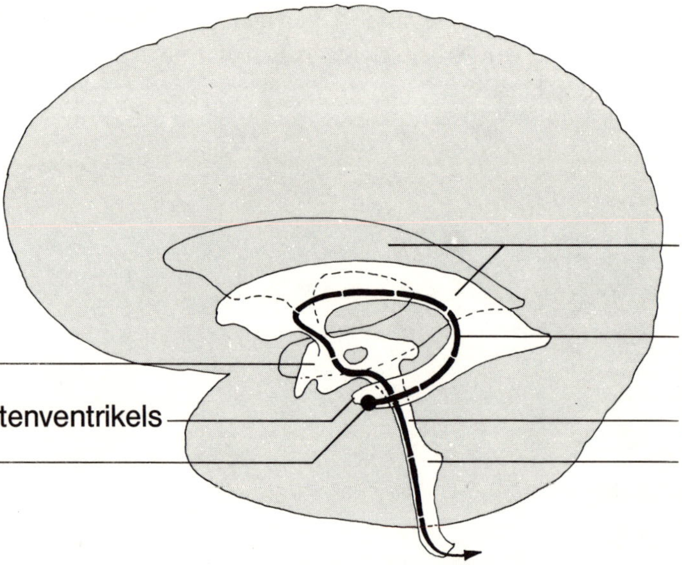

Die Ventrikel

Nach einer Einführung im Kleinhirnsaal haben die Besucher die Wahl zwischen einigen sehr eindrucksvollen Rundgängen. Die beliebtesten Angebote sind der Große Ventrikelrundgang und der Rundgang Visuelles System.

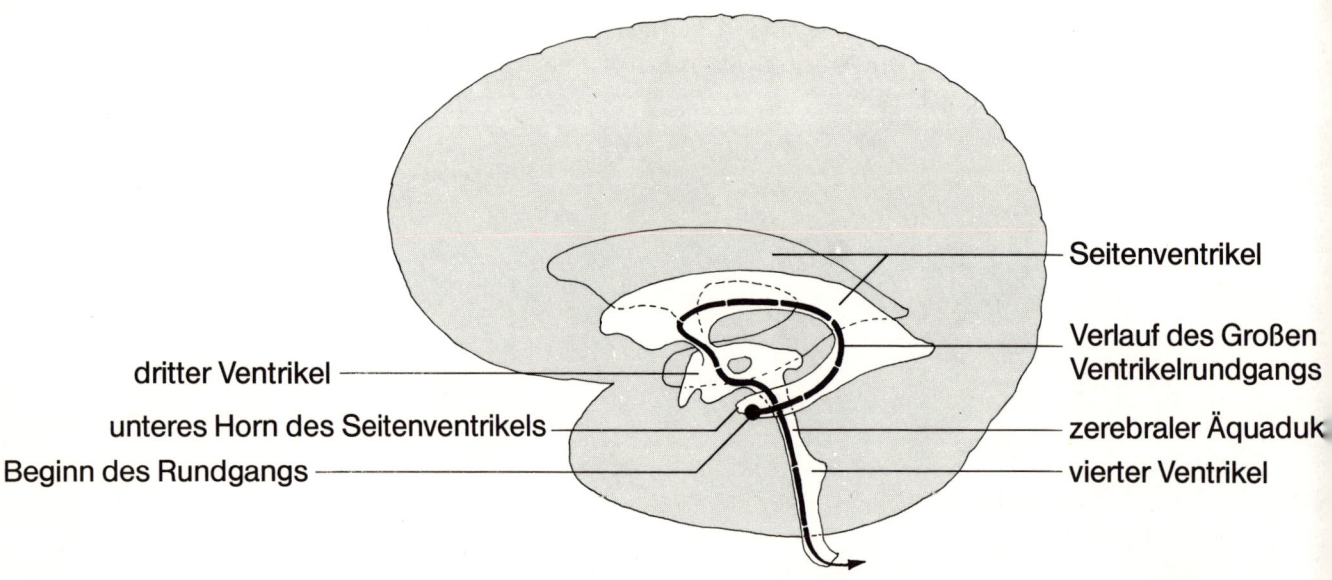

Die Ventrikel sind ziemlich große Kammern, von denen drei im Gehirn und eine im Hirnstamm liegen. Die beiden größten Ventrikel – die Seitenventrikel – sind symmetrisch über dem Hirnstamm angeordnet, einer in jeder Hemisphäre. Da der Seitenventrikel in der linken, massiveren Hemisphäre gänzlich umschlossen ist, läßt man hier den Großen Ventrikelrundgang beginnen. Die Besucher versammeln sich zunächst im unteren Horn des Seitenventrikels. Dann geht es auf den Kämmen des Hippocampus entlang, bis die Gruppe einen Raum betritt, der so hoch wie ein zehnstöckiges Haus ist und Atrium, also Vorkammer, heißt. Hier verläuft das Horn in einem eleganten Bogen nach oben und erweitert sich zur Hauptkammer des Seitenventrikels. Der Aufstieg ist atemberaubend in jeder Hinsicht, ganz gleich, ob die Besucher den Weg über die Ausläufer des Hippocampus wählen oder durch das merkwürdige Adergeflecht hinaufwandern, das man Plexus chorioideus nennt. (Im lebendigen Gehirn wird von diesen Adergeflechten die Cerebrospinalflüssigkeit gebildet, die normalerweise alle vier Ventrikel und noch einige weitere Hohlräume füllt.)

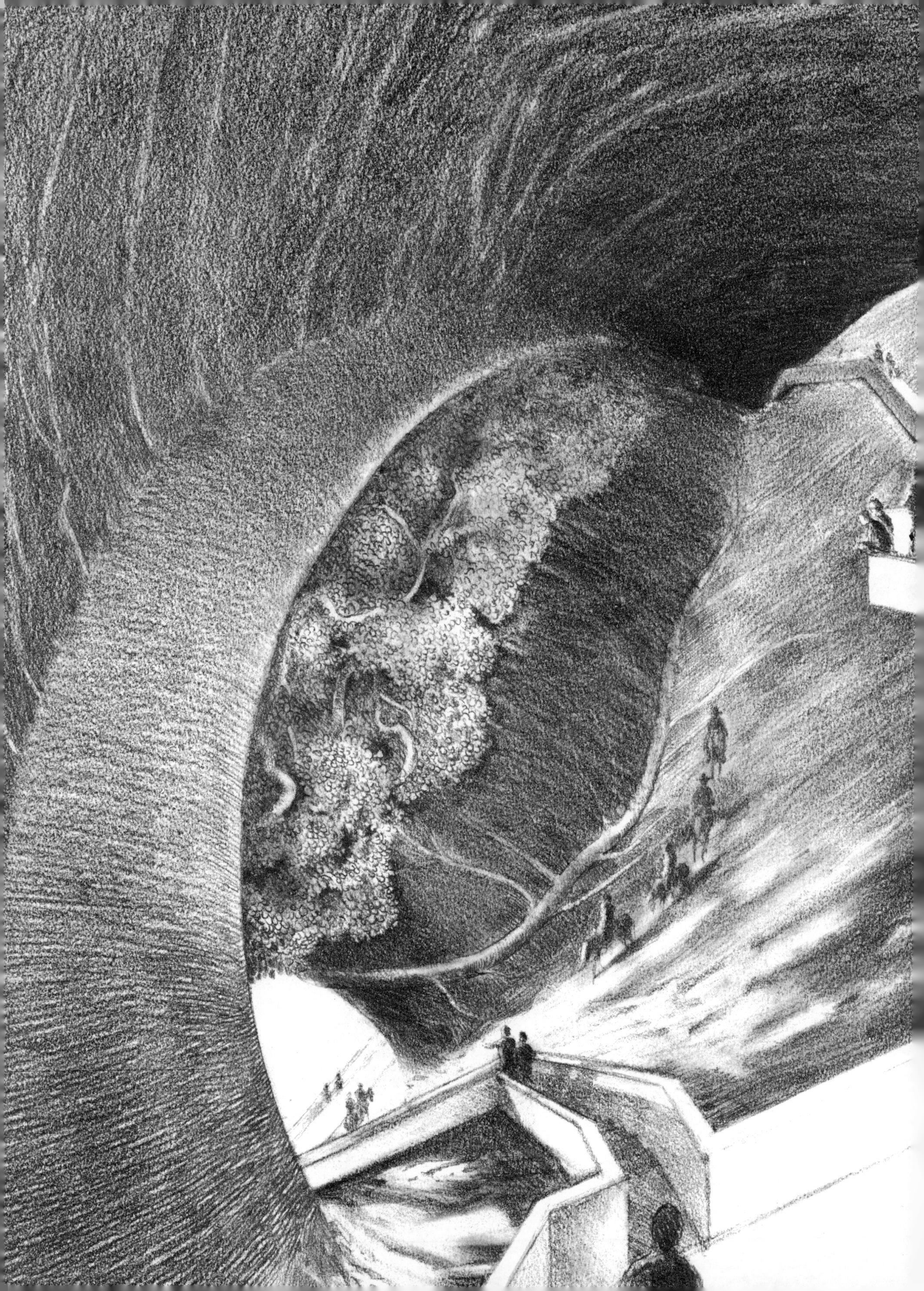

Schließlich befinden sich die Besucher in der Hauptkammer des Seitenventrikels – ein Raum, der fast so lang ist wie ein Fußballfeld. Alle suchen sie das im Vorderteil des Ventrikels gelegene Schweifkerncafé auf – einerseits, weil sie eine Erfrischung gebrauchen können, andererseits, weil sie den herrlichen Ausblick genießen möchten. Das Café ist in den Schweifkern hineingebaut, der dem Seitenventrikel als Außenwand dient. Von der Terrasse aus können die Besucher in die Öffnung zwischen den Ventrikeln (Foramen interventriculare) hinabsehen, durch die sie bald den dritten Ventrikel betreten werden. Durch dieselbe Öffnung finden das Adergeflecht und die innere Hirnvene Zugang zum dritten Ventrikel, während sich über der Öffnung der mächtige Bogen des Fornix erhebt, der sich über die ganze Länge des Seitenventrikels erstreckt. Das Dach des Seitenventrikels wird durch die quer verlaufenden Fasern des Balkens gebildet, der Hauptverbindung zwischen den beiden Hemisphären.

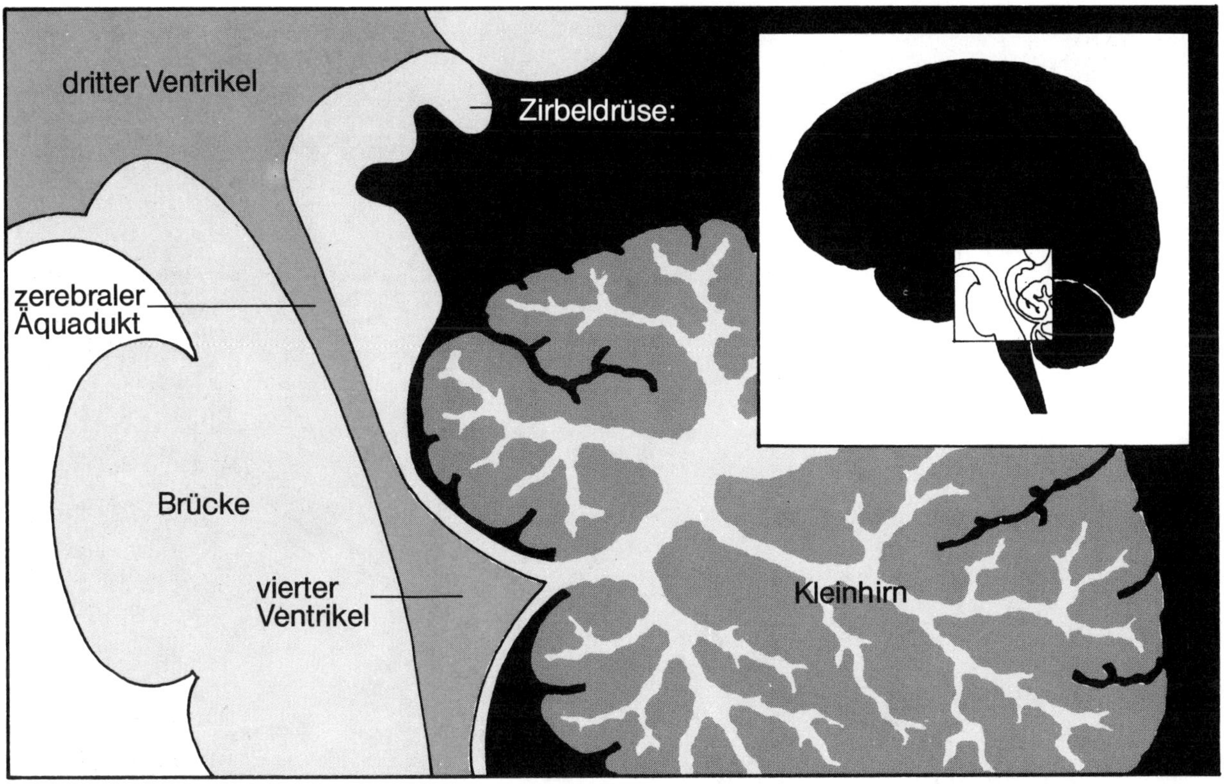

Ende des Großen Ventrikelrundgangs

Der dritte Ventrikel liegt etwa in der Mitte des Gehirns und führt in den zerebralen Äquadukt. Über dem Eingang zum Äquadukt wölbt sich die hintere Kommissur – ein weiteres Faserbündel, das die Hemisphären miteinander verbindet. Über der hinteren Kommissur liegt eine Ausbuchtung (Recessus pinealis), in die sich einige Besucher zu einer raschen Besichtigung der Zirbeldrüse begeben. Einst hielt man die Drüse für den Sitz der Seele, hier dient sie als Aufenthaltsraum. Der dritte Ventrikel wird überbrückt von der Massa intermedia – einer dritten Verbindungsbahn zwischen den Hemisphären, diesmal zwischen den beiden Thalami. Der Große Ventrikelrundgang schließt mit dem Abstieg durch den engen zerebralen Äquadukt (der normalerweise die Cerebrospinalflüssigkeit in die verschiedenen Hohlräume des Gehirns befördert) in den vierten Ventrikel.

Beginn des Rundgangs Visuelles System

Der Rundgang durch das visuelle System beginnt in den Augen. Die Besucher gehen von der Netzhaut den Sehnerv entlang bis zur Sehnervenkreuzung. Je nachdem für welchen Weg im Sehnerv die Besucher sich entschieden haben, setzen sie ihren Weg zum Thalamus entweder in derselben Gehirnhälfte fort, oder sie wechseln zur anderen Hemisphäre über. Beide Bahnen führen schließlich zur Sehrinde im hinteren Teil des Gehirns.

Cisterna chiasmatis (Liquorzisterne) vom Hypophysenstiel aus gesehen

Ein zweiter, weniger anspruchsvoller Rundgang beginnt mit einer Fahrstuhlfahrt zur Kopfschlagader empor, wird dann am Innenohr unterbrochen und führt schließlich zu einem Hohlraum unterhalb der Sehnervenkreuzung, der Cisterna chiasmatis. Unmittelbar vor Verlassen des Fahrstuhls ist in Höhe dieses Hohlraums ein Aneurysma zu erkennen, eine krankhafte Arterienerweiterung.

Unmittelbar unterhalb des Aneurysmas verläuft die Arteria communicans posterior zum hinteren Teil des Gehirns. Über dem Aneurysma windet sich die Arteria choridea anterior zum linken Schläfenlappen empor. Im hinteren Teil der Cisterna chiasmatis ragt hinter der Sehnervenkreuzung der Hypophysenstiel herab, der den Hypothalamus mit der Hypophyse verbindet. Über der Cisterna führen die beiden glasumschlossenen Sehnerven zu den Augen.

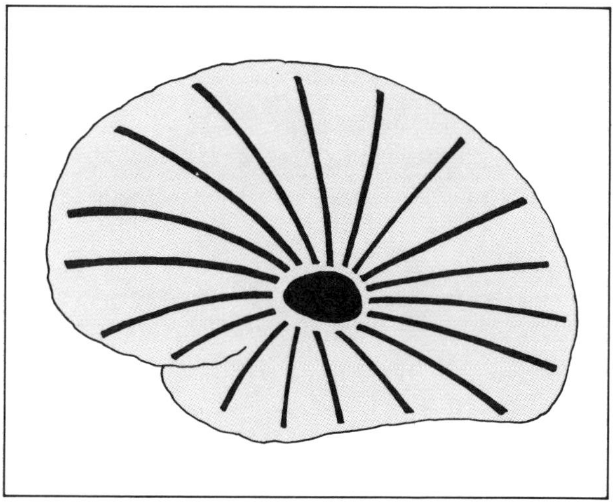

Projektionsbahnen vom Thalamus zu beiden Hemisphären

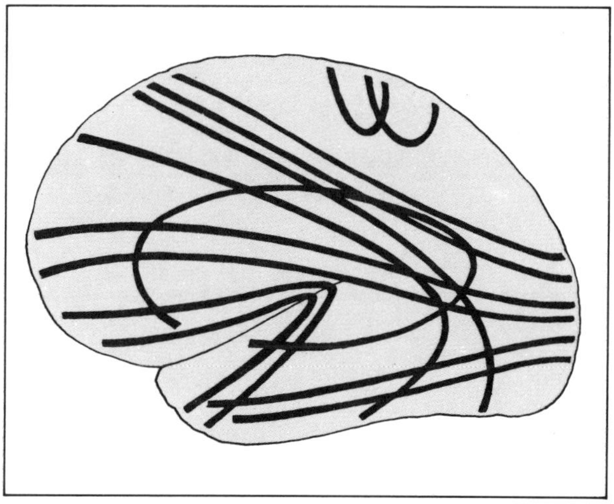

Assoziationsbahnen innerhalb jeder Hemisphäre

Irgendwann gelangen alle Besucher des Museums in den offenen Raum der rechten Hemisphäre. Hier werden mit Hilfe von Laserstrahlen entweder die Projektionsbahnen (die zwischen Thalamus und verschiedenen Teilen der Großhirnrinde verlaufen), die Assoziationsbahnen (die verschiedene Rindenfelder einer Hemisphäre miteinander verbinden) oder die Fasern des Balkens (der für die Verbindung zwischen linker und rechter Hemisphäre sorgt) angedeutet. Es ist ein phantastischer Anblick, vor allem wenn man ihn von einem der zahlreichen Brückenwege aus genießt, die sowohl entlang der Innenfläche der Großhirnrinde führen als auch in den freien Raum hinaus, um einen eingehenderen Blick auf die Strukturen der grauen Substanz zu ermöglichen.

Es gibt noch viele andere ebenso eindrucksvolle Rundgänge und Ausstellungen im Riesengehirn – tatsächlich viel zu viele, so daß man sie hier kaum angemessen beschreiben könnte. Deshalb soll unser Besuch mit einem Blick auf eines der ungewöhnlicheren Angebote des Museums enden.

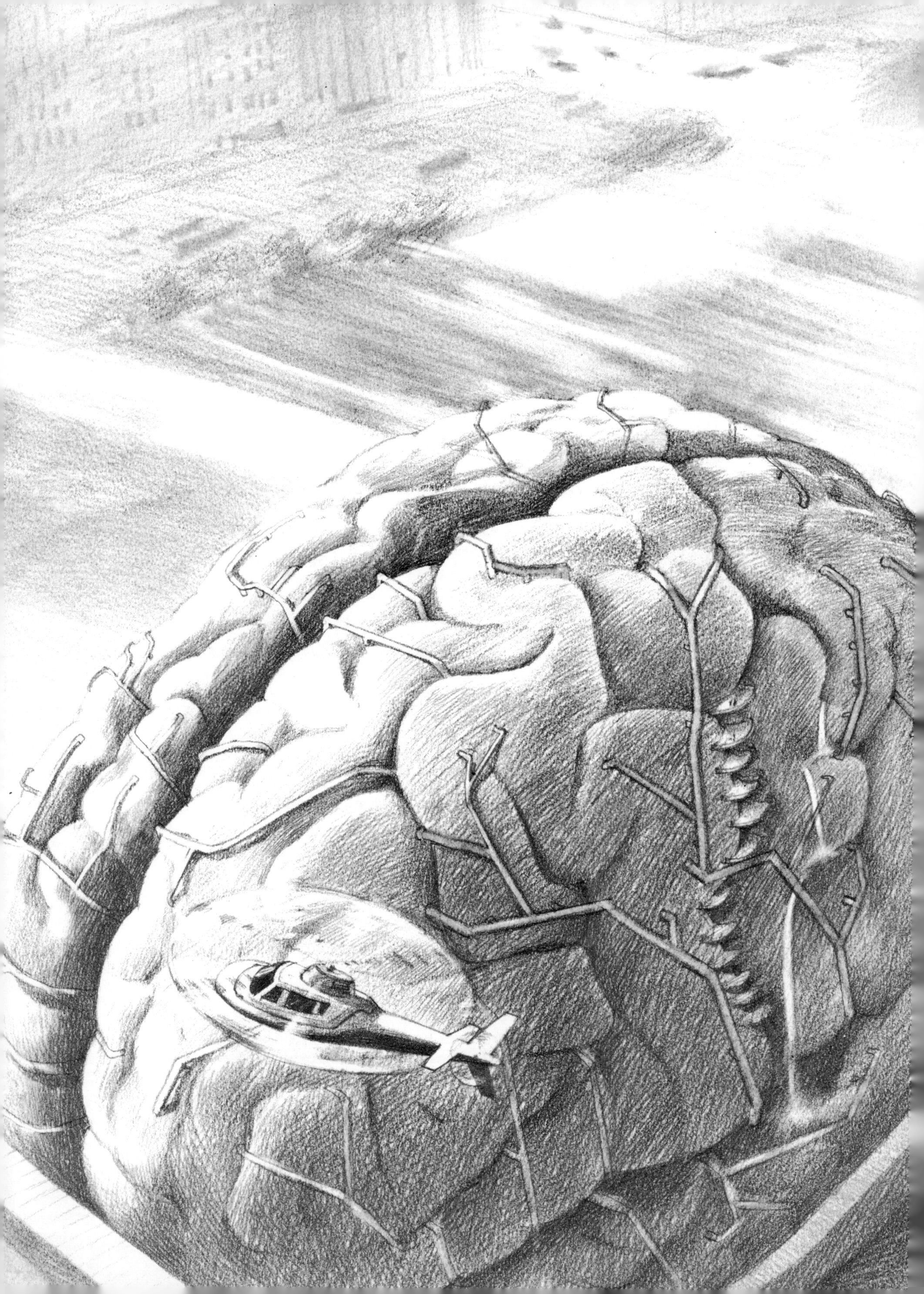

Terrasse eines Cortexapartments

Für einige Menschen bedeutet das Riesengehirn erheblich mehr als ein spektakuläres Erlebnis auf einer Urlaubsreise – es ist ihre Wohnstatt. Ein paar wohlhabende Leute, die gegen Höhenangst gefeit sind, wohnen in den Luxusapartments, die hoch über der schluchtartigen Rolandschen Furche untergebracht sind. Im obersten Bereich des linken Scheitellappens, zwischen den sensorischen und motorischen Rindenfeldern angesiedelt, gibt es ein winziges Paradies: eine Welt üppiger Vegetation und atemberaubender Ausblicke, wo man die Mühsal des Alltags vergißt über dem sanften Plätschern der Wasserfälle, die sich über die Gyri (Windungen) ergießen und in den Sulci (Furchen) versickern, um sich in ewigem Kreislauf stets zu erneuern.

Doch diese idyllische Exklave mehr als vierzig Stockwerke über ihren Köpfen interessiert die Riesenhirnbesucher wenig. Die Großartigkeit der Ausblicke und die unglaubliche Fülle der Verbindungen und Verknüpfungen erfüllen jeden Betrachter mit Staunen und Ehrfurcht – vielleicht auch mit einer gehörigen Portion Stolz, handelt es sich hier doch nur um ein vereinfachtes Abbild dessen, was jeder Besucher im Kopf trägt.

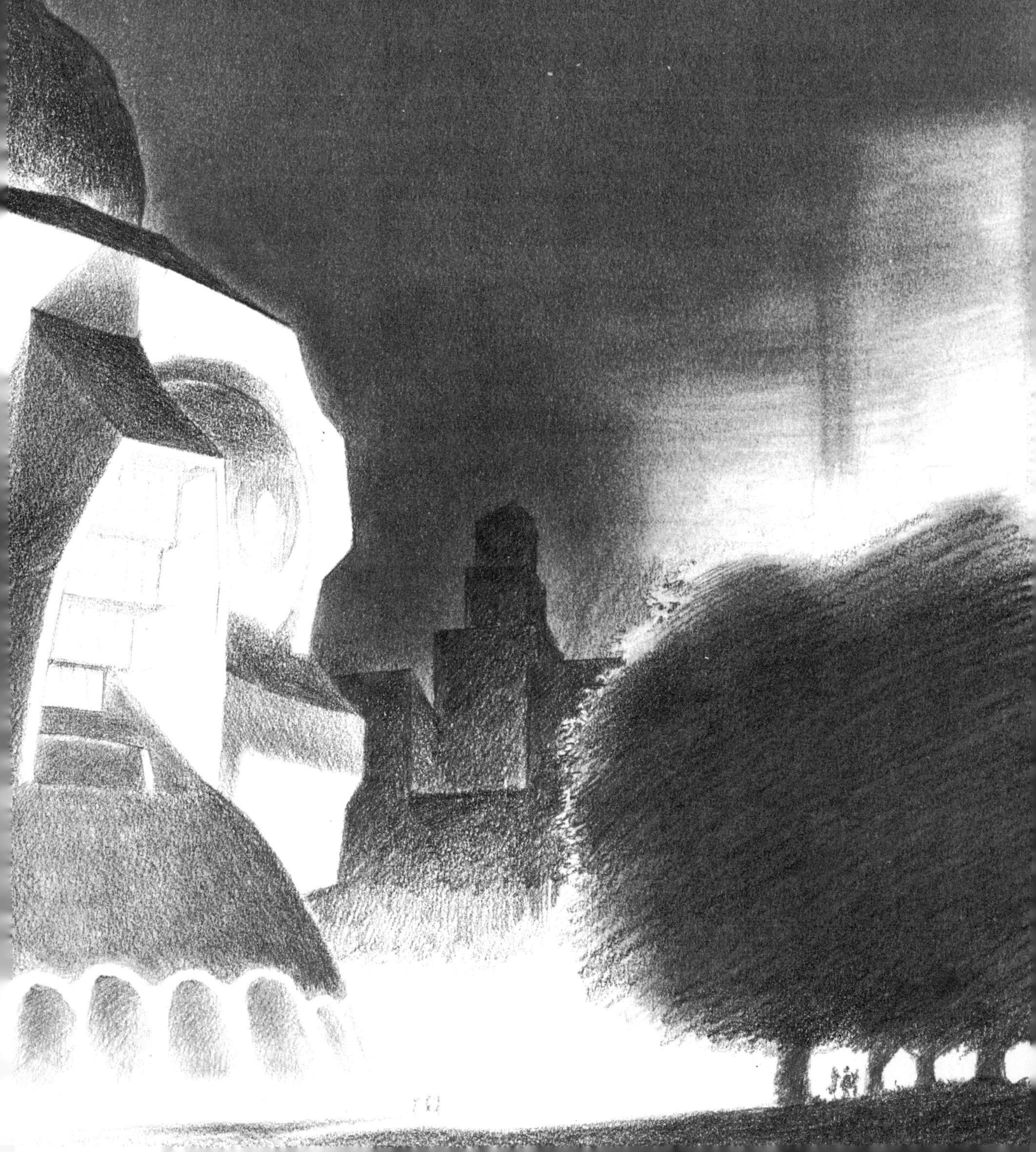

Namen- und Sachregister

Acetylcholin (ACh) 152
Acetylcholinesterase (AChE) 153–154
Adergeflecht *(Plexus chorioideus)* 206
Adrenalin 182–183
- Neoadrenalin 182–183
Agnosie (Wahrnehmungsstörung) 43
Akinesie 104
Aktionspotential 78–80, 82, 85–87, 130
s. a. Nervenimpuls
Alpha-Welle 168
Alterungsprozeß 104, 149–150
Alzheimersche Krankheit 150–154
Aminosäure 93, 176
s. a. Molekül, Proteinmolekül
Amnesie 145
Amorphosynthese 43
Anatomie 74
s. a. Neuroanatomie
Aneurysma (Arterienerweiterung) 213–215
Anderson, Harvey 175
Antagonistenkerbe 95
Anthropologie 62
Aphasie (Sprachverlust) 41–42, 159–161
s. a. Sprache
Aphrodiasiakum 187
Armelagos, George 186
ARS (aktivierendes retikuläres System) 31
Arteria choridea anterior 215
Arteria communicans posterior 215
Arteriosklerose 183
Assoziationsfeld 66–67, 107, 196, 217
Atmung 10, 30, 45
Atom 27, 80–82, 84
Atrium 206
Auge 19, 48–64, 112–117, 163–164, 212–215
- Lidschutzreflex 155
s. a. Dominanzfeld, Netzhaut, Sehnerv, Sehrinde, Stäbchen, Zapfen
Außenwelt 33, 35, 40, 175, 179
s. a. Umwelt
Australopithecus 46
Axon 73–79, 85–87, 102, 105, 107, 130
- Axonmembran 80–81, 85, 124
- myelinisiertes 126–127
- nichtmyelinisiertes 126–127

Bakterie 69–71, 74
Balken *(Corpus callosum)* 16, 18, 31, 40, 44, 162–163, 209, 217
Basalganglienzelle 35–36
Basalkern *(Nucleus basalis)* 154
Bewegung 35
- Bewegungsapparat 152
- Bewegungskoordination 73, 105, 155–156, 170
- Bewegungsstörung 106
- Feinmotorik 178, 196
- intentionale 66
- motorisches Feld 43, 133
- Raumbewegung 32
- willkürliche 66
Bewußtsein 19, 35, 42–43, 45, 91, 168, 171
- Bewußtseinsveränderung 91
- unmittelbares 147
Binokulare Zelle 60, 69, 114–115
Biologie 74
- evolutionäre 7
- Zellbiologie 72
Blindheit 55, 61
Blutdruck 182–183
Bluthirnschranke 175
Blutzuckerspiegel 14, 33
Bogen, Joseph, E. 162, 165, 191
Botschaft 120–125
- Botenstoff 184
Broca, Paul 160–161
Brocasche Sprachregion 160–161
Brücke (Pons) 10, 31–32

Cajal, Santiago Ramón 74
Cerebrospinalflüssigkeit 206, 211
Chlorpromazin 99–100, 106
Cholin 153–154, 176
- cholinerge Bahn 154
- cholinerges Neuron 153
Code 139
s. a. Gedächtnis, Gen
Corpus geniculatum laterale (seitlicher Kniehöcker) 116–117
Computer 7, 68, 80
- Analogrechner 80
- Digitalrechner 80
Cortex 118, 122–123, 144, 154, 166, 172, 192–193, 198–199, 219
- motorischer 42–44, 48, 66, 132–133, 160

– primärer visueller 48, 66
– sensorischer 42–44, 47–48, 64–65, 132–133, 184
– somatischer 66
Cousins, Norman 186
Coyle, Joseph T. 153

Davidson, Richard 170
Dax, Marc 159–161
Delacoste, Christine 178
Dendrit 73–75, 78–79, 85–86, 122, 123, 126, 128–129, 152, 175
– Dendritendorn 75, 128–129
Denken 37, 98, 139, 152, 161, 178
– gestalthaftes 44
Diät 189
– Lezithindiät 154
– Schlankheitskur 186–189
Diamond, Marion 173–175
DNS (Desoxyribonukleinsäure) 69–71, 73, 91, 100, 150, 156–157
Dominanzfeld 52, 54–57, 118–119
Dopamin 97, 100, 103–106
– Dopaminrezeptor 99–101, 105
Dopamin-System 105–116
– *Substantia nigra – Nucleus caudatus*-Bahn 105
– Ein-Neuronen-Bahn 105
Dreidimensionalität 47, 60–61
Droge 91–96
Duncan, Carl 145

Eiweißsynthese 144–145 s. a. Protein
Elektrisches Feld 68, 86, 116, 132–133
Elektroenzephalogramm (EEG) 167–169
Elektron 82–84
Elektroschockbehandlung 145
Embryo 150
Empfindung 19
– Empfindungsfähigkeit 44
– Haut- und Druckempfindung 48, 66
Endorphin 91, 185–186
Energie
– biologische Energie 70, 86
– Energiebedarf 187–189
– Energieproduktion 70–71
Engramm (Gedächtnisspur) 139, 144, 146, 154, 156
Enkephalin 93–95
Entscheidung 19, 36, 40, 42, 66
Enzym 153–154
Epilepsie 139, 149, 162, 166
Erfahrung 7, 33, 36, 47–48, 57, 61, 68, 88, 107, 139, 157, 175, 179
– visuelle 47, 59, 64
Erinnerung 12, 33, 37, 42, 139–157, 170
Erkenntnis 139, 168, 171
Ernährung 14, 27, 34, 182
– Ernährungseinwirkung 175–176, 179
– Ernährungspräferenz 175–176
– Nahrungsanpassung 187–188
– Nahrungsentzug 173
Erregung (Exzitation) 86–87
Esdaite, Robert 185
Essigsäure (Acetat) 153
Eukoryont 70, 73
Evolution 28–30, 33, 45, 73, 157, 170, 180
Exzitation s. u. Erregung

Farb, Peter 186
Farbkodierung 62, 133, 144
Feedback (negative Rückkoppelung) 34
Fettsäure 71
Fötus 75
Formatio reticularis (Nervengewebe) 31–32
Fornix 14, 17, 33, 209
Fossil 69–70
Frey, Alan 186

Galin, David 168
Ganglienzelle 28, 114–115 s. a. Basalganglienzelle
Geburt 36, 44, 54, 55, 61, 75–76, 87, 90, 96, 175, 178
– Geburtskanal 45
Gedächtnis 19, 36, 41, 61, 142, 156, 176, 185
– Gedächtniscode 156–157
– Gedächtnisspur s. u. Engramm
– Gedächtnisverlust 140–141
– ikonisches 143, 147
– Kurzzeitgedächtnis 141, 143, 146–149, 151
– Langzeitgedächtnis 141, 145–146, 148–149, 151–152
– Personengedächtnis 161
– Wortgedächtnis 161
Gefühl 27, 30, 96, 184
– Euphorie 96, 175
– Gemütserregung 186
– Körpergefühl 107
– Lust, Schmerz 91, 94–96, 107
– negatives (Ärger, Zorn) 170

– Niedergeschlagenheit 175
– positives (Glück) 170
– Trauer 184
Gehirn
– Affengehirn 60, 63
– Aufgabenteilung im 40–44
– chemisches 88
– Gehirnaktivität 169–170
– Gehirnentwicklung 44–46, 172, 173
– Gehirnkartographie 155
– Gehirnopioid 93–94, 96
– Gehirnstrom 167
– Gehirnsystem 47
– geteiltes 158–171
– individuelles 172–184
– Hirnforschung 184–186
– Säugerhirn 14, 33
– Schweinehirn 93–94
– Schrumpfung 173
– Selbstheilung 185–186
– sensorisches 47, 143
– Volumen 46
– Wachstum 46, 173–175, 180
Gehirnorganisation
– bei Geschlechterunterschied 177–179
– bei Linkshändern 177
– bei Rassenunterschied 177
– bei Rechtshändern 177
Gehörsinn 19, 41, 66, 107
– Gehörlosigkeit 176
– Hörkern 155
Gen 76, 91, 100, 177
– genetische Ursache 98
– genetischer Code 156–157
– genetisches Gedächtnis 156
– Genpool 177
Geruchssinn s. u. olfaktorischer Input
Geschmackssinn 47
Gesichtssinn 19, 41, 45, 47, 66, 166
Gleichgewicht 32, 34
– elektrisches 125, 130
Glukose 70
Goldstein, Avram 92, 96
Golgi, Camillo 74
Golgi-Methode 74
Grauer Star 55
Gross, Charles 63
Großhirn 18, 29, 36–37, 173
Großhirnhemisphäre 16, 18, 27, 35–36, 40–44, 65, 158–165, 169–170, 176–179, 193, 196–203, 206–212
– Hemisphärenspezialisierung 169
Großhirnrinde *(Cortex cerebri)* 18, 26, 31, 35–37, 44, 47, 51, 57, 60–67, 103, 105, 107, 133, 142, 149, 153, 173, 176, 196, 217
s. a. Cortex, Hirnrinde
Geschwind, Norman 171
Gyrus parahippocampalis 34, 219

Halluzination 41, 98, 100
Haloperidol 99–100, 106
Hayflick, Leonard 150
Hebb, Donald 150–151
Hemmung (Inhibition) 86–87
Heroin 91–92, 95
Herpes simplex 183
Herzerkrankung 182–183
Herzrhythmusstörung 183
Hinterhauptlappen *(Lobus occipitalis)* 19, 41, 132–133, 172
Hinterhirn 30, 32
Hippocampus («Seepferdchen») 14–17, 33–34, 142–144, 153, 155, 206
Hirnrinde (Cortex) 14–15, 18–19, 27, 30–31
s. a. Großhirnrinde
Hirnstamm (Reptilienhirn) 10–15, 19, 27, 30–31, 105, 155, 166, 176, 192, 196–197, 206
Hörrinde 41–42
s. a. Gehörsinn
Hologramm 7, 149
Homöostase 33–34
Homo sapiens 65
Horizontalzelle 114–115
Hormon 34–35, 89
– gonadotropes 35
– Testosteron 35
Hornhaut 50, 111–112
Hubel, David 47
Hughes, John 93–94
Hypophyse 14–15, 33–35, 89, 96, 215
Hypothalamus 14–17, 33–34, 103, 153, 187, 215
Hypnose 185

Immunsystem 183–184, 186
– Autoimmunkrankheit 177
Information 10, 31–32, 35, 40, 43, 52–53, 57, 60, 114–115
– Art der 169
– Bewegungsinformation 65
– Farbinformation 62
– Informationsbit 147, 156–157
– Kodierung 156–157
– Sinnesinformation 19, 28, 44
– Speicherung und Abruf 139
– Übertragung 68, 73, 75, 77–79, 105

- Verarbeitung 68, 133, 168–169
- visuelle 41, 60, 64, 148, 176
Inhibition s. u. Hemmung
Intelligenz 45, 88, 168, 171, 177
- Intelligenztest 140
- nichtsprachliche 171
Ion 80–82, 123, 125–126, 130, 175
- Ionenkanal 81, 83, 85, 87, 90, 107, 123, 126–127
- Ionenpumpe 86
- Chloridion 82–84, 87, 90
- Natriumion 82–86
Iris (Regenbogenhaut) 50

Jackson, Hughlings J. 161

Kalorie 187–189
Kampf 34
Kleinhirn *(Cerebellum)* 12–13, 17, 19, 32, 35, 155–156, 196, 206
Kleinkindalter 55, 57, 61, 147, 176
Kochsalz 82–83
Koma 33
Kommunikation 18
- interzerebrale 179
Konzentrationsschwäche 43
Körper 19
- Bewegung 102–104
- biologische Körpersubstanz 93
- Empfindung 43, 64–65
- Funktion 33–34, 45
- Haltung 12, 43, 45
- Oberfläche 66
- Temperatur 14, 27, 32–34, 45, 101, 187
- Wahrnehmung 161
Kosterlitz, Hans 93–94
Krankheit
- Anfälligkeit 190–191
- Autoimmunkrankheit 177
Kreativität 18, 180–181
Krebs 183, 186
- Brustkrebs 183
- Lungenkrebs 184
Kultur 19, 139

Läsion 156, 162, 166
Laser 217
Lashley, Karl 144, 154
L-Dopa 103–104
Legasthenie 171
Lebenserwartung 149–150
Lernprozeß 37, 76, 157, 176
- kulturelles Lernen 62, 142
- Lernbehinderung 171
- Lernformen 154
- Lernfähigkeit 157
- Lernsituation 179
Levine, Jon 185
Licht 62
- Lichtpunkt 57–59
- Lichtreiz 114–115
- Lichtspektrum 62
- Lichtwelle 62
Limbisches System 14–17, 32–37, 42, 103, 142, 144, 198–199
- Limbische Funktion 34
Linse 49–50
Linsenkern *(Nucleus lentiformis)* 17, 36
Liquorzisterne *(Cisterna chiasmatis)* 213–215
LSD (Lysergsäurediäthylamid) 101
Luria, A. R. 162

Macauley, David 191
Mandelkern *(Nucleus amygdalae)* 14, 17, 33–35
Massa intermedia 211
Medulla (verlängertes Mark) 10, 31
Membran 71–73, 79–80, 85–87, 89–90, 100, 131
- Membranspannung 85
- präsynaptische 78
- postsynaptische 78, 89
Messenger-System 96
- Messenger-Molekül 91
- primäres 90–91
- sekundäres 90–91, 100
McGaugh, James 145
Milner, Brenda 141, 161–162
Miskins, Mortimer 143–144
Mitochondrium 70–71, 73, 78, 86
Mittelhirn 10, 30–32, 103
Molekül 69–70, 78, 80, 89, 102, 107
- Peptidmolekül 93
- Proteinmolekül 69, 71, 81, 83, 89
- Replikatormolekül 70
- Rezeptormolekül 72, 78–79, 86, 89, 90–94, 100–101, 107
s. a. Messenger-System
- Transmittermolekül (s. a. Neurotransmitter) 79, 86, 89, 91, 101, 107, 130
Morphin 91–96
Mossey, Jana 189
Mountcastle, Vernon 43, 65
Myelinscheide 123–127
Musikalität 27, 36, 161
Muskel 28, 73, 152–153, 169
- Muskelbewegung 12, 43
- Muskelzelle 90

Naxolon 92–96, 100, 185
Nervenfaser 18, 29, 52–53, 55, 68, 116–119
s. a. Neurofibrille
Nervenimpuls 68, 78, 80–83,

85–87, 107, 120–123, 125–126, 130–131, 152–153
Nervensystem 28–31, 68, 72, 75, 80, 88
Nervenzelle s. u. Neuron
Netzhaut 49–53, 57–59, 61–62, 64, 112–114, 212
– Netzhautbild 61
– Netzhautfleck 53
– Netzhautkarte 59, 64
Neuroanatomie 7
Neurochirurgie 160
Neurofibrille 152
s. a. Nervenfaser
Neurologie 160
Neuron 27, 35–36, 48, 51–53, 55, 59, 60, 62, 64, 66, 68, 77, 118–119
– Detektorneuron 58–59
– Kantendetektorneuron 58–59
– Winkeldetektorneuron 58–59
– Motoneuron 152, 155
– Neuronensäule 47, 52, 54, 57, 58, 60, 64–67
– Neuronverlust 152, 154
s. a. Cholin, Zielzelle
Neurophysiologie 7, 179
Neurotransmitter 77–79, 89–91, 97, 99, 101–103, 105–106, 130–131, 152–153, 175–176, 182
Neurowissenschaft 7, 40, 52, 98, 102, 139

Olfaktorischer Input (Geruchssinn) 32–33, 45, 47
Opiatrezeptor 93–95
– Gehirnopiat 93–96
Opium 91
Organelle 70, 73
Ornstein, Robert 166–167, 172, 178
Osler, Sir William 182
Oxytozin 90

Parkinsonsche Krankheit 102–106
Pawlow, Iwan 154
Peña, Augustin de la 186
Penfield, Wilder 148
Peptid 93
Persönlichkeit 27
– Persönlichkeitsmerkmale 177, 183
Pert, Candace 93
Phenothiazin (Färbemittel) 98
Phrenologie 159–160
Physostigmin 154
Placebo-Effekt 96, 185
Planum temporale 44
Planung 19, 42
Plenarienexperiment (Plattwurm) 146
Potential
– elektrisches 85–86
– Membranpotential 86–87
– Ruhepotential 85–87
Präsynaptische Endknöpfchen 74–79, 81, 85, 86, 126–131
Pribram, Karl 149
Projektionsbahn 196, 217
Protein 93, 144, 146
– Proteinklumpen (Altersplagues) 152, 154
– Proteinmolikül s. u. Molekül
Proton 82–84
Pulsfrequenz 10, 14, 30, 33, 34, 45, 181
Punktzelle 59
Pupille 50, 112–113
Purkinje-Zelle 69
Pyramidenzelle 69

Radiatio optica 116–117
Ranvierscher Schnürring 123–126
Rattenexperiment 99, 104–105, 142, 146, 155, 173–174
Raum 58, 165
– Bewegung 32
– Lage 133
– räumliche Fähigkeit 178–179
– visueller 161, 178
Reaktion 12, 181
– Gefühlsreaktion 14, 34
– erlernte 32
Recessus pinealis 211
Reflex
– Lidschutzreflex 155
Reiz 59, 62, 174
– auditiver 43
– elektrischer 148–149
– Lichtreiz 114–115
– Standardreiz 63
– visueller 31, 43, 63, 66
Rezeptives Feld 53, 57–61
Rezeptor
– chemischer 72
– Dopaminrezeptor 99–101, 105
– Opiatrezeptor
s. a. Molekül, Rezeptormolekül
Rezeptorzelle 28, 57, 59, 62
– Stäbchen 50, 57, 62, 114–115
– Zapfen 50, 57, 62, 114–115
Riesenhirnmuseum 191–221
Rindenfeld 43, 48, 59, 217, 219
s. a. Sehrinde
Rosenzweig, Mark 173
Rückenmark 10, 28–30
Rückenwirbel 28–29